Die
Fernleitung von Wechselströmen.

Von

Dr. G. Roessler

Professor an der Königl. Technischen Hochschule in Danzig.

Mit 60 Figuren.

Berlin.

Verlag von Julius Springer.

1905.

Vorwort.

Die Benutzung hoher Betriebsspannungen bei der Übertragung
der elektrischen Energie auf weite Entfernungen hat bei der Verwendung von Wechselströmen den Ladestrom gegenüber dem Nutzstrom in den letzten Jahren immer mehr in den Vordergrund gerückt.
Diese Tatsache ist allgemein bekannt; über den Grad ihrer praktischen Bedeutung hat man aber noch sehr wenig Urteil. Zwar
haben sich Physiker und Elektrotechniker schon seit längerer Zeit mit
dem Studium des Einflusses gleichmäßig verteilter Kapazität auf
die Fortpflanzung von Wechselströmen in langen Leitungen beschäftigt, so Fleming im Anschluß an das bekannte Deptforder
Ferranti-Phänomen, H. F. Weber im Anschluß an die Lauffen-Frankfurter Energieübertragung und andere aus mehr theoretischem Interesse; die praktische Starkstromtechnik hat sich aber von der wissen-
schaftlichen Behandlung dieser Fragen ganz abseits gehalten, weil
das für deren Bearbeitung nötige mathematische Werkzeug zu fein
war. Seitdem aber Steinmetz darauf aufmerksam gemacht hat, daß
die der Physik schon bekannte Verwendung der komplexen Größen
beim Studium aller sinusartig verlaufenden Wechselströme sich auch
für die Lösung elektrotechnischer Aufgaben außerordentlich eignet,
ist die oben genannte Frage in ein ganz neues Licht gerückt. Die
schwierig zu behandelnden partiellen Differentialgleichungen werden
zu einfach zu lösenden linearen, und die überaus langen und verwickelten Ausdrücke, welche die Vorgänge darstellen, werden außerordentlich viel kürzer und übersichtlicher. Von der komplexen
Methode haben Franke bereits am Anfang der neunziger Jahre und
in letzter Zeit besonders Pupin und Breisig für das Studium der
Fortpflanzung von Telephonströmen Gebrauch gemacht. Durch die
außerordentlich interessanten und klaren Vorträge Breisigs im Elektrotechnischen Verein in Berlin bin ich selbst auf die Bedeutung
und fruchtbare Verwendbarkeit aufmerksam geworden, welche der
komplexen Methode auch für das Studium der Kabelströme der
Starkstromtechnik zukommt.

Das vorliegende Buch gibt den Inhalt und die Ergebnisse der
Studien wieder, welche ich auf Grund dieser Anregungen ausgeführt

und zum großen Teil in meinen Vorlesungen über Fernleitung von Wechselströmen an der Technischen Hochschule in Berlin besprochen habe. Es beschränkt sich ausschließlich auf die Starkstromtechnik und auf sinusartig verlaufende Ströme. Die nicht mit komplexen Größen zu behandelnden bedeutungsvollen Erscheinungen, welche bei plötzlichem Stromunterbrechen und Stromschluß auftreten, sind nicht erörtert, für ihre Vermeidung ist die Draht- und Kabel-kommission des Verbandes Deutscher Elektrotechniker im Begriff, Leitsätze zu veröffentlichen. Auch den Einfluß von Unsymmetrien in den Leitungen, wie sie bei konzentrischen Kabeln bestehen, oder bei Drehstrom-Freileitungen dadurch auftreten, daß der mittlere Leiter den beiden äußeren in anderer Weise gegenüber liegt als diese einander, oder wie sie bei mangelhafter Isolation eines von mehreren Leitern vorkommen, habe ich nicht behandelt. Diese Vorgänge sind selbst bei der Benutzung der komplexen Methode so verwickelt, daß sie einer besonderen Bearbeitung bedürfen.

Um die Wirkung der gleichmäßig verteilten Kapazität möglichst für sich zu erkennen, habe ich zunächst das Verhalten einer nur mit Widerstand und Kapazität behafteten Leitung studiert und an einem Zahlenbeispiele rechnerisch und graphisch verfolgt. Die Besprechung dieses Beispieles kehrt deshalb an den verschiedensten Stellen des Buches wieder und geht stets den Betrachtungen der wirklichen mit Widerstand, Kapazität, Selbstinduktion und Ableitung behafteten Leitung voran. Zum Studium praktisch ausgeführter Leitungen habe ich die mir von einem großen deutschen Kabelwerk gütigst zur Verfügung gestellten Daten für eine Reihe von 10 000-Volt-Kabeln verschiedener Querschnitte benutzt; als typisches Beispiel für eine Freileitung ist die bekannte für die elektrotechnische Ausstellung in Frankfurt a. M. 1891 hergestellte Lauffen-Frankfurter Leitung herangezogen. Den wesentlichen Inhalt des Buches bilden also allgemeine theoretische Untersuchungen mit dem Endziel der Entwicklung einfacher Methoden, welche das im praktischen Betriebe auftretende Verhalten der Leitungen vorauszuberechnen gestatten, und die zahlenmäßige Anwendung dieser Methoden auf den Betrieb der oben genannten Kabel und der Freileitung. Die Zahlenbeispiele sind gewöhnlich für 50, 100, 150 und 200 km berechnet und in Tabellen zusammengestellt. Über den Inhalt dieser Tabellen befindet sich hinter dem allgemeinen Inhaltsverzeichnisse eine besondere Übersicht. Der Leser wird finden, daß die Ergebnisse mit der Länge, Stärke und Betriebsart der Leitung einem bunten kaleidoskopartigen Wechsel unterworfen und für die Vorstellungen des mit den üblichen Methoden Rechnenden zum größten Teil völlig unerwartet sind. Ich hoffe sie, soweit es an verhältnismäßig kurzen Leitungen möglich ist, in den nächsten Jahren durch Messungen in einem Kabellaboratorium nachprüfen zu können, welches ich im Elektrotechnischen Institut der neuen Technischen Hochschule in Danzig für diesen besonderen Zweck einzurichten beabsichtige. Den Leser, welcher der Funkentelegraphie Interesse entgegenbringt, möchte ich auf das Kapitel über das endliche, am Ende offene Kabel aufmerksam machen, welches einige Resultate enthalten dürfte, die auch für diesen Zweig der Elektrotechnik Verwendung finden können. Ich selbst aber habe diese Ergebnisse nicht verfolgt, sondern mich streng an die Aufgaben der Starkstromtechnik gebunden.

In bezug auf die äußere Einrichtung des Buches möchte ich bemerken, daß die Gleichungen in jedem der 12 Abschnitte für sich numeriert sind. Wird auf eine Gleichung in demselben Abschnitt verwiesen, so ist nur die Nummer angegeben; ist sie in einem anderen Abschnitt enthalten, so ist ihr auch die Nummer der Seite beigefügt.

Mit der Niederschrift des Manuskriptes zu vorliegendem Buche begann ich im Herbst 1901 in der Absicht, den Inhalt meiner damaligen Vorlesungen zu veröffentlichen. Die Ausarbeitung gab aber soviel Anregungen, daß der Stoff unter der Feder außerordentlich anwuchs. Ich hätte, da ich in den letzten Jahren nicht nur durch meine regelmäßige Unterrichtstätigkeit, sondern auch durch die Einrichtung des Elektrotechnischen Instituts der Technischen Hochschule in Danzig sehr in Anspruch genommen war, die Arbeit nicht durchführen können ohne die sachverständige Mitarbeit einer Anzahl meiner Schüler und Assistenten, der Herren David, Kade, Dr. Grix, Dr. Martiny, Radeboldt, Somborn, Tröger und Vollmer, welche die Herstellung der Zeichnungen und die Ausführung der mühseligen Berechnung der vielen Tabellen übernommen und mich beim Lesen der Korrekturen in wirksamster Weise unterstützt haben. Es ist mir ein lebhaftes Bedürfnis, diesen Herren für ihre nimmermüde und treue Mitarbeit an dieser Stelle meinen herzlichsten Dank zu sagen.

Danzig, im Juni 1905.

G. Roessler.

Inhaltsverzeichnis.

Seite

Verzeichnis der Tabellen

über das Verhalten von 8 eisenbandarmierten verseilten Dreileiter-Bleikabeln verschiedenen Querschnittes für 10000 Volt und von der Lauffen-
Frankfurter Freileitung bei $\nu = 50$ Perioden pro Sekunde.

Allgemeine Angaben.

Verhalten bei unendlicher Länge.

Verhalten in unbelastetem Zustande bei 50, 100, 150 und 200 km Länge.

Verhalten im belasteten Zustande bei 50, 100, 150 und 200 km Länge.*)

---

*) Wo die Rechnungen nicht für alle Kabel und die Freileitung und nicht
für alle Längen ausgeführt sind, ist dies im vorliegenden Verzeichnisse besonders
bemerkt.

I. Die symbolische Methode der Darstellung.

Wenn in der Wechselstromtechnik die Aufgabe gestellt wird, eine Reihe von sinusartig mit der Zeit veränderlichen Größen, $A_1 \sin(\omega t + \alpha_1)$, $A_2 \sin(\omega t + \alpha_2)$, $A_3 \sin(\omega t + \alpha_3)$ . . ., zu addieren, so bedeutet dies, daß eine neue, ebenfalls mit der Zeit sinusartig sich verändernde Größe $A \sin(\omega t + \alpha)$ gefunden werden soll, welche die Bedingung erfüllt:

$$A \sin(\omega t + \alpha) = A_1 (\sin \omega t + \alpha_1) + A_2 (\sin \omega t + \alpha_2) \qquad (1)$$
$$+ A_3 (\sin \omega t + \alpha_3) + \ldots$$

Man kann die gesuchte Amplitude A und Phase α, beide, aus dieser einen Gleichung leicht auf folgende Weise bestimmen. Man löse die einzelnen Sinusglieder auf und ordne die Ausdrücke nach $\sin \omega t$ und $\cos \omega t$; dann erhält man

$$\sin \omega t \cdot A \cos \alpha + \cos \omega t \cdot A \sin \alpha$$
$$= \sin \omega t \, (A_1 \cos \alpha_1 + A_2 \cos \alpha_2 + A_3 \cos \alpha_3 + \ldots)$$
$$+ \cos \omega t \, (A_1 \sin \alpha_1 + A_2 \sin \alpha_2 + A_3 \sin \alpha_3 + \ldots).$$

Diese Gleichung muß, wie Gl. 1, für jeden beliebigen Zeitpunkt t gelten. Betrachtet man sie zunächst für den Zeitpunkt $\omega t = \dfrac{\pi}{2}$, so wird $\cos \omega t = 0$ und daher:

$$A \cos \alpha = A_1 \cos \alpha_1 + A_2 \cos \alpha_2 + A_3 \cos \alpha_3 + \ldots; \qquad (2)$$

bei $\omega t = 0$ dagegen, wobei $\sin \omega t = 0$ wird, ergibt sich

$$A \sin \alpha = A_1 \sin \alpha_1 + A_2 \sin \alpha_2 + A_3 \sin \alpha_3 + \ldots. \qquad (3)$$

Gl. 2 und Gl. 3 genügen für die Bestimmung von A und α, denn die Werte ihrer rechten Seiten lassen sich aus den gegebenen Amplituden und Phasenwinkeln der zu addierenden Sinusgrößen leicht berechnen. Ergibt sich dabei etwa $A \cos \alpha = B$ und $A \sin \alpha = C$, so ist $A = \sqrt{B^2 + C^2}$ und $\operatorname{tg} \alpha = \dfrac{C}{B}$.

Auch auf graphischem Wege kann man A und α leicht erhalten. Man braucht nur (Fig. 1) die Amplituden A_1, A_2, A_3 usw. gegen eine gemeinsame — etwa horizontal liegende — Richtlinie R unter den Winkeln α_1, α_2, α_3 geneigt aufzutragen; dann ergibt die Schlußlinie, mit entgegengesetzter Pfeilrichtung versehen, die gesuchte resultierende Amplitude A, wie sie die resultierende Kraft ergäbe, wenn die Figur ein Kraftpolygon wäre; der Neigungswinkel von A gegen die Richtlinie ist die gesuchte Phasenverschiebung α. Daß dies richtig ist, erkennt man leicht, wenn man die Horizontal- und Vertikalprojektionen der einzelnen Strecken der Fig. 1 gebildet denkt. Die Horizontalprojektionen gehorchen dann der Gl. 2, die Vertikalprojektionen der Gl. 3. Wie in der vorliegenden, so soll in allen weiteren graphischen Darstellungen eine positive Phasenverschie-

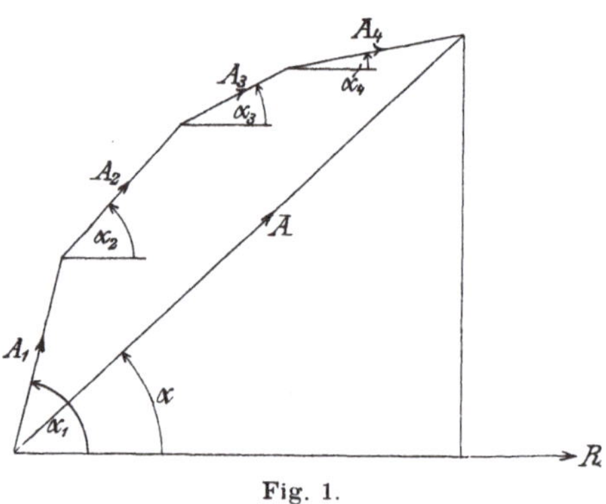

Fig. 1.

bung $+\alpha$, d. h. eine Voreilung, durch Links-Drehung, eine negative durch Rechts-Drehung des Vektors dargestellt werden.

Gl. 2 und Gl. 3, da sie als Grundlage sowohl für die Berechnung wie auch für die graphische Bestimmung von A und α dienen können, geben das Wesen der Beziehung der einzelnen Sinusgrößen der Gl. 1 untereinander ebensogut wieder, wie diese Gleichung selbst. Die Gl. 2 und 3 können aber zum Ausgange einer ganz andern und neuen Darstellungsweise für die genannte Beziehung gemacht werden. Wenn man nämlich in Gl. 1 die Größen:

$$A \sin(\omega t + \alpha), \qquad A_1 \sin(\omega t + \alpha_1), \qquad A_2 \sin(\omega t + \alpha_2), \ldots$$

durch die Größen

$$A e^{i\alpha}, \qquad A_1 e^{i\alpha_1}, \qquad A_2 e^{i\alpha_2}, \ldots$$

ersetzt, also statt Gl. 1 die Gleichung

$$Ae^{i\alpha} = A_1 e^{i\alpha_1} + A_2 e^{i\alpha_2} + A_3 e^{i\alpha_3} + \cdots \tag{4}$$

schreibt, so folgen auch aus dieser Gleichung die Gl. 2 und 3 unmittelbar, wenn der Exponent i die Einheit des Imaginären, $\sqrt{-1}$, bedeutet. Man erkennt dies leicht, wenn man in Gl. 4 die Exponentialgrößen mit Hilfe der Formel von Moivre nach dem Schema

$$Ae^{\pm i\alpha} = A(\cos\alpha \pm i\sin\alpha) \tag{5}$$

zerlegt und die reellen Teile von den imaginären trennt. Man erhält dann

$$\begin{aligned}
A\cos\alpha &+ i\,A\sin\alpha \\
= A_1\cos\alpha_1 &+ A_2\cos\alpha_2 + A_3\cos\alpha_3 + \cdots \\
+ i\,(A_1\sin\alpha_1 &+ A_2\sin\alpha_2 + A_3\sin\alpha_3 + \cdots),
\end{aligned} \tag{6}$$

woraus sich Gl. 2 und 3 direkt ergeben, wenn man bedenkt, daß bei einer Gleichung zwischen komplexen Größen die reellen Teile unter sich und die imaginären unter sich gleich sein müssen.

Die komplexen Exponentialgrößen sind den Sinusgrößen, für welche sie oben eingeführt worden sind, selbstverständlich nicht mathematisch gleich; sie können nur als deren Symbole betrachtet werden. Nachgewiesen ist bisher nur, daß sie als solche für die Addition von Wechselstromgrößen, etwa von Spannungen bei Reihenschaltung oder von Stromstärken bei Parallelschaltung, genau so verwendet werden können wie die Sinusgrößen selbst. Setzt man für die Symbole zur Abkürzung die Buchstaben $\mathbf{A}$ ein nach dem Schema

$$\mathbf{A}_n = A_n e^{i\alpha_n}, \tag{7}$$

so erscheint Gl. 4 in der Form

$$\mathbf{A} = \mathbf{A}_1 + \mathbf{A}_2 + \mathbf{A}_3 + \cdots, \tag{8}$$

und die Addition von Spannungen oder Stromstärken vollzieht sich dann bei Wechselstrom in der äußeren Form des mathematischen Ausdruckes ebenso einfach wie bei Gleichstrom. Dieser bequemen äußeren Analogie wegen wollen wir von jetzt an alle Symbole wie oben durch einfache, steil gestellte, Druckbuchstaben darstellen und dazu immer diejenigen wählen, welche in schräger Stellung zur Bezeichnung der Amplituden der entsprechenden Sinusschwingungen dienen. Das Symbol

$$\mathbf{A} = A e^{\pm i\alpha} \tag{9}$$

bedeutet dann also stets eine Sinusschwingung von der Amplitude A und der Phase α oder in der graphischen Darstellung eine Gerade A mit dem Neigungswinkel $\pm\,\alpha$ gegen die Richtlinie, d. i. eine Sinusschwingung vom wirklichen Werte

$$A_t = A \sin(\omega t \pm \alpha),$$

wobei der Index t bei A_t auf die Veränderlichkeit mit der Zeit hindeuten soll.

Damit das Symbol außer der Amplitude A auch den zu der wirklichen Wechselstromgröße A_t gehörigen Winkel $\omega t \pm \alpha$ enthält, könnte man es auch schreiben in der Form

$$A\,e^{i(\omega t \pm \alpha)}, \tag{10}$$

indem man in Gl. 9 $\pm\,i\,\alpha$ durch $i(\omega t \pm \alpha)$ ersetzte. Führte man das Symbol in dieser neuen Form für die Sinusgrößen in Gl. 1 ein, so würden sich zunächst die Faktoren $e^{i\omega t}$ auf beiden Seiten wegheben, und die weitere Rechnung würde ebenso zu den Gl. 2 und 3 führen, wie wenn ωt in das Symbol gar nicht eingeführt wäre. Die alte und die neue Form des Symbols sind also für die bisher ausgeführte Rechnung gleichwertig. Sollen beide Formen auseinander gehalten werden, so möge die im Ausdruck Gl. 9 gegebene als die reduzierte, die im Ausdruck Gl. 10 gegebene als die vollständige bezeichnet werden. Die steilen Buchstaben ($\mathbf{A}$) ohne Index t sollen für die reduzierte, diejenigen mit diesem Index ($\mathbf{A}_t$) für die vollständige Form benutzt werden, so daß wir also von nun an setzen

$$\mathbf{A}_t = A\,e^{i(\omega t + \alpha)}$$

Bei allen zwischen reduzierten Symbolen $A\,e^{i\alpha}$ geltenden Gleichungen, welche die Form der Gl. 4 haben, können die Größen A statt als Amplituden auch als effektive Werte betrachtet werden, denn man kann von den Amplituden zu den effektiven Werten übergehen, wenn man alle Amplituden auf beiden Seiten durch $\sqrt{2}$ dividiert. In Fällen, wo es vorbehalten bleiben soll, A als Amplitude oder als effektiven Wert aufzufassen, soll der allgemeine Ausdruck Modul dafür gewählt werden. Ist $\mathbf{A}$ nicht in der reduzierten Hauptform $A\,e^{i\alpha}$, sondern in der vollständigen Form $\mathbf{A}_t = A\,e^{i(\omega t + \alpha)}$ gegeben, so kann A logisch nur als Amplitude angesehen werden, da durch die Einführung von t die Abhängigkeit von der Zeit zum Ausdruck kommt, und A den Maximalwert der dieser zeitlichen Veränderung unterworfenen Wechselstromgröße wie bei der ursprünglichen Sinusform des Ausdruckes bedeuten muß. Bei den Gleichungen zwischen Größen in der vollständigen Form wäre es rein mathematisch natürlich auch erlaubt, die A als effektive Werte aufzufassen.

Bei der praktischen Ausführung von graphischen Darstellungen kann man, statt Amplituden und Phasenverschiebungen aufzutragen, auch von den Horizontal- und Vertikalprojektionen ausgehen. Dies gewährt den Vorteil, daß man bei der Ausführung von Zeichnungen mit Reißschiene und Dreieck auskommt. Wenn man das reduzierte Symbol nach der Formel von Moivre zerlegt, so erhält man

$$\mathbf{A} = A\,e^{i\alpha} = \underbrace{A\cos\alpha}_{} + i\,\underbrace{A\sin\alpha}_{}$$
$$= \quad p \quad + i \quad q$$

Man gewinnt dann also in Gestalt von p und q die Projektionen direkt; der reelle Teil p bildet immer die Horizontalprojektion, der imaginäre q (ohne den Faktor i) die Vertikalprojektion. Beide können positiv oder negativ sein und sind dann im Sinne positiver und negativer Abszissen und Ordinaten aufzutragen.

Hat A die Bedeutung als effektiver Wert, und bringt man $A\,e^{i\alpha}$ auf die Form

$$p + iq = A\,e^{i\alpha}, \tag{11}$$

so haben natürlich p und q den $\sqrt{2}$. Teil der Größe, die sie hätten, wenn A die Amplitude bedeutete. Es muß daher stets angegeben werden, ob die p und q auf Amplituden oder effektive Werte A zu beziehen sind.

Geschieht die Addition von Wechselstromgrößen nicht graphisch, sondern rechnerisch, so ist man nach Gl. 2 und 3 ebenfalls auf die Addition der Horizontal- und Vertikalprojektionen der Vektoren angewiesen. Für die Ausführung von Zahlenrechnungen ist es also zweckmäßiger, die Symbole überhaupt nicht in der Form $A e^{i\alpha}$, sondern in der Form $p + iq$ zu schreiben. Wir wollen die letztere als die Nebenform, $A e^{i\alpha}$ dagegen als die Hauptform des Symbols bezeichnen. Der Übergang von einer Form in die andere geschieht dann in folgender einfachen Weise: Ist die Hauptform $A e^{i\alpha}$ gegeben, so erhält man nach Gl. 11 für die Nebenform die Größen p und q durch die Gleichungen

$$p = A\cos\alpha \quad \text{und} \quad q = A\sin\alpha. \tag{12}$$

Ist dagegen die Nebenform $p + iq$ gegeben, so erhält man für die Hauptform die Größen A und α durch die Gleichungen

$$A^2 = p^2 + q^2 \quad \text{und} \quad \operatorname{tg}\alpha = \frac{q}{p}. \tag{13}$$

Gehorcht eine von den zu addierenden Größen der Gleichung

$$A_t = A_u \sin\omega t,$$

ist für sie also $\alpha_u = 0$, so ist nach Gl. 9 ihr Symbol

$$\mathbf{A}_u = A_u.$$

Wegen $\alpha_u = 0$ fällt A_u in der graphischen Darstellung mit der Richtlinie zusammen und die Vertikalprojektion ist 0. Da die Phasenwinkel aller übrigen Größen dann Phasenverschiebungen gegen die genannte bedeuten, so bildet letztere den Ausgang für die Phasenzählung. Die Ausgangsgröße der Phasenzählung zeichnet sich also

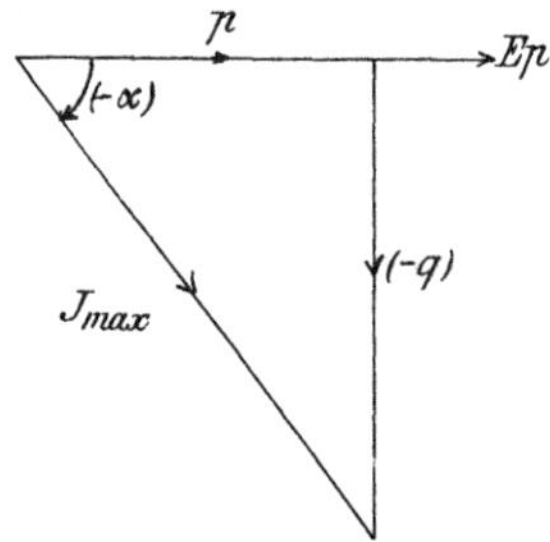

Fig. 2.

dadurch aus, daß das Symbol in der Hauptform einfach gleich dem Modul wird, und daß in der Nebenform der imaginäre Teil wegfällt.

Dient eine Spannung

$$Ep_t = Ep_{\text{max}} \sin\omega t$$

als Ausgangsgröße, und ist die dazugehörige Stromstärke

$$J_t = J_{\text{max}} \sin(\omega t - \alpha),$$

so sind die Symbole dieser Größen

$$\mathbf{Ep} = Ep_{\text{max}} \quad \text{und} \quad \mathbf{I} = J_{\text{max}}\, e^{-i\alpha},$$

und ihre graphische Darstellung ist wiedergegeben in Fig. 2. Entwickelt man für $\mathbf{I}$ die Nebenform, so findet man

$$\mathbf{I} = J_{\text{max}}\, e^{-i\alpha} = \underbrace{J_{\text{max}} \cos\alpha}_{p} - i\underbrace{J_{\text{max}} \sin\alpha}_{q}$$
$$= \quad p \quad - i \quad q \quad .$$

Die Größen p und q bilden hier also 2 Komponenten des Stromes, von denen p in der Phase mit der Spannung zusammenfällt, während q senkrecht darauf steht. Der reelle Teil p der Nebenform der Stromstärke bildet also die Wattkomponente des Stromes, der imaginäre Teil q die wattlose Komponente, wenn die Spannung als Ausgangsgröße für die Phasenzählung dient. Diese von selbst eintretende Trennung der beiden Stromkomponenten ist für die Rechnung mit der komplexen Methode bedeutungsvoll.

Auch wenn die Spannung nicht als Ausgangsgröße, sondern etwa in der Nebenform

$$\mathbf{E\,p} = p_e + iq_e, \tag{14}$$

und der Strom dabei in der Form

$$\mathbf{I} = p_i + iq_i \tag{15}$$

gegeben ist, kann man die Wattkomponente des Stromes leicht berechnen. Dieses Verfahren ist wichtig, weil es gleichzeitig zu einer allgemeinen Methode zur Berechnung der Leistung und des Leistungsfaktors führt.

Wir denken uns zu diesem Zwecke die Nebenformen von $\mathbf{E\,p}$ und $\mathbf{I}$ umgewandelt in die Hauptformen durch die Gleichungen

$$\mathbf{E\,p} = p_e + iq_e = E p_{\max}\, e^{i\delta} \tag{16}$$

und

$$\mathbf{I} = p_i + iq_i = J_{\max}\, e^{i\lambda}, \tag{17}$$

sodaß also nach Gl. 13

$$E p_{\max} = \sqrt{p_e^2 + q_e^2} \quad \text{und} \quad J_{\max} = \sqrt{p_i^2 + q_i^2} \tag{18}$$

ist. Dann wird

$$\frac{\mathbf{E\,p}}{\mathbf{I}} = \frac{E p_{\max}}{J_{\max}}\, e^{i(\delta-\lambda)} = \frac{E p_{\max}}{J_{\max}} \cos(\delta - \lambda) + i\,\frac{E p_{\max}}{J_{\max}} \sin(\delta - \lambda). \tag{19}$$

Hierin ist $(\delta - \lambda)$ die Voreilung der Spannung gegenüber der Stromstärke und

$$\cos(\delta - \lambda) = F$$

der Leistungsfaktor.

Wir erhalten $\cos(\delta - \lambda)$, indem wir $\dfrac{\mathbf{E\,p}}{\mathbf{I}}$ auch aus den Nebenformen von $\mathbf{E\,p}$ und $\mathbf{I}$ entwickeln und von den beiden Formen von $\dfrac{\mathbf{E\,p}}{\mathbf{I}}$ die reellen Teile einander gleichsetzen. Zu diesem Zwecke muß der aus den Nebenformen von $\mathbf{Ep}$ und $\mathbf{I}$ gewonnene Ausdruck für $\dfrac{\mathbf{Ep}}{\mathbf{I}}$ erst auf die Form $p + iq$ gebracht werden, was wir dadurch erreichen, daß wir den Bruch $\dfrac{\mathbf{Ep}}{\mathbf{I}}$ oben und unten mit $p - iq$ multiplizieren. Wir erhalten

$$\frac{\mathbf{Ep}}{\mathbf{I}} = \frac{p_e + iq_e}{p_i + iq_i} = \frac{p_e + iq_e}{p_i + iq_i} \cdot \frac{p_i - iq_i}{p_i - iq_i} = \frac{p_e p_i + q_e q_i}{p_i^2 + q_i^2}$$
$$+ i\,\frac{p_i q_e - p_e q_i}{p_i^2 + q_i^2} \quad (20)$$

und, indem wir das angegebene Verfahren der Gleichsetzung jetzt ausführen, nach Gl. 19 und 20

$$\frac{Ep_{\mathrm{max}}}{J_{\mathrm{max}}} \cos(\delta - \lambda) = \frac{p_e p_i + q_e q_i}{p_i^2 + q_i^2}\,.$$

Setzt man hierin die durch Gl. 18 bestimmten Werte von Ep_{max} und J_{max} ein, so ergibt sich

$$F = \cos(\delta - \lambda) = \frac{p_e p_i + q_e q_i}{\sqrt{(p_e^2 + q_e^2) \cdot (p_i^2 + q_i^2)}}\,,$$

ferner die Wattkomponente des Stromes

$$J_{\mathrm{max}}\, F = J_{\mathrm{max}} \cos(\delta - \lambda) = \frac{p_e p_i + q_e q_i}{\sqrt{p_e^2 + q_e^2}}\,,$$

und schließlich die Leistung

$$A = \frac{Ep_{\mathrm{max}} J_{\mathrm{max}}}{2} \cos(\delta - \lambda) = \frac{p_e p_i + q_e q_i}{2}\,. \quad (21)$$

Beziehen wir die p und q nicht, wie in Gl. 16 und 17 auf die maximalen Werte von E_p und J, sondern auf die effektiven, indem wir auf der rechten Seite der genannten Gleichungen nicht Ep_{max} und J_{max}, sondern E_p und J schreiben, so verringern sich die Größen p und q auf den $\sqrt{2} \cdot$ Teil ihres bisherigen Wertes, und im Nenner der Gl. 21 fällt die 2 weg. Bei dieser Definition der p und q ist also

$$A = p_e p_i + q_e q_i\,. \quad (22)$$

Wenn es nicht darauf ankommt, den Leistungsfaktor, sondern den Winkel der Phasenverschiebung direkt auszudrücken, so berechnet man den letzteren statt aus dem Cosinus öfter besser aus der Tangente. Indem man die reellen und die imaginären Teile der Gl. 19 und 20 einander gleich setzt, erhält man $\cos(\delta - \lambda)$ und $\sin(\delta - \lambda)$ und hieraus

$$\operatorname{tg}(\delta - \lambda) = \frac{p_i q_e - p_e q_i}{p_e p_i + q_e q_i} . \tag{23}$$

Hervorzuheben ist, daß ein positiver Wert dieses Winkels nach den obigen Ansätzen immer eine Voreilung der Spannung gegenüber der Stromstärke bedeutet.

Im folgenden soll zunächst die Anwendung der symbolischen Methode auf das Phänomen der Selbstinduktion besprochen werden. Wir wählen zu diesem Zwecke das Beispiel einer langen, mit Widerstand und Selbstinduktion behafteten Leitung.

II. Der Stromfluß in Leitungen mit Selbstinduktion.

Ist Ep_t die Spannung zwischen den Enden a, b einer aus Hin- und Rückleitung bestehenden einfachen Schleife (Fig. 3), w der Widerstand, L der Koeffizient der Selbstinduktion der Hin- und Rückleitung und J_t die Stärke des die Leitung durchfließenden Wechselstromes,

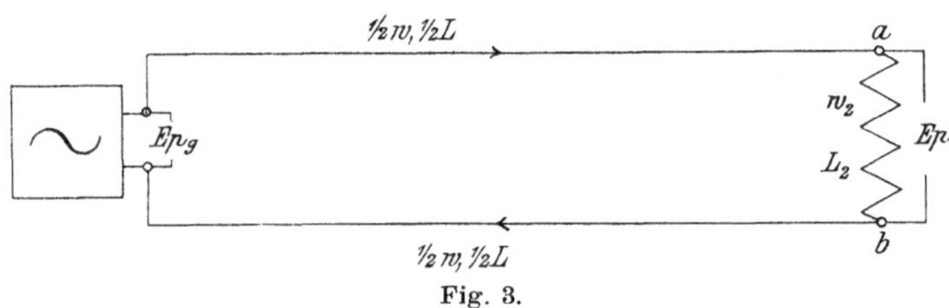

Fig. 3.

so ist bekanntlich die am Anfange der Leitung herrschende Generatorspannung

$$Ep_{gt} = Ep_t + J_t\, w + L\frac{dJ}{dt} \qquad (1)$$

Der Spannungsverlust in der Leitung ist also wegen der Selbstinduktion nicht mehr $J_t w$ Volt (Ohmscher Spannungsabfall), wie bei Gleichstrom, sondern $J_t w + L\dfrac{dJ}{dt}$, wobei L in Henry anzugeben ist.

In einem Spezialfalle, für den Ep_{gt} berechnet werden soll, sei die an den Enden der Leitung von der Konsumstelle verlangte Stromstärke

$$J_t = J_{\max} \sin \omega t, \qquad (2)$$

worin $\omega = 2\pi\nu$ ist, und ν die sekundliche Periodenzahl des Wechselstromes bedeutet. Die Spannung an derselben Stelle sei

$$Ep_t = Ep_{\max} \sin(\omega t + \varphi), \qquad (3)$$

um φ gegen J_t voreilend, weil etwa ein Transformator oder Motor die Belastung bilde. Dann ist

$$J_t\,w = J_{\mathrm{max}}\,w \sin(\omega\,t)$$

und

$$L\,\frac{dJ}{dt} = \omega\,L\,J_{\mathrm{max}} \cos(\omega\,t) = \omega\,L\,J_{\mathrm{max}} \sin\left(\omega\,t + \frac{\pi}{2}\right) \qquad (4)$$

Die Generatorspannung muß sich dabei ergeben als eine Größe von der Form

$$Ep_{gt} = Ep_{g\,\mathrm{max}} \sin(\omega\,t + \delta)\,,$$

denn Ep_{gt} muß gegenüber J_t eine bestimmte Voreilung δ haben, da nach Gl. 3 und 4 sowohl Ep_t wie $L\,\dfrac{dJ}{dt}$ Voreilungen $\left(\varphi \text{ und } \dfrac{\pi}{2}\right)$ gegen J_t besitzen. Man erhält $Ep_{g\,\mathrm{max}}$ und δ unter Benutzung von Gl. 1 aus der Gleichung

$$Ep_{g\,\mathrm{max}} \sin(\omega\,t + \delta) = Ep_{\mathrm{max}} \sin(\omega\,t + \varphi) + J_{\mathrm{max}}\,w \sin \omega\,t$$
$$+ \,\omega\,L\,J_{\mathrm{max}} \sin\left(\omega\,t + \frac{\pi}{2}\right)$$

in derselben Weise wie Amplitude A und Phase α aus Gl. 1, S. 1. Es wird

$$Ep_{g\,\mathrm{max}} \cos \delta = Ep_{\mathrm{max}} \cos \varphi + J_{\mathrm{max}}\,w \qquad (5)$$
$$Ep_{g\,\mathrm{max}} \sin \delta = Ep_{\mathrm{max}} \sin \varphi + \omega\,L\,J_{\mathrm{max}}\,. \qquad (6)$$

Zu diesem Ergebnis muß man auch kommen, wenn man statt der Wechselstromgrößen ihre Symbole einführt. Die letzteren sind für

$$Ep_t = Ep_{\mathrm{max}} \sin(\omega\,t + \varphi) \;\ldots\ldots\; \mathbf{Ep} = Ep_{\mathrm{max}}\,e^{i\varphi}$$
$$J_t\,w = J_{\mathrm{max}}\,w \sin \omega\,t \;\ldots\ldots\ldots\; w\,\mathbf{I} = J_{\mathrm{max}}\,w$$
$$L\,\frac{dJ}{dt} = \omega\,L\,J_{\mathrm{max}} \sin\left(\omega\,t + \frac{\pi}{2}\right) \;\ldots\; \mathbf{S} = \omega\,L\,J_{\mathrm{max}}\,e^{\frac{i\pi}{2}}$$
$$Ep_{gt} = Ep_{g\mathrm{max}} \sin(\omega\,t + \delta) \;\ldots\ldots\; \mathbf{Ep}_g = Ep_{g\mathrm{max}}\,e^{i\delta}\,.$$

Gl. 1 auf die Symbole übertragen, ergibt zunächst

$$\mathbf{Ep}_g = \mathbf{Ep} + \mathbf{I}\,w + \mathbf{S}\,; \qquad (7)$$

Setzt man hierin die obigen Werte der Symbole ein, und bedenkt man, daß

$$e^{i\frac{\pi}{2}} = \cos \frac{\pi}{2} + i \sin \frac{\pi}{2} = i\,,$$

also

$$S = i\,\omega\,L\,J_{\mathrm{max}}$$

ist, so ergibt sich

$$Ep_{g\mathrm{max}}\,e^{i\delta} = Ep_{\mathrm{max}}\,e^{i\varphi} + J_{\mathrm{max}}\,w + i\,\omega\,L\,J_{\mathrm{max}}\,. \tag{8}$$

Wenn man darin $e^{i\delta}$ und $e^{i\varphi}$ nach der Formel von Moivre entwickelt und die reellen Glieder von den imaginären trennt, so kommt man wieder auf die Gl. 5 und 6.

Für die Berechnung von Ep_{gt} nach Gl. 1 waren Ep_t und $J_t\,w$ und deren Symbole durch die Aufgabe gegeben, $L\,\dfrac{dJ}{dt}$ aber mußte erst durch Differentiation von J_t berechnet werden, ehe das Symbol dafür aufgestellt werden konnte. Das Symbol für $L\dfrac{dJ}{dt}$ kann man aber auch auf anderem Wege gewinnen. Um es zu bilden, braucht man nicht erst die Sinusgröße $L\dfrac{dJ}{dt}$ zu berechnen, man kann vielmehr das Symbol von $L\dfrac{dJ}{dt}$ direkt aus dem Symbol für J_t durch Differentiation gewinnen, wenn man nicht mit den reduzierten, sondern mit den vollständigen Symbolen rechnet. Das vollständige Symbol für $\quad J_t = J_{\mathrm{max}}\sin\omega t \quad$ ist $\quad J_{\mathrm{max}}\,e^{i\omega t}\quad$ und dasjenige

für $\quad \dfrac{dJ}{dt} = \omega\,J_{\mathrm{max}}\sin\left(\omega t + \dfrac{\pi}{2}\right)$ ist $\omega\,J_{\mathrm{max}}\,e^{i\left(\omega t + \frac{\pi}{2}\right)} = i\,\omega\,J_{\mathrm{max}}\,e^{i\omega t}$.

Zu dem zuletzt gewonnenen Symbol $i\,\omega\,J_{\mathrm{max}}\,e^{i\omega t}$ für $\dfrac{dJ}{dt}$ kommt man aber auch, wenn man das Symbol $J_{\mathrm{max}}\,e^{i\omega t}$ für J_t direkt nach der Zeit differentiiert. Statt des vollständigen Symbols aus dem Differentialquotienten von J_t kann man also auch den Differentialquotienten aus dem vollständigen Symbol von J_t bilden. Beide sind einander gleich.

Der Satz, daß der Differentialquotient eines vollständigen Symbols gleich dem vollständigen Symbol des Differentialquotienten ist, gilt ganz allgemein für jede Sinusgröße, ja sogar nicht nur für den ersten, sondern auch für die höheren Diffentialquotienten. Wir erkennen dies, wenn wir die Größe

$$A_t = A\sin(\omega t \pm \alpha)$$

und ihr vollständiges Symbol

$$A\,e^{i(\omega t \pm \alpha)}$$

betrachten. Für diese ergibt sich folgendes:

Differentialquotienten von A_t

$$\frac{dA}{dt} = \omega A \cos(\omega t \pm \alpha) = \omega A \sin\left(\omega t \pm \alpha + \frac{\pi}{2}\right)$$

$$\frac{d^2 A}{dt^2} = -\omega^2 A \sin(\omega t \pm \alpha)$$

$$\frac{d^3 A}{dt^3} = -\omega^3 A \cos(\omega t \pm \alpha) = -\omega^3 A \sin\left(\omega t \pm \alpha + \frac{\pi}{2}\right);$$

Symbole der Differentialquotienten

$$\frac{dA_t}{dt} \quad \ldots \quad \omega A\,e^{i(\omega t \pm \alpha)} e^{i\frac{\pi}{2}} = i\omega A\,e^{i(\omega t \pm \alpha)}$$

$$\frac{d^2 A_t}{dt^2} \quad \ldots \quad -\omega^2 A\,e^{i(\omega t \pm \alpha)}$$

$$\frac{d^3 A_t}{dt^3} \quad \ldots \quad -\omega^3 A\,e^{i(\omega t \pm \alpha)} e^{i\frac{\pi}{2}} = -i\omega^3 A\,e^{i(\omega t \pm \alpha)};$$

Differentialquotienten der Symbole

$$\frac{d}{dt} A\,e^{i(\omega t \pm \alpha)} = i\omega A\,e^{i(\omega t \pm \alpha)}$$

$$\frac{d}{dt} i\omega A\,e^{i(\omega t \pm \alpha)} = -\omega^2 A\,e^{i(\omega t \pm \alpha)}$$

$$\frac{d}{dt}\left(-\omega^2 A\,e^{i(\omega t \pm \alpha)}\right) = -i\,\omega^3 A\,e^{i(\omega t \pm \alpha)}.$$

Die in den letzten beiden Tabellen ausgerechneten Größen stimmen also überein.

Der Satz, daß die Differentialquotienten der Symbole gleich den Symbolen der Differentialquotienten sind, hat die sehr wichtige Folgerung, daß man bei allen Gleichungen zwischen Wechselstromgrößen und ihren Differentialquotienten von vorn herein mit den vollständigen Symbolen rechnen und diese selbst auch differentiieren darf, als wären sie Wechselstromgrößen. Alle Differentialgleichungen, in die sich die Naturgesetze der Wechselströme kleiden, kann man also auch ohne weiteres auf die vollständigen Symbole der Wechselstromgrößen anwenden. Für die letzteren angesetzt, bekommen sie aber häufig viel einfachere Formen als auf die Größen selbst bezogen, und darin liegt in vielen Fällen der Vorzug der symbolischen Methode. Dazu kommt noch, daß, wenn eine Gleichung für vollständige Symbole aufgestellt ist, sich die Faktoren $e^{i\omega t}$ immer wegheben, und daß sich daher schließlich eine Gleichung zwischen reduzierten Symbolen ergibt. Wie wir sehen werden, nimmt diese, auch wenn Selbstinduktion und Kapazität in den Wechselstromkreis eingeschaltet sind, die Form des einfachen Ohmschen Gesetzes für Gleichstrom an.

Um die Anwendung dieser Grundsätze zu zeigen, wollen wir noch einmal Ep_{gt} berechnen und dabei von vornherein die symbolische Methode anwenden, als ob eine frühere direkte Rechnung mit den Wechselstromgrößen gar nicht stattgefunden hätte.

Ep_{gt} war bestimmt durch die Differentialgleichung:

$$Ep_g = Ep_t + J_t w + L \frac{dJ}{dt}, \qquad (9)$$

wobei Ep_t und J_t als die elektrischen Größen der Konsumstelle durch ihre Amplituden Ep_{max} und J_{max} und durch den Voreilungswinkel φ von Ep_t gegen J_t gegeben waren. Wir wählen wieder J_t als Ausgangsgröße und setzen also dafür das vollständige Symbol $J_{max} e^{i\omega t}$; Ep_{max} muß dann dargestellt werden durch das Symbol $Ep_{max} e^{i(\omega t+\varphi)}$. Das Symbol für $L \frac{dJ}{dt}$ wird dann $L \frac{d}{dt} (J_{max} e^{i\omega t})$ $= i\omega L \cdot J_{max} e^{i\omega t}$. Ep_{gt} hat eine bestimmte Amplitude $Ep_{g\,max}$ und eine bestimmte Phasenverschiebung δ gegen J_t, die festgestellt werden sollen. Ep_{gt} ist also darzustellen durch das Symbol $Ep_{g\,max} e^{i(\omega t+\delta)}$, und man erhält daher nach Gl. 9

$$Ep_{g\,max} e^{i(\omega t+\delta)} = Ep_{max} e^{i(\omega t+\varphi)} + w\,J_{max} e^{i\omega t} + i\omega L\,J_{max} e^{i\omega t},$$

und, indem man $e^{i\omega t}$ weghebt,

$$Ep_{g\,max} e^{i\delta} = Ep_{max} e^{i\varphi} + w\,J_{max} + i\omega L\,J_{max}; \qquad (10)$$

dies ist die schon oben entwickelte Gleichung (Gl. 8), aus welcher man durch Auflösung der Symbole nach der Moivreschen Formel und Trennung der reellen und imaginären Größen die Bestimmungsgleichungen 5 und 6 für $Ep_{g\,max}$ und δ ableiten kann.

Gl. 10 bedeutet im Grunde nichts anderes als eine besondere Form der beiden Gleichungen 5 und 6, welche nach der auf S. 11

entwickelten alten Methode für die Berechnung von $Ep_{g\,\mathrm{max}}$ und δ verwendet werden würden. Die neue Form hat aber den Vorzug, zu weitergehender Vereinfachung in der Auffassung der betrachteten Wechselstromvorgänge zu führen. Wir schreiben zu diesem Zwecke Gl. 10 in der Gestalt:

$$Ep_{g\,\mathrm{max}}\, e^{i\,\delta} = Ep_{\mathrm{max}}\, e^{i\,\varphi} + J_{\mathrm{max}}\,(w + i\,\omega\,L)$$

und setzen für die reduzierten Symbole $Ep_{g\,\mathrm{max}}\, e^{i\,\delta}$, $Ep_{\mathrm{max}}\, e^{i\,\varphi}$ und J_{max} nach der früheren Vereinbarung die steilen Buchstaben $\mathbf{Ep}_g$, $\mathbf{Ep}$ und $\mathbf{I}$ ein. Dann ergibt sich die Beziehung

$$\mathbf{Ep}_g = \mathbf{Ep} + \mathbf{I}\,(w + i\,\omega\,L).$$

Setzt man hierin

$$w + i\,\omega\,L = \mathbf{R}, \tag{11}$$

so wird

$$\mathbf{Ep}_g = \mathbf{Ep} + \mathbf{I\,R}.$$

Diese Gleichung hat also die einfache Form des Ohmschen Gesetzes für Gleichstrom und kann in dieser Form natürlich ebensogut zur Berechnung von $\mathbf{Ep}_g$ bei gegebenem $\mathbf{Ep}$ und $\mathbf{I}$ wie zur Berechnung von $\mathbf{I}$ bei gegebenem $\mathbf{Ep}_g$ und $\mathbf{Ep}$ benutzt werden. $\mathbf{R}$, welches dabei die Vereinigung der Wirkungen des Ohmschen Widerstandes und der elektromotorischen Kraft der Selbstinduktion repräsentiert, kann bezeichnet werden als der scheinbare Widerstand der Leitung in komplexer Form.

Die Möglichkeit, das einfache Ohmsche Gesetz für Gleichstrom auch auf die Wechselstromerscheinungen anzuwenden, vereinfacht die Betrachtung der letzteren wesentlich. Wir werden dies sogleich an einigen Beispielen erkennen.

III. Beispiele.

Als erstes Beispiel betrachten wir den Fall, daß (Fig. 4) an einem induktiven Widerstande von der Größe w und dem Koeffizienten der Selbstinduktion L eine Spannung von der Größe Ep_t bestehe, und suchen den Strom J_t in diesem Widerstande zu bestimmen. Dabei möge Ep_t als Ausgangsgröße betrachtet und daher $\mathbf{E}\mathbf{p}_t = Ep_{\mathrm{max}}$ gesetzt werden. Der Strom habe dann eine Amplitude J_{max} und eine Phasenverschiebung φ von noch unbekanntem Sinne, sei also

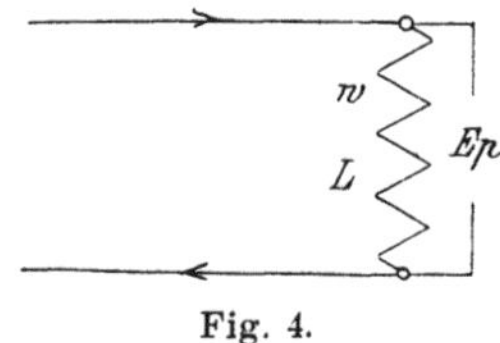

Fig. 4.

darzustellen durch das reduzierte Symbol $\mathbf{I} = J_{\mathrm{max}}\, e^{i\varphi}$; es sei Gegenstand der Aufgabe, J_{max} und φ festzustellen.

Wenn wir den scheinbaren Widerstand in komplexer Form wieder

$$w + i\omega L = \mathbf{R}$$

setzen, so ist nach dem Ohmschen Gesetz

$$\mathbf{I} = \frac{\mathbf{E}\mathbf{p}}{\mathbf{R}} = \frac{Ep_{\mathrm{max}}}{w + i\omega L},$$

ein Symbol, das nun auf die Form $\mathbf{I} = J_{\mathrm{max}}\, e^{i\varphi}$ gebracht werden muß. Am einfachsten wird zu diesem Zwecke der Weg über die Nebenform $p + iq$ eingeschlagen. Man erhält, indem man oben und unten mit $(w - i\omega L)$ multipliziert

$$\mathbf{I} = \frac{w \cdot Ep_{\mathrm{max}}}{w^2 + \omega^2 L^2} - i\,\frac{\omega L\, Ep_{\mathrm{max}}}{w^2 + \omega^2 L^2};$$

daher ist

$$p = \frac{w \cdot Ep_{\mathrm{max}}}{w^2 + \omega^2 L^2} \quad \text{und} \quad q = -\frac{\omega L\, Ep_{\mathrm{max}}}{w^2 + \omega^2 L^2}.$$

In dem Symbol $\mathbf{I} = J_{\mathrm{max}}\, e^{i\varphi}$ in der Hauptform ist also

$$J_{\mathrm{max}} = \sqrt{p^2 + q^2} = \frac{Ep_{\mathrm{max}}}{\sqrt{w^2 + \omega^2 L^2}} \quad \text{und} \quad \mathrm{tg}\,\varphi = \frac{q}{p} = -\frac{\omega L}{w}$$

$$\text{oder} \quad \varphi = -\arctan\frac{\omega L}{w}.$$

Schreibt man die Ausgangsgröße, welche durch das Symbol $\mathbf{E\,p} = Ep_{\mathrm{max}}$ dargestellt wurde, als Wechselstromgröße in der reellen Form $Ep_t = Ep_{\mathrm{max}} \sin \omega t$, so entspricht das Symbol $\mathbf{I} = J_{\mathrm{max}}\, e^{i\varphi}$

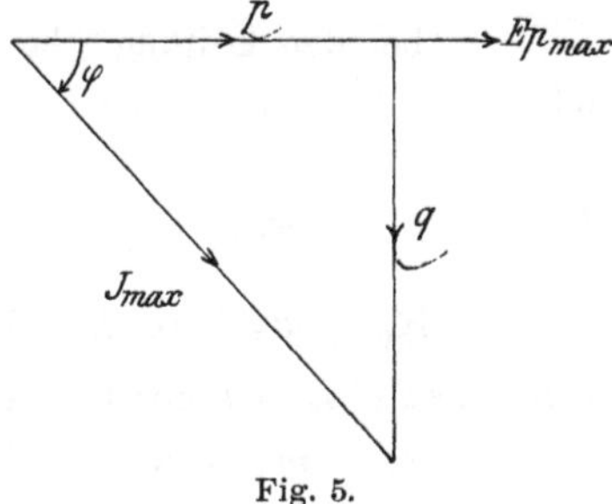

Fig. 5.

der Größe $J_t = J_{\mathrm{max}} \sin(\omega t + \varphi)$. Führt man hierin die gefundenen Werte von J_{max} und φ ein, so wird

$$J_t = \frac{Ep_{\mathrm{max}}}{\sqrt{w^2 + \omega^2 L^2}} \sin\left(\omega t - \arctan\frac{\omega L}{w}\right).$$

Dieses Ergebnis ist bekannt; auf gewöhnlichem Wege läßt es sich aber nur durch Auflösung der linearen Differentialgleichung $Ep_t = J_t w + L\dfrac{dJ}{dt}$ gewinnen, während bei der vorliegenden Rechnung nur einfache Algebra verwendet wird.

Fig. 5 gibt die graphische Darstellung. Ep_{max}, welches nur einen reellen Teil hat, ist mit der horizontalen Richtlinie zusammengelegt. Der ebenfalls in diese Linie fallende reelle Teil des Stromes bildet die Wattkomponente, und senkrecht darauf steht, nach unten, weil sie negativ ist, die wattlose Komponente

$$q = -\,Ep_{\max}\,\frac{\omega L}{w^2 + \omega^2 L^2}.$$

Der sich aus beiden Komponenten zusammensetzende Gesamtstrom erscheint gegen die Richtlinie um φ nach rechts gedreht, ist also um φ in der Phase zurück gegen die Spannung.

Als zweites Beispiel wählen wir wieder den in Kap. II betrachteten Fall einer mit Widerstand und Selbstinduktion behafteten Leitung (Fig. 3), nehmen jetzt aber an, daß nicht die Spannung an der Konsumstelle Ep, sondern die Generatorspannung Ep_g, ferner die elektrischen Daten der Leitung und des an die Konsumstelle angeschlossenen Widerstandes bekannt seien. Berechnet werden soll die Spannung Ep nach Größe und Phase.

Es seien

	bei der Leitung	bei der Konsumstelle
der wahre Widerstand	w_1	w_2
der Koeffizient der Selbstinduktion	L_1	L_2
der scheinbare Widerstand in komplexer Form	$\mathbf{R}_1 = w_1 + i\omega L_1$	$\mathbf{R}_2 = w_2 + i\omega L_2.$

Zur Vereinfachung möge dabei $\omega L = s$ gesetzt werden, so daß auch

$$\mathbf{R}_1 = w_1 + is_1 \qquad \mathbf{R}_2 = w_2 + is_2$$

geschrieben werden kann. Als Ausgangsgröße wird Ep_g gewählt, und daher $\mathbf{E}\mathbf{p}_g = Ep_{g\max}$ gesetzt. Dann ist $\mathbf{E}\mathbf{p} = Ep_{\max}\,e^{i\psi}$, wenn die gesuchte Phasenverschiebung zwischen Ep_t und Ep_{gt} mit ψ bezeichnet wird.

Nach dem Ohmschen Gesetz ergibt sich (Fig. 3) wie bei Gleichstrom

$$\mathbf{E}\mathbf{p} = \mathbf{E}\mathbf{p}_g\,\frac{\mathbf{R}_2}{\mathbf{R}_1 + \mathbf{R}_2}$$

$$= Ep_{g\max}\,\frac{w_2 + is_2}{w_1 + is_1 + w_2 + is_2}.$$

Um diesem Ausdruck die Form $Ep_{\max}\,e^{i\psi}$ zu geben, bringen wir ihn zuerst auf die Nebenform $p + iq$ und schreiben ihn zu diesem Zwecke zunächst in der Form

$$\mathbf{E}\mathbf{p} = Ep_{g\max}\,\frac{w_2 + is_2}{w_1 + w_2 + i(s_1 + s_2)}$$

und dann, indem wir der Einfachheit wegen $w_1 + w_2 = w$ und $s_1 + s_2 = s$ setzen, in der einfacheren Gestalt

$$\mathbf{Ep} = Ep_{g\,\mathrm{max}} \frac{w_2 + i\,s_2}{w + i\,s}.$$

Um diesen Ausdruck auf die Form $p + iq$ zu bringen, ist er oben und unten mit $(w - is)$ zu multiplizieren, wobei sich ergibt

$$\mathbf{Ep} = \underbrace{Ep_{g\,\mathrm{max}} \frac{w_2 w + s_2 s}{w^2 + s^2}}_{p} + i\ \underbrace{Ep_{g\,\mathrm{max}} \frac{w s_2 - w_2 s}{w^2 + s^2}}_{q}.$$

Aus dieser Nebenform des Symbols gewinnt man die Hauptform $\mathbf{Ep} = Ep_{\mathrm{max}}\,e^{i\psi}$, indem man bildet

$$Ep_{\mathrm{max}} = \sqrt{p^2 + q^2} = Ep_{g\,\mathrm{max}} \sqrt{\frac{w_2^2 + s_2^2}{w^2 + s^2}} \tag{1}$$

und

$$\mathrm{tg}\,\psi = \frac{q}{p} = \frac{w s_2 - w_2 s}{w_2 w + s_2 s}, \tag{2}$$

womit die gesuchte Amplitude und Phase von Ep_l gewonnen sind.

Wir wollen dieses Ergebnis noch durch die graphische Darstellung nach der älteren Methode kontrollieren. Zur Aufzeichnung des Diagramms gehen wir aus von der den Vorgang beherrschenden Gl. 1, S. 10. Wir ersetzen hierin w durch w_1 und L durch L_1, weil im vorliegenden Falle die Daten der elektrischen Leitung durch den Index 1 charakterisiert sind, und erhalten daher

$$Ep_{gl} = J_t w_1 + L_1 \frac{dJ}{dt} + Ep_t,$$

worin nach S. 10 und 11

$$J_t w_1 = J_{\mathrm{max}} w_1 \sin \omega t$$
$$Ep_t = Ep_{\mathrm{max}} \sin(\omega t + \varphi)$$
$$L_1 \frac{dJ}{dt} = \omega L_1 \cdot J_{\mathrm{max}} \sin\left(\omega t + \frac{\pi}{2}\right) \quad \text{sind.}$$

Da nach der ersten dieser 3 Gleichungen h i e r der Strom als Ausgangsgröße gewählt ist, so tragen wir J (Fig. 6 a) horizontal als Richtlinie auf. Daran sind anzuschließen Ep_{max}, um φ nach links gedreht, $J_{\mathrm{max}} w_1$ parallel und $\omega L_1 J_{\mathrm{max}} = s_1 J_{\mathrm{max}}$ um $\frac{\pi}{2}$ auch nach links gedreht. Man erhält dann als Resultierende $Ep_{g\,\mathrm{max}}$ um δ gegen die Richtlinie nach links gedreht und um ψ gegen Ep_{max} geneigt. In Fig. 6a ist ferner die an dem induktiven Widerstande, welcher die Konsumstelle bildet, herrschende Spannung Ep_{max} in die beiden Komponenten: Ohmscher Spannungsabfall $J_{\mathrm{max}}\,w_2$ und elektromotorische Kraft der Selbstinduktion $\omega\,L_2\,J_{\mathrm{max}} = s_2\,J_{\mathrm{max}}$ zerlegt. Nach Fig. 6a ist nun

$$\frac{Ep_{\mathrm{max}}{}^2}{Ep_{g\,\mathrm{max}}{}^2} = \frac{J_{\mathrm{max}}{}^2\,w_2^2 + J_{\mathrm{max}}{}^2\,s_2^2}{(J_{\mathrm{max}}\,w_2 + J_{\mathrm{max}}\,w_1)^2 + (J_{\mathrm{max}}\,s_2 + J_{\mathrm{max}}\,s_1)^2} = \frac{w_2^2 + s_2^2}{w^2 + s^2}$$

$$\text{und } \mathrm{tg}\,\psi = \mathrm{tg}\,(\varphi - \delta) = \frac{\sin\varphi\cos\delta - \cos\varphi\sin\delta}{\cos\varphi\cos\delta + \sin\varphi\sin\delta} = \frac{s_2\,w - w_2\,s}{w_2\,w + s_2\,s}$$

in Übereinstimmung mit Gl. 1 und 2.

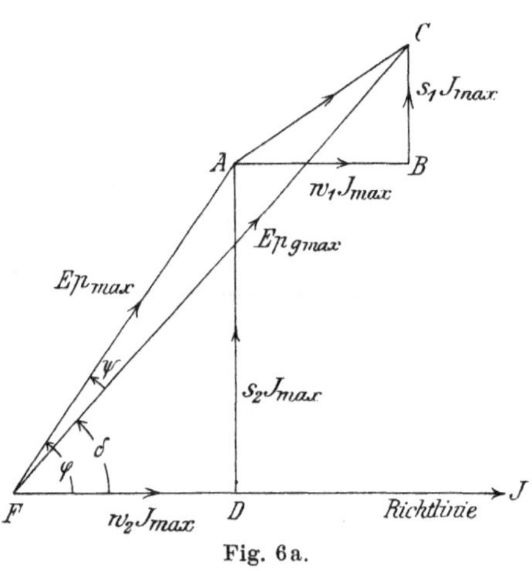

Fig. 6a.

Sachlich entnehmen wir aus Fig. 6a noch, daß die Selbstinduktion der Leitung den Spannungsabfall im allgemeinen erhöht. Wird die Selbstinduktion s_1 in dem in Fig. 6a dargestellten Falle geringer, so nähert sich Punkt C dem Punkte B, bis er mit diesem zusammenfällt. Die Maschinenspannung wird dann $Ep_{g\,\mathrm{max}} = \overline{FB}$, und ihre Phasenverschiebung gegen den Strom wird $\delta = \sphericalangle\,BFD$. Bei Abwesenheit von Selbstinduktion wird also die notwendige Maschinenspannung geringer, und ihre Phasenverschiebung gegen den Strom kleiner; beides ist günstig für den Betrieb, denn mit der Größe der Spannung nimmt die für die Maschine aufzuwendende

Erregerstromstärke ab und die Verminderung der Phasenverschiebung führt eine weitere Verringerung des Erregerstromes herbei. Die Selbstinduktion der Leitung wirkt also in dem gezeichneten Falle ungünstig.

Den Einfluß, welchen die Selbstinduktion der Leitung bei verschiedener Art der Belastung auf den Spannungsabfall ausübt, läßt sich leicht an Fig. 6b übersehen. Das dort gezeichnete $\triangle ABC$ gibt das in Fig. 6a gezeichnete in verkleinertem Maßstabe wieder.

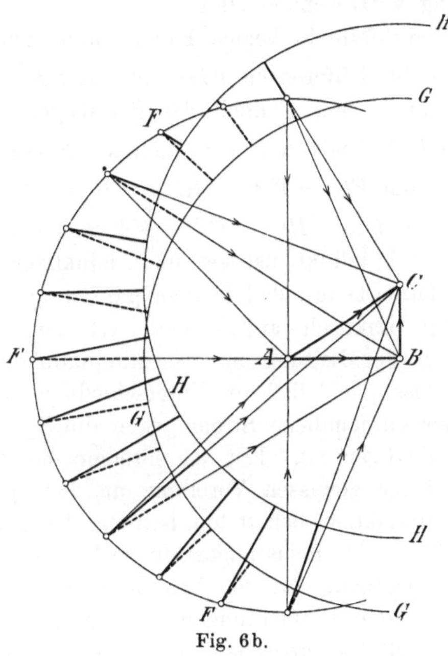

Fig. 6b.

Um A ist der Kreisbogen FFF geschlagen mit einem Radius $\overline{AF} = Ep_{\mathrm{max}}$, in demselben Maßstabe wie $\triangle ABC$ gegen Fig. 6a verkleinert. Wie in Fig. 6a stellen also auch in Fig. 6b die Verbindungslinien $\overline{FB}$ die notwendigen Maschinenspannungen $Ep_{g\,\mathrm{max}}$ am Anfang der Leitung ohne Selbstinduktion, die Verbindungslinie FC die Maschinenspannung in der Leitung mit Selbstinduktion dar. Die verschiedenen Neigungen der Strahlen $\overline{AF}$ gegen $\overline{AB}$ in Fig. 6b bedeuten verschiedene Phasenverschiebungen der Endspannung gegen die Stromstärke. Wo $\overline{AF}$ in der Verlängerung von $\overline{AB}$ liegt, ist

Phasengleichheit vorhanden; wo F tiefer liegt, hat der Strom eine Phasenverzögerung gegen die Spannung, wie in dem üblichen Falle der Praxis, wo Transformatoren und Motoren benutzt werden; wo F höher liegt, hat der Strom eine Voreilung. Fig. 6b gibt also in Gestalt der Linien $\overline{FB}$ und $\overline{FC}$ die Maschinenspannung an, welche zur Herstellung einer konstanten Spannung und Stromstärke an der Konsumstelle bei den verschiedensten Phasenverschiebungen zwischen diesen Größen im Falle einer induktionslosen und im Falle einer induktiven Leitung aufzuwenden sind.

Die Spannungsabfälle in beiden Fällen kann man leicht übersehen, wenn man die Differenzen $\overline{FB} - \overline{FA}$ und $\overline{FC} - \overline{FA}$ bildet. Zu diesem Zwecke ist um B noch der Kreisbogen GGG, um C der Kreisbogen HHH, beide mit dem Radius $\overline{AF}$ geschlagen. Die gestrichelten Strecken $\overline{FG} = \overline{FB} - BG = \overline{FB} - \overline{FA}$ und die stark ausgezogenen $\overline{FH} = \overline{FC} - HC = FC - \overline{FA}$ geben jetzt also die Spannungsabfälle bei induktionsloser und induktiver Leitung unmittel bar an. Man erkennt, daß in dem ganzen unteren Quadranten, also bei der praktisch auftretenden Art der Belastung der Spannungsabfall in der Leitung mit Selbstinduktion größer ist als in der induktionslosen, und daß der Unterschied um so bedeutender wird, je mehr der entnommene Strom gegen die Spannung an der Verbrauchsstelle verzögert ist. Eilt der entnommene Strom dagegen vor, so ist von einer gewissen Voreilung an der Spannungsabfall in der mit Selbstinduktion behafteten Leitung der geringere. Bei den praktisch auftretenden Belastungsarten wirkt die Selbstinduktion der Leitung also ungünstig auf den Spannungsabfall.

Die vorangehenden Betrachtungen gestatten, den Einfluß der Selbstinduktion bei allen elektrischen Leitungen und jeder Betriebsart zu berücksichtigen, wenn die Werte von L bekannt sind. Die Formeln für die Berechnung von L aus den Leitungsdimensionen folgen im Abschnitt IX im Zusammenhang mit den übrigen den Stromfluß beherrschenden Leitungsdaten.

IV. Formeln für die Rechnung mit komplexen Größen.

Nachdem der Wert der Rechnungen mit komplexen Größen erwiesen worden ist, möge hier zur Erhöhung der Übersicht und zur Erleichterung späterer Hinweise eine kurze Zusammenstellung der wichtigsten, bei der Behandlung der Wechselstromprobleme vorkommenden Rechnungsoperationen mit diesen Größen folgen. Einige dieser Operationen sind oben schon benutzt worden.

1. Die Gleichheit komplexer Größen.

Ist

$$p' + q' i = p'' + q'' i,$$

so ist

$$p' = p'' \quad \text{und} \quad q' = q'',$$

d. h. sind zwei komplexe Größen einander gleich, so sind die reellen und die imaginären Teile unter sich gleich.

Entsprechendes gilt auch, wenn die komplexen Größen in der Hauptform gegeben sind. Ist

$$A e^{i\alpha} = B e^{i\beta},$$

so ist

$$A \cos\alpha + i A \sin\alpha = B \cos\beta + i B \sin\beta$$

und daher nach dem soeben aufgestellten Satze

$$A \cos\alpha = B \cos\beta$$

und

$$A \sin\alpha = B \sin\beta.$$

Durch Division dieser Gleichungen gewinnt man

$$\operatorname{tg}\alpha = \operatorname{tg}\beta,$$

also

$$\alpha = \beta$$

und durch Quadrierung und Addition

$$A = B.$$

Die Amplituden sowohl wie die Phasenwinkel sind also untereinander gleich.

2. Die Umwandlung der beiden Formen ineinander.

Die Form $A\,e^{i\alpha}$ wird in die Form $p + q\,i$ verwandelt, indem

$$p = A\cos\alpha \quad \text{und} \quad q = A\sin\alpha$$

gemacht wird.

Die Form $p + q\,i$ wandelt man um in die Form $A\,e^{i\alpha}$, indem man

$$A = \sqrt{p^2 + q^2} \quad \text{und} \quad \operatorname{tg}\alpha = \frac{q}{p} \;{}^{*)}$$

setzt.

---

*) Hierbei sind selbstverständlich die Vorzeichen von p und q einzeln zu berücksichtigen, derart, daß man unterscheidet, ob $+\dfrac{q}{p}$ aus $+p$ und $+q$ oder aus $-p$ und $-q$ entstand, und ob $-\dfrac{q}{p}$ aus $-p$ und $+q$ oder aus $+p$ und $-q$ hervorgegangen ist. Ergibt sich z. B. bei $+p$ und $+q$

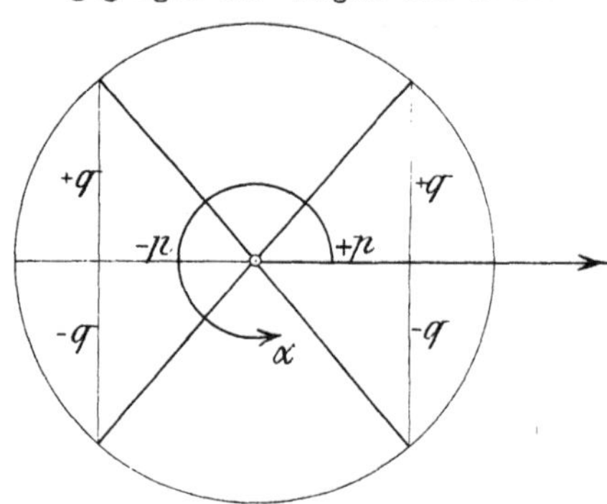

Fig. 7.

aus $\qquad \operatorname{tg}\alpha = \dfrac{+\,q}{+\,p} \qquad \alpha = 37^0,\quad$ so ist nach Fig. 7

bei $\qquad \operatorname{tg}\alpha = \dfrac{+\,q}{-\,p} \qquad \alpha = 180^0 - 37^0$

bei $\qquad \operatorname{tg}\alpha = \dfrac{-\,q}{-\,p} \qquad \alpha = 180^0 + 37^0$

bei $\qquad \operatorname{tg}\alpha = \dfrac{-\,q}{+\,p} \qquad \alpha = 360^0 - 37^0$

3. Algebraische Operationen mit komplexen Größen.

Hierbei kommt es darauf an, daß die Endgrößen auf die Form
$p + q\,i$ oder $A\,e^{i\alpha}$ gebracht werden.

a) Addition und Subtraktion.

Es ist

$$(p' + q'\,i) \pm (p'' + q''\,i) = (p' \pm p'') + (q' \pm q'')\,i.$$

Sind zwei komplexe Größen in den Hauptformen $A\,e^{i\alpha}$ und $B\,e^{i\beta}$
gegeben, so findet man nach Abschnitt I eine Größe

$$C\,e^{i\gamma} = A\,e^{i\alpha} + B\,e^{i\beta},$$

indem man (Fig. 8a) in einem Linienzuge A unter α und B unter β

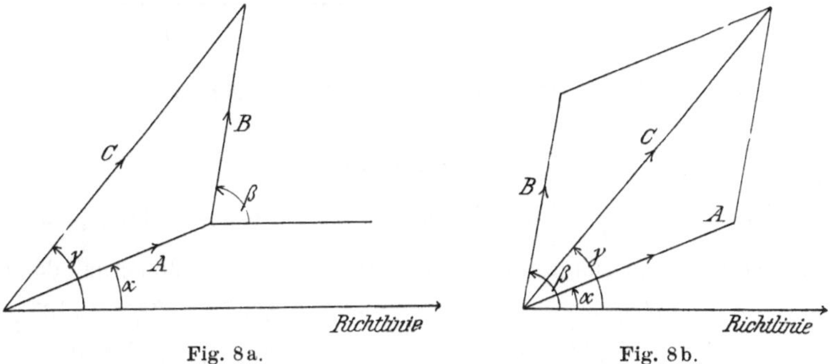

Fig. 8a.   Fig. 8b.

gegen eine Richtlinie geneigt aufträgt. Die Schlußlinie ergibt dann C,
und ihr Neigungswinkel ist γ. Sollen A und B aus besonderen
Gründen beide von demselben Anfangspunkte aus gezeichnet werden, so
ergibt sich C als Schlußlinie des Kräftepolygons nach Fig. 8b. Fig. 8b
ist verwickelter als Fig. 8a, da die eine aus fünf Geraden besteht,
die andere nur aus drei. Die Phasenverschiebungen der drei Größen
gegeneinander lassen sich aber aus 8b leichter entnehmen, da hier
alle drei Winkel einen gemeinsamen·Scheitel haben, während dies
bei 8a nur für zwei Winkel gilt.

Die Subtraktion komplexer Größen kann unmittelbar aus der
Addition entlehnt werden. Soll der Ausdruck gebildet werden

$$B\,e^{i\beta} = C\,e^{i\gamma} - A\,e^{i\alpha},$$

so ist diese Beziehung auch darstellbar durch die Gleichung

$$C e^{i\gamma} = A e^{i\alpha} + B e^{i\beta},$$

also auch durch Fig. 8a. Diese Figur lehrt also auch $B e^{i\beta}$ als Differenz von $C e^{i\gamma}$ und $A e^{i\alpha}$ bestimmen: Man trage $C e^{i\gamma}$ und $A e^{i\alpha}$ von einen Punkt aus auf und verbinde die Endpunkte. Die Verbindungslinie, in der Richtung vom Subtrahendus $A e^{i\alpha}$ nach dem Minuendus $C e^{i\gamma}$ gerechnet, stellt dann das gesuchte $B e^{i\beta}$ dar.

Soll die Addition oder Subtraktion der Größen $A e^{i\alpha}$ und $B e^{i\beta}$ nicht graphisch sondern rechnerisch erfolgen, so ist der Umweg über die Formen $(p' + q' i)$ und $(p'' + q'' i)$ zu wählen.

b) Multiplikation.

Es ist

$$(p' + q' i)(p'' + q'' i) = \underbrace{(p' p'' - q' q'')}_{p} + \underbrace{(p' q'' + p'' q')}_{q} i$$

und

$$A' e^{i\alpha'} \cdot A'' e^{i\alpha''} = A' A'' e^{i(\alpha' + \alpha'')} = A e^{i\alpha}.$$

c) Division.

Um $\dfrac{p' + q' i}{p'' + q'' i}$ auf die Form $p + q i$ zu bringen, multipliziere man den Bruch im Zähler und Nenner mit $(p'' - q'' i)$. Man erhält dann

$$\frac{p' + q' i}{p'' + q'' i} = \frac{(p' + q' i)(p'' - q'' i)}{p''^2 + q''^2} = \underbrace{\frac{p' p'' + q' q''}{p''^2 + q''^2}}_{p} + \underbrace{\frac{p'' q' - p' q''}{p''^2 + q''^2}}_{q} i.$$

Für die Symbole in den Hauptformen gilt

$$\frac{A' e^{i\alpha'}}{A'' e^{i\alpha''}} = \frac{A'}{A''} e^{i(\alpha' - \alpha'')} = A e^{i\alpha}.$$

d) Radizierung.

Sind die komplexen Größen in der Hauptform gegeben, ist also die Aufgabe gestellt, die Beziehung

$$\sqrt{A' e^{i\alpha'}} = A e^{i\alpha}$$

zu bilden, so erhält man

$$A' e^{i\alpha'} = A^2 e^{i 2\alpha},$$

also

$$A = \sqrt{A'}$$

und

$$\alpha = \frac{\alpha'}{2}.$$

Sind die komplexen Größen in der Nebenform gegeben, so bildet man

$$\sqrt{p' + i\,q'} = p + i\,q$$

indem man die beiden Seiten der Gleichung ins Quadrat erhebt. Dann ergibt sich

$$p' + i\,q' = p^2 - q^2 + 2\,p\,q\,i,$$

also

$$p^2 - q^2 = p'$$

und

$$2\,p\,q = q'$$

und daher schließlich

$$p = \pm\sqrt{\tfrac{1}{2}\left(\sqrt{p'^2 + q'^2} + p'\right)}$$

und

$$q = \pm\sqrt{\tfrac{1}{2}\left(\sqrt{p'^2 + q'^2} - p'\right)}.$$

Zur Bestimmung des Vorzeichens von p und q muß die Hauptform herangezogen werden. Da

$$\alpha = \operatorname{arctg}\frac{q}{p}$$

und

$$\alpha' = \operatorname{arctg}\frac{q'}{p'},$$

so ist

$$\operatorname{arctg}\frac{q}{p} = \frac{1}{2}\operatorname{arctg}\frac{q'}{p'}.$$

Liegt α' im ersten Quadranten, so liegt α ebenfalls im ersten Quadranten; d. h.

ist: $p' = (+)$ und $q' = (+)$, so ist $p = (+)$ und $q = (+)$.

Liegt α' im zweiten Quadranten, so liegt α im ersten Quadranten; d. h.

ist: $p' = (-)$ und $q' = (+)$, so ist $p = (+)$ und $q = (+)$.

Liegt α' im dritten Quadranten, so liegt α im zweiten Quadranten; d. h.

ist: $p' = (-)$ und $q' = (-)$, so ist $p = (-)$ und $q = (+)$. Liegt α' im vierten Quadranten, so liegt α im zweiten Quadranten; d. h. ist: $p' = (+)$ und $q' = (-)$, so ist $p = (-)$ und $q = (+)$.

In dieser Zusammenstellung ist auffällig, daß p zur Hälfte positiv und zur Hälfte negativ, q aber immer positiv ist. Das gilt indessen nur für die der Betrachtung unterzogene positive Wurzel von $p' + i\,q'$. Wird diese negativ, so ändern sich die Vorzeichen von p und q, so daß im ganzen alle Kombinationen der Vorzeichen von p und q vorkommen können. Über die Frage, ob die Wurzel von $p' + i\,q'$ positiv oder negativ ist, entscheidet natürlich die Besonderheit des Problems.

e) Logarithmierung.

Man bringt $\ln(p' + i\,q')$ auf die Form

$$\ln(p' + i\,q') = p + i\,q,$$

indem man bedenkt, daß nach dieser Gleichung

$$p' + i\,q' = e^{p+iq} = e^{p} \cdot e^{iq}$$

ist. Hieraus ergibt sich

$$e^{p}(\cos q + i \sin q) = p' + i\,q',$$

also

$$e^{p}\cos q = p'$$

und

$$e^{p}\sin q = q',$$

folglich

$$e^{2p} = p'^{2} + q'^{2},$$

also

$$p = \tfrac{1}{2}\ln(p'^{2} + q'^{2}),$$

und schließlich

$$\operatorname{tg} q = \frac{q'}{p'},$$

also

$$q = \operatorname{arctg}\frac{q'}{p'}.$$

Sind die komplexen Größen in der Hauptform gegeben, ist also die Aufgabe gestellt, die Beziehung

$$\ln(A'\,e^{i\alpha'}) = A\,e^{i\alpha}$$

zu bilden, so erhält man

$$\ln A' + i\,\alpha' = A\cos\alpha + i\,A\sin\alpha\,,$$

also

$$\ln A' = A\cos\alpha$$

und

$$\alpha' = A\sin\alpha\,,$$

also

$$A = \sqrt{(\ln A')^2 + \alpha'^2}$$

und

$$\operatorname{tg}\alpha = \frac{\alpha'}{\ln A'}\,.$$

4. Multiplikation mit $\pm\,i$.

Die Multiplikation einer komplexen Größe mit $(+\,i)$ bedeutet eine Linksdrehung ihres Vektors um 90^0, die Multiplikation mit $(-\,i)$ eine Rechtsdrehung um 90^0 ohne Änderung der Größe des Vektors. Der Beweis hierfür liegt in folgender Formelreihe

$$e^{i(\alpha\pm 90^0)} = \cos(\alpha \pm 90^0) + i\sin(\alpha \pm 90^0) = \mp\sin\alpha \pm i\cos\alpha$$
$$= \pm\,i^2\sin\alpha \pm i\cos\alpha = \pm\,i(\cos\alpha + i\sin\alpha) = \pm\,ie^{i\alpha}\,.$$

5. Proportionen zwischen komplexen Größen.

Gilt die Proportion

$$\frac{A e^{i\alpha}}{B e^{i\beta}} = \frac{C e^{i\gamma}}{D e^{i\delta}}\,,$$

so ist

$$\frac{A}{B}\,e^{i(\alpha-\beta)} = \frac{C}{D}\,e^{i(\gamma-\delta)}\,,$$

und daher nach 1, S. 24

$$\frac{A}{B} = \frac{C}{D}$$

und

$$\alpha - \beta = \gamma - \delta\,.$$

Die Vektorenpaare A, B und C, D sind also einander proportional, und die von ihnen eingeschlossenen Winkel sind einander gleich. Verbindet man ihre freien Enden durch je eine dritte Seite, so entstehen also zwei ähnliche Dreiecke.

V. Die Kapazität von Leitungen.

Denkt man sich die bei einander liegenden Enden zweier parallelen Leitungen (Fig. 9) an die beiden Pole einer Gleichstromquelle gelegt und an ihren hinteren Enden offen, so nimmt jede von beiden Leitungen auf ihrer ganzen Länge das Potential des Poles an, mit dem sie verbunden ist. Das Potential jeder Leitung ist also auf ihrer ganzen Länge konstant; unter Potential ist dabei bekanntlich zu verstehen das Arbeitsvermögen, welches einer elektrischen Masseneinheit an der betrachteten Stelle innewohnt.

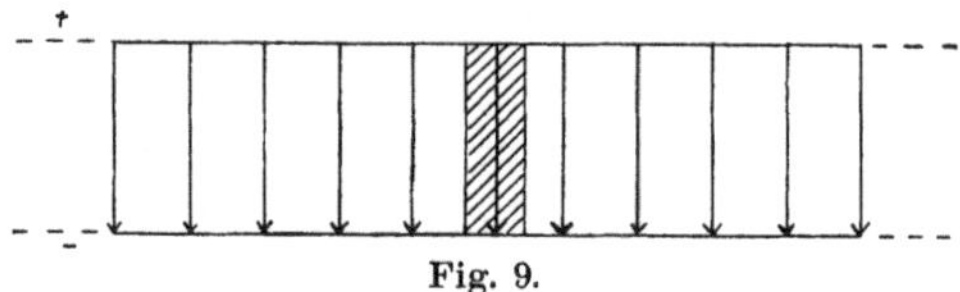

Fig. 9.

Ebenso wichtig wie die Kenntnis des Potentials auf den Leitern, ist aber auch die Kenntnis des Potentials P zwischen ihnen. Denkt man sich die beiden parallelen Leiter an irgend einer Stelle durch eine auf beide senkrecht gestellte Gerade geometrisch verbunden, und verfolgt man diese Gerade von einem Leiter zum andern, so bemerkt man, daß sich das Potential, mit den Potentialwerten der Leiter als Grenzwerten, kontinuierlich ändert. Die pro Längeneinheit des Lotes eintretende Änderung des Potentials ist entscheidend für die Größe der elektrischen Kraft H, welche in dem isolierenden Zwischenraum, dem sogenannten Dielektrikum, an jeder Stelle des Lotes auf eine dort vorhandene elektrische Masseneinheit (Einheitspol) wirken würde. Ist dP die Potentialänderung längs der Länge dn, so ist

$$H = - \frac{dP}{dn},\qquad(1)$$

wobei das Minuszeichen bedeutet, daß H in der Richtung des abnehmenden Potentials wirkt. H heißt auch die Feldstärke im Dielektrikum.

Der innere Grund des Auftretens dieser Kraft liegt in der Ansammlung elektrischer Massen auf den beiden Leitern, welche durch deren Verbindung mit den Generatorpolen verursacht und als Ladung der Leiter bezeichnet wird. Dem Phänomen der Ladung ist es bekanntlich eigentümlich, daß nur auf der Oberfläche der Leiter, nicht aber im Innern, sich Massen anhäufen. Der Zusammenhang zwischen Masse und Kraft ist gegeben durch das Coulombsche Gesetz, wonach zwei Massen m_1 und m_2, die in der Entfernung r voneinander angebracht sind, mit der elektrischen Kraft

$$F = \frac{m_1\, m_2}{r^2}\, \mu$$

aufeinander wirken, wobei μ eine Materialkonstante des Dielektrikums ist. Die hier betrachtete Feldstärke H ist die resultierende Kraft, welche sämtliche, auf beiden Leitern angesammelte Massen auf eine an der betrachteten Stelle des isolierenden Zwischenraumes gedachte Masseneinheit ausüben. Der Begriff der elektrischen Feldstärke entspricht also genau dem Begriff der magnetischen, welche auch nichts anderes bedeutet, als die Größe der magnetischen Kraft, mit welcher sämtliche Massen eines Magnetsystems auf eine an einer betrachteten Stelle gedachte Masseneinheit wirken.

Wie für die Betrachtung der magnetischen Vorgänge, so läßt sich auch für diejenige der elektrischen der Begriff der Kraftlinien konstruieren. Denkt man sich nämlich die betrachtete elektrische Masseneinheit zunächst in der Nähe des Leiters mit höherem Potential befindlich, so steht sie unter dem Einflusse einer Kraft, welche sie von diesem Leiter weg und nach dem Leiter mit niederem Potential hin bewegt. Die Linie, längs welcher diese Bewegung vor sich geht, kann in voller Analogie mit einer magnetischen Kraftlinie als eine elektrische Kraftlinie bezeichnet werden. Wie der Raum zwischen verschiedenen Magnetpolen, so ist also auch der Raum zwischen unseren mit verschiedenen Potentialen geladenen Leitern als mit Kraftlinien erfüllt zu betrachten, welche wie im anderen Falle vom Nordpol zum Südpol, so hier vom Leiter höheren zum Leiter niederen Potentials übergehen. Im vorliegenden Falle parallel ausgespannter Leiter von einer gegen ihre Entfernung sehr großen

Länge verlaufen die Kraftlinien in einer durch die Achsen beider Leiter gelegten Ebene einander parallel und senkrecht zu den Leitern (Fig. 9), gerade wie die magnetischen Kraftlinien zwischen zwei parallelen ebenen Magnetflächen, deren Entfernung gegen ihre Größe gering ist.

Sehr interessant ist es, eine der elektrischen Kraftlinien für sich näher zu betrachten. An ihrer Austrittsstelle aus dem einen Leiter in unmittelbarer (unendlicher) Nähe desselben kann nur die Masse auf den Einheitspol wirken, welche auf dem an der Austrittsstelle gelegenen Oberflächenelemente sich befindet. Bezeichnet man die elektrische Massendichte (d. i. die Anzahl der Masseneinheiten pro qcm) an der genannten Stelle der Oberfläche mit σ, so lehrt die nähere Betrachtung, daß die dort auf den Einheitspol wirkende Feldstärke

$$H_0 = 4\,\pi\,\sigma\,\mu \qquad (2)$$

ist. Wenn man also die Größe der elektrischen Kraft wie bei der magnetischen durch die Dichte der Kraftlinien darstellt, so ist die Dichte der aus dem Leiter austretenden Kraftlinien der dort bestehenden Massen- oder Ladungsdichte σ einfach proportional. Kraftlinien- und Ladungsdichte sind untrennbar gleichzeitig vorhandene Quantitäten, und der zwischen ihnen bestehende feste Zusammenhang ist nur abhängig vom Stoffe des Dielektrikums.

Denken wir uns nun die Zahl der Masseneinheiten auf den Leiterflächen, in die ein unendlich dünnes Kraftlinienbündel mündet, plötzlich verdoppelt, so verdoppelt sich mit σ auch die Feldstärke H_0 an der Leiteroberfläche, und damit verdoppelt sich wegen der Kontinuität des Kraftlinienflusses im Dielektrikum auch H an jeder anderen Stelle des Bündels. Mit H muß sich nach Gl. 1 auch P an jeder Stelle und damit auch die Potentialdifferenz zwischen den Mündungsflächen des Kraftlinienbündels verdoppeln. Demnach sind auch Potentialdifferenz und Ladungsmenge auf den Endflächen jedes Kraftlinienbündels einander proportional, stehen also in einem konstanten Verhältnis. Zu jeder Ladungsmenge auf einem Leiterstückchen und dem durch das gleiche Kraftlinienbündel verbundenen Stückchen des anderen Leiters gehört also eine bestimmte Potentialdifferenz, oder umgekehrt: wo eine bestimmte Potentialdifferenz zwischen zusammengehörigen Leiterstückchen vorhanden ist, muß auch eine ganz bestimmte Ladungsmenge bestehen, welche der

Potentialdifferenz proportional ist. Wir bezeichnen die pro Einheit der Potentialdifferenz, also pro Volt bestehende Ladungsmenge zusammengehöriger, d. h. durch Lote miteinander verbundener Elemente beider Leiter als die Kapazität oder das Fassungsvermögen der Elemente. Bei parallelen Leitungen ist die Kapazität aller zusammengehörigen Leiterstückchen natürlich dieselbe, weil sie sich sämtlich in gleicher relativer Lage zueinander befinden.

Der obige Satz von der untrennbaren Zusammengehörigkeit von Potentialdifferenz und Ladung gilt nicht nur, wenn die Leitungen offen sind, sondern dem Gange unserer Ableitung zufolge auch, wenn sie von einem beliebigen Strome durchflossen werden. Ist der durch die Leitungen fließende Strom ein Gleichstrom, so nimmt die Potentialdifferenz zwischen zuzammengehörigen Leiterstückchen vom Generator nach der Verbrauchsstelle zu bekanntlich linear ab (Fig. 10), und damit muß auch die Ladungsdichte vom Anfang

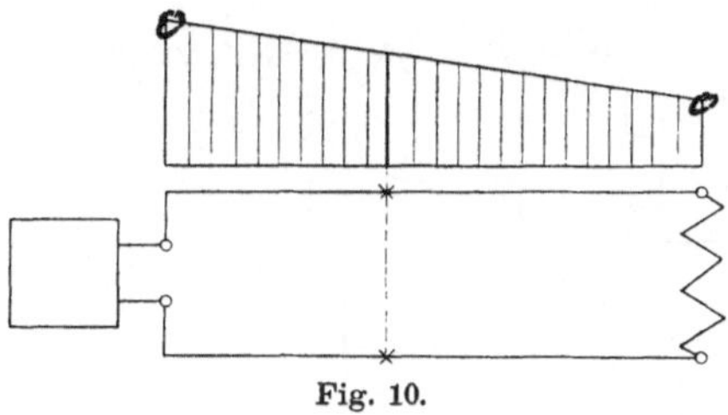

Fig. 10.

zum Ende in linearem Verhältnis geringer werden. Außer den die Leitung durchströmenden elektrischen Massen finden wir also bei Gleichstrom auf jedem Leiter auch ruhende elektrische Massen angehäuft, auf dem einen positive, auf dem andern negative, deren Dichten wie die Potentialdifferenzen zeitlich unveränderlich sind und vom Anfang nach dem Ende sich linear vermindern. Man bezeichnet diese Erscheinung als eine Kondensationserscheinung; alle zusammengehörigen Leiterstückchen bilden „Kondensatoren". Fig. 10 gibt also außer der Potentialverteilung auch die konstante Verteilung dieser elektrostatisch angehäuften oder „kondensierten" Ladungsmengen an.

Während bei Gleichstrom diese statische Anhäufung elektrischer Massen sogleich bei der Entstehung des Stromes geschieht und dann, nachdem die Massen einmal ihre Stellen eingenommen haben, mit der Potentialdifferenz unveränderlich bleibt und den Vorgang der Strömung nicht mehr beeinflußt, muß bei Wechselstrom, wo die Potentialdifferenz zusammengehöriger Leiterstückchen sich periodisch mit der Zeit verändert, auch die Ladungsmenge mit der Zeit periodisch veränderlich sein; eine periodische Veränderung der statisch sich auf den Leiteroberflächen anhäufenden Massen kann aber natürlich nur durch periodisches Zu- und Abfließen erreicht werden; die Erscheinung der elektrostatischen Ladung der Leitung hat also bei Wechselstrom noch einen besonderen Strömungsvorgang zur Folge, welcher zu dem eigentlichen Wechselstrome noch hinzukommt.

Man kann ein mit merklicher Kapazität behaftetes Leitungspaar darstellen durch ein Schema wie Fig. 11. Die beiden übereinanderliegenden Zickzacklinien deuten zwei nur mit Widerstand und Selbstinduktion versehene Leitungen an, die Eigenschaft der Kapazität wird repräsentiert durch besondere Kondensatoren, welche in gleichen Abständen an einander entsprechende Punkte beider

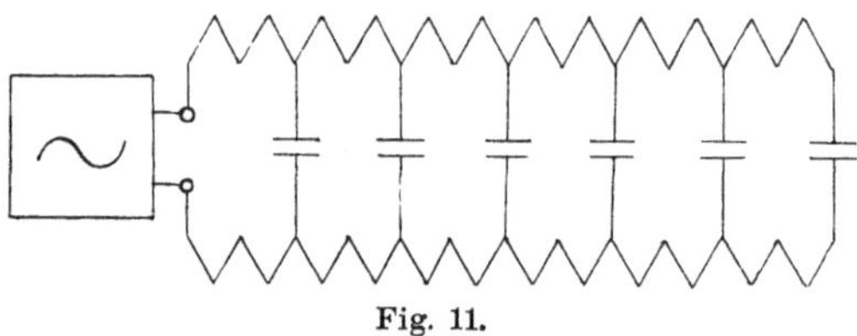

Fig. 11.

Leitungen angeschlossen sind. In diese Kondensatoren, die z. B. aus isoliert einander gegenüberstehenden Metallplatten oder Stanniolblättchen bestehen mögen, kann die Kapazität der Leiterstücke verlegt gedacht werden. Sind die zwischen den Kondensatoren liegenden Leiterstückchen unendlich kurz, und repräsentieren die Kondensatoren deren unendlich kleine Kapazitäten genau, so muß die künstliche Leitung die wirkliche offenbar vollständig gleichwertig ersetzen. Da die Kapazitätswirkungen hauptsächlich in den Kabeln zur Geltung kommen, so hat Fig. 11 insbesondere auch als das Schema eines künstlichen Kabels zu gelten.

Hiernach ist zum Studium der Strömungsvorgänge in kapazitätsbegabten Leitungen zunächst die Kenntnis des zur Ladung nötigen Stromes der einzelnen Leiterstückchen oder der ihre Kapazität repräsentierenden Kondensatoren erforderlich. Zu diesem Zwecke ist zuerst die Größe des Ladestromes eines einzelnen Kondensators von beliebiger Kapazität zu berechnen, und der Ladestrom der einzelnen

Kondensatoren in Fig. 11 dem Werte ihrer Kapazitäten entsprechend einzusetzen. Die Berechnung des Ladestromes eines Kondensators von beliebiger Kapazität soll im nächsten Paragraphen ausgeführt werden; an dieser Stelle mögen nur noch einige Angaben über den Kapazitätswert von Freileitungen und Kabeln gemacht und die Faktoren, von denen er abhängt, diskutiert werden.

Wir betrachten zunächst wieder zwei zusammengehörige Elemente paralleler Leiter und denken uns diese dann näher aneinander gerückt als ursprünglich. Bleiben beide dabei mit der alten Stromquelle in Verbindung, so daß die Potentialdifferenz in beiden Fällen dieselbe bleibt, so wird der Potentialabfall pro Längeneinheit einer elektrostatischen Kraftlinie größer, also steigt auch der Quotient $\dfrac{dP}{dn}$ und mithin nach Gl. 1 die elektrostatische Kraft H an dieser Stelle. Mit H aber steigt auch die auf der Leiteroberfläche angehäufte Elektrizitätsmenge nach Gl. 2. Eine Verminderung der Entfernung muß also eine Vergrößerung der Kapazität zur Folge haben. Mit der Selbstinduktion verhält es sich umgekehrt, weil diese durch die zwischen den Leitern vorhandenen magnetischen Kraftlinien hervorgerufen wird und deren Zahl mit der von den Leitern eingeschlossenen Fläche abnimmt.

Als technische Einheit für die Kapazität gilt das Farad. Man versteht darunter die Elektrizitätsmenge in Coulomb, welche jeder der Leiter, wenn beide offen an die Pole eines Gleichstromgenerators angeschlossen werden, pro Volt Spannungsdifferenz des Generators aufnimmt. Ist bei einer Potentialdifferenz von P Volt die gesamte Ladungsmenge für jeden der beiden Leiter Q Coulomb, so ist demnach

$$ c \text{ Farad} = \frac{Q \text{ Coulomb}}{P \text{ Volt}} \,. \tag{3} $$

Diese Einheit ist aber sehr groß. Die in der Technik vorkommenden Kapazitäten erscheinen daher, durch sie ausgedrückt, in sehr kleinen Zahlenwerten. Man benutzt aus diesem Grunde als praktische Einheit der Kapazität meist das Mikrofarad (MF.), d. i. der millionste Teil des Farads. Selbstverständlich bezieht man sämtliche Angaben auf die Längeneinheit der Leitungen, etwa auf das Kilometer.

Die Messung der Kapazität vorhandener Leitungen ist demnach leicht, da die Messung der Potentialdifferenz in Volt und der Ladungsmenge in Coulomb keine Schwierigkeiten macht.

Die hier betrachteten parallelen Leitungen repräsentieren sowohl Freileitungen wie Kabel; bei letzteren werden die Hin- und Rückleitungen bekanntlich mit schwachem Drall verseilt oder konzentrisch geführt. Bei konzentrischen Kabeln macht das Austrocknen der Isolation der inneren Adern Schwierigkeiten, weshalb verseilte Kabel häufiger als konzentrische verwendet werden. Bei dreifach konzentrischen Kabeln für Drehstrom kommt noch hinzu, daß infolge der verschiedenen Durchmesser der drei Leitungen das Verhalten der drei Zweige verschieden wird, und dadurch Einseitigkeiten in das System kommen; für Drehstrom werden deshalb heute wohl ausschließlich verseilte Kabel benutzt. Wegen des geringen Abstandes der Adern ist die Kapazität der Kabel wesentlich größer als die der Freileitungen, die Selbstinduktion dagegen ist geringer. Kabel und Freileitungen unterscheiden sich in ihren Eigenschaften aber nur quantitativ nicht qualitativ. Wir werden im Folgenden hauptsächlich Kabel betrachten, da diese die Wirkungen der gleichmäßig verteilten Kapazität, deren Studium die Aufgabe dieses Buches ist, am deutlichsten zeigen. Des einfachen Ausdruckes wegen wollen wir mit solcher Kapazität begabte Leitungen schlechthin als Kabel bezeichnen, wenn nicht speziell von Freileitungen gesprochen werden soll.

Die Formeln für die Berechnung der Kapazitäten von Freileitungen und Kabeln aus den Dimensionen folgen im Abschnitt IX zusammen mit den übrigen elektrischen Daten, welche den Stromfluß in Leitungen beherrschen.

VI.
Der Kondensator im Wechselstromkreise.

Wir beginnen jetzt mit der im vorigen Paragraphen bei Betrachtung der Fig. 11 gestellten Aufgabe, den Ladestrom eines einzelnen Kondensators zu bestimmen. In Fig. 12 ist ein solcher für sich allein gezeichnet; seine Kapazität sei c Farad, und die Wechselspannung, mit der er gespeist werde, habe die Größe

$$Ep_t = Ep_{\mathrm{max}} \sin \omega t \quad \text{(Volt)},$$

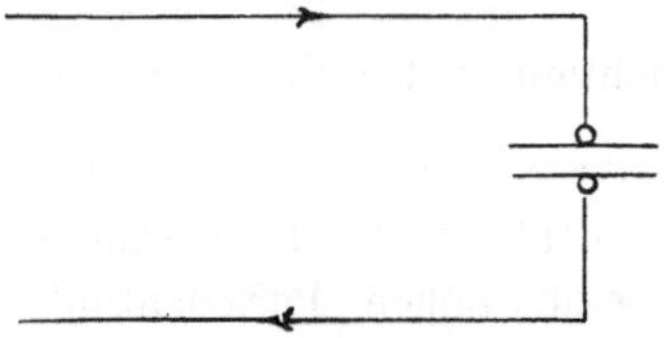

Fig. 12.

worin $\omega = 2\pi\nu$ ist, und ν die sekundliche Periodenzahl des Wechselstromes bedeutet. Es soll jetzt festgestellt werden, welchen Strom in Ampere der Kondensator dann aufnimmt.

Ist die auf jeder Belegung des Kondensators auftretende Ladungsmenge Q_t Coulomb, so ist bei einer Spannung von Ep_t Volt die Kapazität nach Gl. 3, S. 35,

$$c = \frac{Q_t}{Ep_t}.$$

oder

$$Q_t = c \cdot Ep_t. \tag{1}$$

Die Ladungsmengen beider Belegungen sind danach der Spannung proportional und schwanken mit dieser nach dem Sinusgesetz. Wie schon in Kap. V hervorgehoben wurde, ist diese Veränderung nur möglich, wenn zu den beiden Belegungen fortwährend Elektrizität zu- oder abströmt, oder anders gesprochen, wenn in den Kondensator trotz der Isolation der Belegungen ein Wechselstrom fortwährend ein- und ausfließt. Bezeichnen wir die in der Zeit dt einströmende Elektrizitätsmenge mit dQ, so ist

$$\frac{dQ}{dt} = J_t \tag{2}$$

die sekundlich einströmende Menge oder die Stromstärke in der Zuleitung, da die Stärke eines Stromes in einem Leiter bekanntlich definiert wird als die Anzahl der elektrischen Massen, welche sekundlich durch jeden Leiterquerschitt hindurchfließen. Setzt man Q_t nach Gl. 1 in Gl. 2 ein, so erhält man für den Ladestrom des Kondensators den Wert

$$J_t = c \cdot \omega \cdot Ep_{\max} \cos \omega t = c \cdot \omega \cdot Ep_{\max} \sin\left(\omega t + \frac{\pi}{2}\right)$$

Der Ladestrom ist also um eine Viertelperiode voraus gegenüber der Ladespannung, und seine Amplitude hat den Wert

$$J_{\max} = c \cdot \omega \cdot Ep_{\max},$$

oder unter Berücksichtigung der Beziehung $\omega = 2\pi\nu$

$$J_{\max} = 2\pi\nu \cdot c \cdot Ep_{\max}.$$

Seine Stärke ist also nicht nur der Ladespannung und der Kapazität, sondern auch der sekundlichen Periodenzahl des Wechselstromes proportional.

Zu demselben Ergebnisse führt auch die symbolische Methode. Drückt man Ep_t aus durch das vollständige Symbol $\mathbf{E}\mathbf{p}_t = Ep_{\max}\, e^{i\omega t}$, so erhält man für Q das vollständige Symbol

$$\mathbf{Q}_t = c\,\mathbf{E}\mathbf{p}_t = c \cdot Ep_{\max}\, e^{i\omega t} \tag{2a}$$

und für den Ladestrom

$$\mathbf{I}_t = \frac{d\mathbf{Q}}{dt} = c \cdot \omega \cdot Ep_{\max} \cdot i \cdot e^{i\omega t} \tag{3}$$

oder nach 4, S. 29,

$$\mathbf{I}_t = c \cdot \omega \cdot Ep_{\max}\, e^{i(\omega t + 90^0)}.$$

Da andererseits $\mathbf{I}_t$ allgemein von der Form sein muß

$$\mathbf{I}_t = J_{\max} \cdot e^{i(\omega t + \varphi)} \tag{4}$$

so wird auch hiernach $J_{\max} = c \cdot \omega \cdot Ep_{\max}$ und $\varphi = 90^0$.

Wie hierin J_{max} durch Ep_{max} ausgedrückt ist, so kann man auch das reduzierte Symbol $\mathbf{I} = J_{\mathrm{max}}\, e^{i\varphi}$ ausdrücken durch das reduzierte Symbol $\mathbf{Ep} = Ep_{\mathrm{max}}$ als Ausgangsgröße. Man erhält durch Vereinigung von Gl. 3 und Gl. 4

$$J_{\mathrm{max}}\, e^{i(\omega t+\varphi)} = i \cdot c \cdot \omega \cdot Ep_{\mathrm{max}}\, e^{i\omega t}$$

$$J_{\mathrm{max}}\, e^{i\varphi} = i \cdot c \cdot \omega \cdot Ep_{\mathrm{max}}$$

und, indem man die Bezeichnungen $\mathbf{I}$ und $\mathbf{Ep}$ einführt,

$$\mathbf{I} = i \cdot c \cdot \omega \cdot \mathbf{Ep}.$$

Wir wollen dem Symbol $\mathbf{I}$ noch den Index 1 beifügen, um den gefundenen Wert des Ladestromes von einem andern in den Kondensator einfließenden Strome zu unterscheiden, auf den jetzt eingegangen werden soll. Wir schreiben also

$$\mathbf{I}_1 = i \cdot c \cdot \omega \cdot \mathbf{Ep}. \tag{5}$$

Da nämlich weder die Belegungen eines Kondensators noch die einzelnen Leitungen eines Kabels oder einer Freileitung ganz vollkommen isoliert werden können, so fließt zwischen ihnen immer ein wenn auch kleiner Isolationsstrom über. Der Isolationswiderstand ist natürlich ein rein Ohmscher Widerstand ohne Selbstinduktion. Bezeichnet man ihn für den Kondensator mit ϱ, so wird der genannte Isolationsstrom bei der Kondensatorspannung Ep_t

$$J_t = \frac{1}{\varrho}\, Ep_t.$$

Setzt man für J_t und Ep_t die vollständigen Symbole ein, so ergibt dies die Gleichung

$$J_{\mathrm{max}}\, e^{i\omega t} = \frac{1}{\varrho}\, Ep_{\mathrm{max}}\, e^{i\omega t},$$

also schließlich die Beziehung

$$J_{\mathrm{max}} = \frac{1}{\varrho}\, Ep_{\mathrm{max}}.$$

Diese Beziehung der Maximalwerte gilt auch für die reduzierten Symbole von Spannung und Strom, denn, wie $\mathbf{Ep} = Ep_{\mathrm{max}}$ gesetzt war, so ist jetzt auch $\mathbf{I} = J_{\mathrm{max}}$, da der Isolationsstrom J_t, welcher gleiche Phase hat mit Ep_t, auch als Ausgangsgröße für die Phasenzählung zu betrachten ist. Charakterisiert man den Isolationsstrom durch den Index 2, so wird also

$$\mathbf{I}_2 = \frac{1}{\varrho}\,\mathbf{E}\mathbf{p}\,.$$

Die Summe aus den Symbolen beider in den Kondensator einfließenden Ströme ergibt nach den Ausführungen in Kap. I das Symbol für den Gesamtstrom. Dieser ist also

$$\mathbf{I} = \mathbf{I}_1 + \mathbf{I}_2 = \left(ic\omega + \frac{1}{\varrho}\right)\mathbf{E}\mathbf{p}\,. \tag{6}$$

Betrachten wir $\mathbf{E}\mathbf{p}$ wie oben bei der Berechnung von $\mathbf{I}_1$ als Ausgangsgröße, so ist

$$\mathbf{I} = \left(ic\omega + \frac{1}{\varrho}\right)Ep_{\max} \tag{7}$$

und daher

$$J_{\max} = \sqrt{\frac{1}{\varrho^2} + c^2\omega^2}\;Ep_{\max}$$

und der Voreilungswinkel φ_0 der Stromstärke gegen die Spannung nicht mehr 90^0, sondern

$$\varphi_0 = \mathrm{arctg}\,(c\omega\varrho)\,. \tag{8}$$

Bei guter Isolation, d. h. bei großen Werten von ϱ, kommt φ_0 aber 90^0 sehr nahe.

Gl. 6 zeigt deutlich die Wichtigkeit, welche das Studium der Kondensatorströme bei der Fernleitung von Wechselströmen durch die Entwickelung der heutigen Elektrotechnik gewonnen hat. Der Strom $\mathbf{I}$ ist derjenige Gesamtstrom, welcher in jeden Kondensator der Schaltanordnung, Fig. 11, einfließt, wenn die Kondensatorspannung $\mathbf{E}\mathbf{p}$ ist, d. h. er ist der Strom, welcher zwischen zwei beieinander liegenden Teilchen der Hin- und Rückleitung einer Fernleitung bei einer Betriebsspannung $\mathbf{E}\mathbf{p}$ überströmt. Während nun bei der Übertragung einer bestimmten Leistung $Ep_t\,J_t$ durch eine Fernleitung der Nutzstrom J_t um so kleiner wird, je größer die verwendete Spannung Ep_t ist, nimmt umgekehrt der Kondensatorstrom mit steigender Spannung zu. Je höhere Spannung man also für eine Energieübertragung verwendet, desto größer wird der Kondensatorstrom gegenüber dem Nutzstrom, und desto machtvoller treten die Kondensatorerscheinungen in den Vordergrund. Da die Aufgaben der elektrischen Kraftübertragung auf weite Entfernungen nur durch die Verwendung sehr hoher Spannungen gelöst werden können, und daher auch die benutzten Spannungen von Jahr zu Jahr steigen, so gewinnt das Studium der Kondensatorwirkungen also eine immer steigende Bedeutung.

Das oben gefundene Ergebnis, daß der Ladestrom I_1 des Kondensators um 90^0 in der Phase vor der Ladespannung voraus ist, besagt, daß der Kondensator trotz des Ladestromes keinen Effekt aufnimmt, denn der Effekt eines Wechselstromes ist gleich dem Produkt aus Spannung, Strom und dem Kosinus der Phasenverschiebung, und dieser Kosinus ist hier Null. Der ganze Ladestrom ist also wattlos, wie auch aus Gl. 5, S. 39, im Zusammenhang mit der auf S. 7 gemachten Bemerkung über die Watt- und wattlose Komponente des Stromes hervorgeht. Dieses Ergebnis stimmt indessen mit der Erfahrung nicht ganz überein, denn wenn man ein Wattmeter an einen Kondensator legt, so läßt sich stets eine Effektaufnahme nachweisen.

Die Tatsache, daß der Kondensator in Wirklichkeit doch einen Effekt aufnimmt, rührt zunächst her von dem unabänderlichen Auftreten des Isolationsstromes. Ist der effektive Wert des letzteren J_2, so hat der von ihm geleistete Effekt im Isolationswiderstande ϱ die Größe $J_2{}^2 \varrho$. Außerdem scheint aber eine Effektaufnahme auch dadurch zu entstehen, daß die Phasenverschiebung zwischen Ladestrom J_1 und Spannung Ep tatsächlich doch von 90^0 abweicht. Der Grund für diese Erscheinung wird in folgendem gefunden.

Die im Isolationsmaterial des Kabels, dem sogenannten Dielektrikum, vorhandene und früher besprochene elektrische Kraft H, welche mit der Ladespannung ihre Größe und Richtung periodisch verändert, hat eine fortwährende Umelektrisierung des Dielektrikums zur Folge. Für diese Umelektrisierung ist, so nimmt man an, ein Arbeitsaufwand nötig, wie bei der Ummagnetisierung von Eisen. Wie im letzteren Falle eine magnetische Hysteresis, so stellt man sich bei der Umelektrisierung eine dielektrische Hysteresis vor, welche darin besteht, daß der Grad der Elektrisierung, welche durch die elektrisierende Kraft H hervorgerufen wird, hinter der Veränderung dieser Kraft zurückbleibt. Die Erscheinung der dielektrischen Hysteresis ist indessen gerade an Kabeln noch nicht erschöpfend erforscht, ja in letzter Zeit wird selbst ihre Existenz angezweifelt.*) Ihre

*) Dr. Apt und Mauritius ETZ. 1903, S. 879.

Kenntnis wäre aber von sehr großer Wichtigkeit, da sie ebenso wie $J_2{}^2\varrho$ nicht nur einen Arbeitsverlust bedeutet, sondern auch durch Umsetzung der verzehrten Energie in Wärme eine Erhitzung der Kabel zur Folge hat. Zur Rechtfertigung aller weiteren Schlußfolgerungen muß hier aber angeführt werden, daß die Allgemeingiltigkeit der folgenden Darstellung nicht unter der Annahme leidet, daß der Ladestrom eine Voreilung von genau 90^0 gegenüber der Ladespannung in jedem Teilchen des Kabels habe. Die abgeleiteten Endformeln bleiben trotzdem gültig, wenn die elektrischen Daten des Kabels entsprechend korrigiert werden. Diese Daten aber lassen sich aus den Endformeln, wie gezeigt werden wird, durch einfache Versuche rückwärts bestimmen, so daß daraus eine korrigierte Theorie gewonnen werden kann.

VII. Das künstliche Kabel.

Nachdem im vorangehenden die Mittel zur Berechnung des Ladestromes gegeben worden sind, kann zunächst das Verhalten des ganzen in Fig. 11 gezeichneten künstlichen Kabels festgestellt werden. Diese Feststellung führt, wie auf Seite 34 dargelegt wurde, hinüber zu derjenigen der Eigenschaften eines wirklichen Kabels, wenn man sich die Widerstände und Kapazitäten des künstlichen unendlich klein denkt.

Wir betrachten das künstliche Kabel zunächst als Kombination endlicher Widerstände und Kapazitäten und nehmen zur Vereinfachung an, daß keine Selbstinduktion vorhanden und die Isolation vollkommen sei. Die Figur, durch welche wir die Verteilung der Spannung und Stromstärke längs des Kabels darstellen wollen, soll sich beziehen auf ein ganz bestimmtes Zahlenbeispiel, damit sie später durch eine andere Darstellungsweise der Vorgänge nachgeprüft werden kann. Wir nehmen zu diesem Zwecke folgende Kabeldaten als gültig an: Der Widerstand der Hin- und Rückleitung betrage pro km einfacher Leitung $w = 0{,}455$ Ohm, die Kapazität pro km einfacher Länge $c = 0{,}17$ MF. Der Abstand je zweier Kondensatoren sei 5 km, so daß also der Widerstand der Hin- und Rückleitung zwischen zwei Kondensatoren $w' = 5 \cdot 0{,}455 = 2{,}275$ Ohm und die Kapazität jedes Kondensators $c' = 5 \cdot 0{,}17 = 0{,}85$ MF. $= 0{,}85 \cdot 10^{-6}$ Farad betrage.

Als Betriebszustand werde vorausgesetzt am Ende eine Spannung von $\mathbf{E}\mathbf{p}_0 = 1000$ Volt und eine Stromentnahme von $\mathbf{I}_0 = 10 - 20i$ Ampere. Bei einer effektiven Spannung von $Ep_0 = 1000$ Volt soll also eine effektive Stromstärke $J_0 = \sqrt{10^2 + 20^2} = 22{,}36$ Ampere mit einer solchen Phasenverzögerung φ_0 hergegeben werden, daß $\operatorname{tg} \varphi_0 = - \dfrac{20}{10}$, also $\varphi_0 = - 63^0\,26'$ und der Leistungsfaktor $F = \cos \varphi_0 = 0{,}447$ ist. Die sekundliche Periodenzahl des Wechselstromes betrage $\nu = 50$. Die Aufgabe soll darin bestehen, festzustellen, welche Spannungen, Stromstärken und Phasenverschiebungen dabei an den verschiedenen Punkten des künstlichen Kabels auftreten.

Wir bezeichnen (Fig. 13) die Spannungen an den Kondensatoren vom Kabelende aus der Reihe nach mit Ep_1, Ep_2, Ep_3 usw., die in die Kondensatoren einfließenden Ströme entsprechend mit J_1, J_2, J_3 usw. und kennzeichnen die Ströme J in den Hauptleitungen durch je einen Doppelindex, der zusammengesetzt ist aus den Ordnungsnummern der Kondensatoren, zwischen denen die Ströme fließen. Sämtliche Werte der Spannungen und Stromstärken mögen effektive sein.

Die gesuchte Verteilung der Spannung und Stromstärke im künstlichen Kabel wird dann dargestellt durch Fig. 14 c und 14 d (Tafel I); bei ihrer Aufzeichnung sind die Spannungsabfälle in den Leitungen

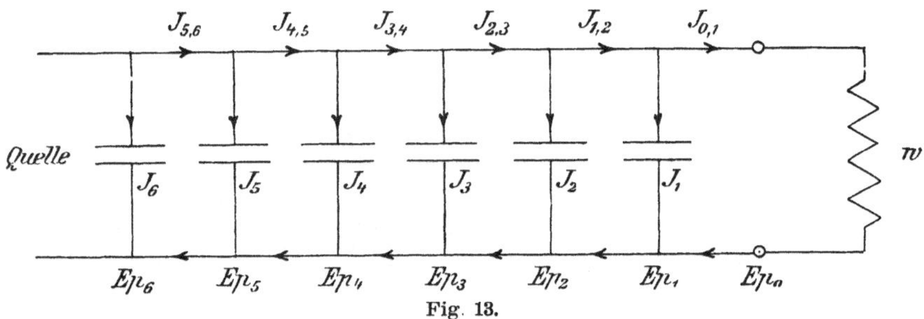

Fig. 13.

und die Kondensatorströme durch die Hilfsfiguren 14 a und 14 b in folgender Weise gewonnen worden:

Der Spannungsabfall, den irgend ein Strom $J_{x,y}$ in der Hauptleitung zwischen zwei benachbarten Kondensatoren hervorbringt, ist nach obigem

$$ep_{x,y} = J_{x,y}\,w' = J_{x,y}\,2{,}275\,.$$

Er ist für die verschiedenen in dem vorliegenden Zahlenbeispiele vorkommenden Ströme $J_{x,y}$ graphisch ermittelt durch Fig. 14 a. Diese Figur ist dadurch gewonnen, daß ein beliebiger Zahlenwert von $J^0_{x,y}$ horizontal aufgetragen und im rechten Endpunkt dieser Strecke der nach der obigen Gleichung dazu gehörige Wert $ep^0_{x,y}$ senkrecht darauf gestellt worden ist. Zieht man dann die schräge Verbindungslinie der Endpunkte der beiden Strecken, trägt auf der Horizontalen vom linken Ende aus eine andere Strecke $J_{x,y}$ ab, und errichtet man auf dem rechten Ende dieser neuen Strecke ein Lot, so schneidet jene schräge Verbindungslinie auf diesem Lote eine Strecke ab, welche gleich dem Werte $ep_{x,y}$ ist, der nach der obigen Gleichung zu $J_{x,y}$ gehört, denn es verhalten sich $ep_{x,y} : J_{x,y} = ep^0_{x,y} : J^0_{x,y}$, wie die obige Gleichung es verlangt.

In ähnlicher Weise sind die Kondensatorströme J_x durch Fig. 14b auf Grund der Gleichung

$$J_x = c\omega\, Ep_x = (0{,}17 \cdot 10^{-6})(2\pi\, 50)\, Ep_x = 0{,}0002671\, Ep_x$$

graphisch gewonnen. Von den beiden auf Taf. I gezeichneten Figuren 14b bildet die eine die Fortsetzung der andern für höhere Werte von Ep_x und J_x.

Unter Benutzung der Hilfsfigur 14a und 14b stellen wir die Spannungs- und Stromverteilung im künstlichen Kabel in folgender Weise dar: Wir zeichnen (Fig. 14c) $\overline{AB} = Ep_0$ horizontal und (Fig. 14d)

$$\overline{CD} = J_{0,1} = 22{,}36 \text{ um einen Winkel } \varphi_0 = \operatorname{arctg}\left(-\frac{20}{10}\right) = -63^0\,26'$$

gegen die Horizontale geneigt. Für den Wert $J_{0,1}$ wird jetzt $e_p = ep_{0.1}$ aus Fig. 14a entnommen und nun, da es als Ohmscher Spannungsabfall in gleicher Phase mit $J_{0,1}$ ist, parallel zu der Linie $J_{0,1}$ der Fig. 14d, an das Ende der Linie Ep_0 in Fig. 14c angetragen. Ein vom Anfangspunkt in Fig. 14c nach dem Endpunkte von $ep_{0,1}$ gezogener Strahl (in der Figur nicht gezeichnet) gibt dann die Spannung Ep_1 nach Größe und Phase, denn er erscheint als Resultierende von Ep_0 und $J_{0,1}\,w'$. Den zu dem Werte Ep_1 gehörigen Kondensatorstrom J_1 erhalten wir aus Fig. 14b, und tragen ihn, da er um 90^0 in der Phase gegen Ep_1 voraus ist, um 90^0 gegen Ep_1 nach links gedreht in Fig. 14d an $J_{0,1}$ an. Der von dem Anfangspunkte 0 nach dem Endpunkte von J_1 gezogene Strahl gibt dann die Summe von $J_{0,1}$ und J_1, also nach Fig. 13 den Strom $J_{1,2}$. Der weitere Gang der Zeichnung ist danach klar. Die Ströme J_x in Fig. 14d sind immer senkrecht zu stellen auf die mit gleichen Nummern versehenen Strahlen Ep_x in Fig. 14c, und die Strecken $ep_{x,y}$ in Fig. 14c sind immer parallel zu zeichnen den Strahlen $J_{x,y}$ von gleicher Nummer von Fig. 14d.

Bei der Betrachtung der Figuren 14c und 14d erkennt man, daß mit wachsender Entfernung vom Kabelende die Strahlenlängen Ep_x beständig zunehmen, die Längen $J_{x,y}$ dagegen erst geringer werden und dann wachsen. Sehr interessant ist auch die Betrachtung der Phasen. Da sich die Strahlen Ep_x erst nach rechts drehen, bis sie die Kurve für $ep_{x,y}$ tangieren, und dann wieder nach links drehen, so erhält Ep_x gegen Ep_0 zuerst eine Phasenverzögerung, die bis zu einem Maximalwerte zu-, aber dann wieder abnimmt, bis sie, was in Fig. 14c nicht mehr gezeichnet ist, in eine Voreilung übergeht. Die Strahlen $J_{x,y}$ drehen sich mit wachsendem Abstande vom Kabelende immer mehr nach links, die Phasenverzögerung von $J_{x,y}$ gegen Ep_0 nimmt also immer mehr ab und geht schließlich, was auch nicht mehr gezeichnet ist, in eine Voreilung über.

Ganz besonders interessant ist die Betrachtung derjenigen Stelle x, wo $J_{x,y}$ seinen Minimalwert hat (Fig. 14d). Da hier der Strahl $J_{x,y}$ seine geringste Länge, die Kurve J_x also vom Ausgangspunkte C der Strahlen den kürzesten Abstand hat, so muß hier der Strahl $J_{x,y}$ senkrecht auf der Kurve J_x stehen. Da aber auch andererseits die Größen J_x senkrecht auf die dazugehörigen Spannungen Ep_x gestellt sind, so liegen an der betrachteten Stelle $J_{x,y}$ und Ep_x einander parallel. An demjenigen Orte, wo die Stromstärke ihren Minimalwert hat, haben also Spannung und Stromstärke gleiche Phase. Diese Tatsache läßt sich auch aus der Gleichung für die Arbeitsleistung des durch das Kabel geführten Wechselstromes verstehen. Diese ist an jeder Stelle des Kabels $Ep_x \cdot J_{x,y} \cdot \cos\varphi_x$, wenn unter φ_x der Phasenverschiebungswinkel $(Ep_x,\ J_{x,y})$ verstanden wird. Nach dieser Gleichung kann das Kabel die von ihm weiter zu leitende Arbeitsleistung an der Stelle bei der geringsten Stromstärke $J_{x,y}$ übertragen, wo $\cos\varphi_x$ den höchsten Wert hat, also $\varphi_x = 0$ ist. An dieser Stelle tangieren die Strahlen Ep_x offenbar die Kurve $ep_{x,y}$ in Fig. 14c, da $ep_{x,y}$ als Ohmscher Spannungsabfall in gleicher Phase mit $J_{x,y}$ daher hier auch in gleicher Phase mit Ep_x sein muß.

Der Gesamtvorgang der Phaseneinstellung längs des Kabels läßt sich nach obigem in folgender Weise darstellen: Die Stromstärke, welche am Kabelende wegen der Eigenart der Konsumstelle eine Phasenverzögerung gegen die Spannung haben muß, strebt mit zunehmendem Abstand vom Kabelende immer mehr einer Voreilung zu (in Fig. 14d hat $J_{40,41}$ diese Voreilung gegenüber Ep_{40} erreicht). Die Spannung, welche am Kabelende die Voreilung hat, muß zunächst, ehe sie zur Nacheilung gelangt, zur Phasengleichheit übergehen. Um diese möglichst schnell zu erreichen, bleibt sie zunächst gegenüber ihrer Phase am Kabelende zurück und eilt so der Phase der Stromstärke entgegen. Nachdem die Phasengleichheit erreicht ist, eilen sowohl Stromstärke wie Spannung in der Phase vorwärts, die Stromstärke aber schneller als die Spannung, bis die Stromstärke einen Grenzwert der Voreilung gegenüber der Spannung erreicht hat, bei dem sie bleibt. Bei dem speziellen Studium der Kabeltheorie werden wir sehen, daß dieser Grenzwert im vorliegenden Falle, wo nur Leitungswiderstand und Kapazität vorhanden ist, 45^0 beträgt. Aus den obigen Betrachtungen ist dies noch nicht zu entnehmen.

Ist der aus dem Kabelende entnommene Strom um ebensoviel vor der Spannung in der Phase voraus, wie er im obigen Beispiel verzögert war, aber sonst von der gleichen Stärke, so daß er also durch die Gleichung

$$\mathbf{I}_0 = 10 + 20\,i$$

dargestellt wird, so verteilen sich Spannung und Strom längs desselben Kabels nach Fig. 15 (Tafel II). Diese Figur ist in derselben Weise gewonnen und in demselben Maßstab gezeichnet, wie Figur 14. $\overline{AB}$ ist die Endspannung $Ep_0 = 1000$ Volt, $\overline{CD}$ der dem Kabelende entnommene Strom $\mathbf{I}_0 = 10 + 20\,i$, die Spannungsabfälle $ep_{x,\,y}$ sind den Stromstrahlen $J_{x,\,y}$ parallel, die Kondensatorströme J_x sind senkrecht zu den Spannungsstrahlen Ep_x gezeichnet, und die Größen von $ep_{x,\,y}$ und J_x sind dabei durch die Nebenfiguren (Fig. 15a u. 15b) gewonnen.

Im vorliegenden Falle des voreilenden Stromes hat nach Fig. 15c u. 15d weder der Strom noch die Spannung einen Minimalwert, beide steigen vielmehr mit zunehmender Entfernung vom Kabelende beständig an. Der Strom rückt dabei langsamer in der Phase vor als die Spannung, so daß die Voreilung der Stromstärken vor der Spannung, die am Kabelende $63^0 26'$ beträgt, mit zunehmender Entfernung vom Ende kleiner wird; sie strebt dabei wie im Falle der Fig. 14 dem Werte 45^0 zu, wie später auf anderem Wege bewiesen werden wird.

In Fig. 16 (Tafel III) ist noch der dritte Fall dargestellt, daß der entnommene Strom denselben Wert

$$\mathbf{I}_0 = \sqrt{10^2 + 20^2} = 22{,}36 \text{ Amp.},$$

aber gleiche Phase wie Ep_0 hat; die Werte $Ep_0 = \overline{AB}$ u. $J_0 = \overline{CD}$ liegen auf einer Geraden. Man sieht, daß auch hier weder Spannung noch Strom einen Minimalwert haben, daß beide vielmehr beständig ansteigen. Beide rücken dabei in der Phase vor, $J_{x,\,y}$ aber schneller als Ep_x, so daß die Stromstärke mit zunehmender Entfernung vom Kabelende der Spannung immer mehr voraneilt. Der Grenzwert der Voreilung ist dabei wieder 45^0, wie später zu beweisen ist.

Die vorangehenden Betrachtungen zeigen deutlich den fundamentalen Unterschied der Kapazität enthaltenden Leitung von jeder anderen. Während in jeder anderen Leitung die Stromstärke an jedem Punkte den gleichen Wert hat, ist sie bei einer von Wechselstrom durchflossenen kapazitätbegabten Leitung zu gleicher Zeit infolge der Abzweigung der Kondensatorströme in jedem Punkte verschieden. Wie sich die Stromstärke längs der Leitung verteilt, hängt nicht nur von den elektrischen Eigenschaften der Leitung selbst, sondern sehr wesentlich auch von der Phasenverschiebung zwischen Spannung und Stromstärke ab, welche die Eigenart der Verbrauchsstelle am Kabelende mit sich bringt. Bei Phasenverzögerung von J_0 gegen Ep_0, welche in den üblichen Fällen der Praxis, bei Belastung des Kabels mit Transformatoren oder Motoren am Kabelende vorhanden ist, kann nach Fig. 14 die Stromstärke vom Ende aus nach dem Anfange hin abnehmen, so daß bei entsprechender Leitungslänge von der Maschine weniger Strom in das Kabel hineingeschickt zu werden braucht, als am Ende entnommen wird. Für die Projektierung jeder Anlage ist natürlich die Vorausberechnung der Stromstärke am Kabelanfang ebenso notwendig wie die der Spannung, damit die Generatoren für die Anlage richtig gewählt werden können. Von ebenso großer Bedeutung ist aber auch die Vorausberechnung der Phasenverschiebung am Kabelanfang, welche sich nach den Fig. 14 bis 16 ebenfalls längs des Kabels verändert. Bekanntlich hängt der Spannungsabfall innerhalb einer Maschine sehr wesentlich von der Phasenverschiebung ab, welche die von ihr gelieferte Spannung und Stromstärke gegeneinander haben, derart, daß der Abfall um so kleiner wird, je weniger der Strom nacheilt, oder je mehr er voreilt. Die Kapazität, welche die Stromstärke zur Voreilung vor der Spannung drängt und eine vorhandene Verzögerung der Stromstärke vom Ende nach dem Anfange hin immer mehr abnehmen läßt, wirkt also günstig auf den Spannungsabfall ein, während die Selbstinduktion einer Leitung nach S. 22 durch eine Vergrößerung der Phasenverschiebung den Spannungsabfall in der Maschine erhöht.

Die in den Fig. 14 bis 16 dargestellte Veränderung der Spannung, Stromstärke und Phasenverschiebung längs der Leitung geht natürlich über die bei praktisch ausgeführten Anlagen vorkommende weit hinaus, da bei diesen gewöhnlich nur 10 bis 15% Spannungsabfall zugelassen werden; für einen tieferen Einblick in die Wirkungen der gleichmäßig verteilten Kapazität hat aber die weitergehende Verfolgung selbstverständlich großen Wert. Die hier benutzte graphische Darstellungsweise hat den Vorzug, daß sie, gewissermaßen den Gang der Natur selbst verfolgend, ein anschauliches Bild gibt, wie bei der Wanderung des Stromes durch das Kabel die Kapazität die Eigenschaften dieses Stromes Schritt für Schritt beeinflußt; die Methode hat aber auch den Nachteil, daß eine an einer Stelle begangene Ungenauigkeit sich auf alle darauf folgenden überträgt und ferner, daß man das Verhalten des Kabels an keinem Punkte feststellen kann, ohne es an einem vorangehenden studiert zu haben; bei praktischen Projektierungen, wo es wesentlich darauf ankommt, für die durch die Konsumstelle gegebenen Betriebsbedingungen des Kabelendes den elektrischen Zustand des Kabelanfanges, also die Betriebsbedingungen der Generatoren, mit einfachen Hilfsmitteln schnell auszurechnen, wäre dies natürlich unausführbar. Außerdem leidet die Genauigkeit der Ergebnisse auch dadurch, daß das Kabel aus endlichen und nicht aus unendlich kleinen Strecken zusammengesetzt gedacht ist. Die Darstellungsweise, der wir uns jetzt zuwenden, vermeidet diese Nachteile.

VIII.
Die Grundgleichungen der Kabelströme.

Um die Gesetze der Kabelströme abzuleiten, haben wir auszugehen von einem unendlich kleinen Kabelstücke, enthaltend zunächst nur eine einfache Hin- und Rückleitung. Da ein künstliches Kabel, wie auf S. 34 nachgewiesen wurde, einem wirklichen Kabel äquivalent ist, wenn es aus unendlich kleinen Abteilungen besteht,

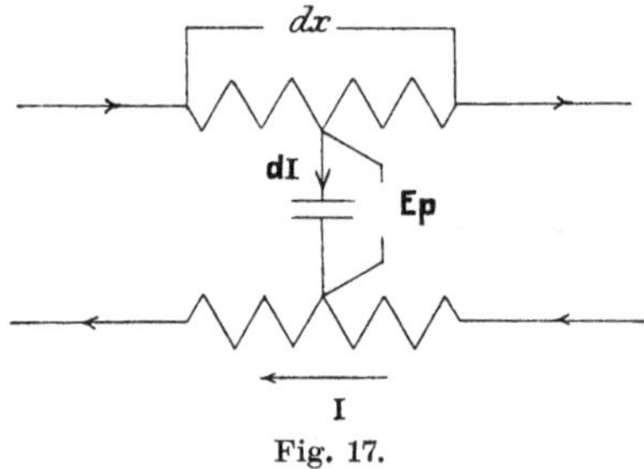

Fig. 17.

so denken wir uns die Abteilungen des in Fig. 11 gezeichneten künstlichen Kabels unendlich klein und greifen davon das in Fig. 17 dargestellte Stück für die Betrachtung heraus. Die Länge dieses Stückes sei dx, sein Abstand vom Kabelende x, die Spannung zwischen Hin- und Rückleitung betrage $\mathbf{E}\,\mathbf{p}_x$, die Stromstärke in beiden Leitungen $\mathbf{I}_x$, der in den unendlich kleinen Kondensator abfließende Strom sei $d\,\mathbf{I}_x$ und der unendlich kleine Spannungsabfall in den betrachteten Stücken der Hin- und Rückleitung zusammen $d\,\mathbf{E}\,\mathbf{p}_x$. Die elektrischen Daten des Kabels, Leitungswiderstand, Selbstinduktionskoeffizient, Kapazität und Isolationswiderstand sollen, wieder durch die Buchstaben w, L, c und ϱ dargestellt und in Ohm, Henry, Farad und Ohm gemessen, von jetzt an stets auf die Länge von 1 km einfacher Leitung bezogen werden; w und L speziell sollen Gesamtwiderstand und Selbstinduktion der Hin- und Rückleitung pro km einfacher Leitung bedeuten. Dann sind also für das betrachtete Kabelstück von der Länge dx Kilometer die elektrischen Daten $w\,dx$, $L\,dx$, $c\,dx$ und $\dfrac{\varrho}{dx}$.

Nach Gl. 11, S. 15, ergibt sich nun für das betrachtete Stück der Hin- und Rückleitung der scheinbare Gesamtwiderstand in komplexer Form

$$d\,\mathbf{R} = w\,dx + i\,\omega\,L\,dx = (w + i\,\omega\,L)\,dx.$$

Nach dem für die komplexen Größen anwendbaren Ohmschen Gesetz wird also der darin auftretende Spannungsabfall

$$d\,\mathbf{Ep}_x = \mathbf{I}_x\,d\,\mathbf{R} = \mathbf{I}_x\,(w + i\,\omega\,L)\,dx. \tag{1}$$

Der in den Kondensator eintretende Strom $d\,\mathbf{I}_x$, als die Summe des Isolationsstromes und des Ladestromes, ist bei der Kondensatorspannung $\mathbf{Ep}$ nach Gl. 6, S. 40

$$d\,\mathbf{I}_x = \left[\frac{dx}{\varrho} + i \cdot (c\,dx)\,\omega\right]\mathbf{Ep}_x = \mathbf{Ep}_x\left(\frac{1}{\varrho} + i\,c\,\omega\right)dx. \tag{2}$$

Zur Vereinfachung der Schreibweise soll von jetzt ab der reziproke Wert des Isolationswiderstandes

$$\frac{1}{\varrho} = g$$

gesetzt werden. g bedeutet dann die Leitungsfähigkeit der Isolationsschicht pro km. Man erhält daher schließlich aus Gl. 1

$$\frac{d\,\mathbf{Ep}^{*)}}{dx} = \mathbf{I}_x\,(w + i\,\omega\,L) \tag{3}$$

und aus Gl. 2

$$\frac{d\,\mathbf{I}}{dx} = \mathbf{Ep}_x\,(g + i\,c\,\omega). \tag{4}$$

Zur weiteren Vereinfachung der Schreibweise sollen ferner im folgenden die Substitutionen vorbehalten werden:

$$\omega\,L = s \qquad c\,\omega = \varkappa$$
und
$$w + i\,\omega\,L = \mathbf{R} \qquad g + i\,\omega\,c = \mathbf{K} \tag{5}$$

---

*) Bei den Differentialquotienten von $\mathbf{Ep}$ und $\mathbf{I}$ nach x soll der Index x bei $\mathbf{Ep}$ und $\mathbf{I}$ stets weggelassen werden, da hierbei die Abhängigkeit dieser Größen von x selbstverständlich ist.

sodaß also s und $\varkappa$ konstante reelle, $\mathbf{R}$ und $\mathbf{K}$ aber konstante komplexe Größen sind. $\mathbf{R}$ und $\mathbf{K}$ enthalten außer der Periodenzahl des Wechselstromes in ω nur die elektrischen Daten des Kabels (w, L, g und c). Gl. 3 und 4 nehmen dann die einfachere Form an:

$$\frac{d\,\mathbf{Ep}}{d\,x} = \mathbf{I}_x \cdot \mathbf{R} \qquad (6)$$

und

$$\frac{d\,\mathbf{I}}{d\,x} = \mathbf{Ep}_x \cdot \mathbf{K}. \qquad (7)$$

Aus diesen kann man leicht $\mathbf{Ep}_x$ und $\mathbf{I}_x$ einzeln bestimmen. Differentiiert man nämlich beide nach x, so erhält man

$$\frac{d^2\,\mathbf{Ep}}{d\,x^2} = \frac{d\,\mathbf{I}}{d\,x} \cdot \mathbf{R} \quad \text{und} \quad \frac{d^2\,\mathbf{I}}{d\,x^2} = \frac{d\,\mathbf{Ep}}{d\,x} \cdot \mathbf{K}$$

und, indem man für $\dfrac{d\,\mathbf{I}}{d\,x}$ und $\dfrac{d\,\mathbf{Ep}}{d\,x}$ die Werte nach Gl. 6 und 7 einsetzt,

$$\frac{d^2\,\mathbf{Ep}}{d\,x^2} = \mathbf{Ep}_x(\mathbf{R\,K}) \qquad (8)$$

und

$$\frac{d^2\,\mathbf{I}}{d\,x^2} = \mathbf{I}_x(\mathbf{R\,K}) \qquad (9)$$

Wir halten fest, daß dabei der Ausdruck $(\mathbf{R\,K})$ als ein Produkt komplexer Konstanten selbst eine komplexe Konstante ist, die außer der Periodenzahl des Wechselstromes nur die elektrischen Daten des Kabels enthält.

Die beiden einander der Form nach gleichen Differentialgleichungen 8 und 9 sind einfache, lineare Differentialgleichungen zweiter Ordnung mit der unabhängigen Variabeln x. Ihre Lösung ist jetzt unsere Aufgabe; die folgenden Darlegungen sind daher rein mathematischer Natur.

Wir ersetzen zunächst, um die Lösung für beide Gleichungen gültig zu machen, $\mathbf{Ep}_x$ und $\mathbf{I}_x$ durch y und suchen nun die Differentialgleichung

$$\frac{d^2\,y}{d\,x^2} = y(\mathbf{R\,K}) \qquad (10)$$

zu lösen. Wir erkennen sogleich, daß eine Auflösung gegeben ist durch den Ausdruck $y = e^{\varrho\,x}$, wobei ϱ eine richtig zu wählende Konstante ist; denn, setzt man diesen Ausdruck für y in die Gleichung ein, so erhält man, da $\dfrac{d^2 y}{d x^2} = \varrho^2\, e^{\varrho x}$ wird,

$$\varrho^2\, e^{\varrho x} = e^{\varrho x}\,(\mathbf{R\,K})$$

oder

$$\varrho^2 = \mathbf{R\,K}$$

Der Ausdruck $e^{\varrho x}$ erfüllt also die Differentialgleichung, wenn man

$$\varrho = \pm\sqrt{\mathbf{R\,K}}$$

setzt. Die Möglichkeit, die Zeichen $+$ oder $-$ vor die Wurzel zu stellen, zeigt, daß es zwei Lösungen der Differentialgleichung gibt. Setzen wir die positive Wurzel

$$+\sqrt{\mathbf{R\,K}} = \mathbf{v}, \tag{11}$$

so sind die beiden Lösungen also $e^{+\mathbf{v}x}$ und $e^{-\mathbf{v}x}$. Diese beiden Ausdrücke sind aber auch dann noch Lösungen der Gleichung, wenn man sie mit beliebigen Konstanten multipliziert, also statt ihrer etwa $\mathbf{c}_1\, e^{+\mathbf{v}x}$ und $\mathbf{c}_2\, e^{-\mathbf{v}x}$ schreibt, denn, setzt man diese neuen Ausdrücke für y in die Differentialgleichung 10 ein, so heben sich die Konstanten $\mathbf{c}_1$ und $\mathbf{c}_2$ wieder weg.

Die gefundenen Ausdrücke heißen bekanntlich partikuläre Lösungen der Differentialgleichung. Die allgemeinste Lösung ist die Summe aus diesen beiden partikulären Lösungen, also der Ausdruck

$$y = \mathbf{c}_1\, e^{\mathbf{v}x} + \mathbf{c}_2\, e^{-\mathbf{v}x}. \tag{12}$$

Daß auch dieser Ausdruck in der Tat eine Lösung der Differentialgleichung ist, erkennt man am besten, wenn man die letztere in der Form

$$\frac{d^2 y}{d x^2} - y\,(\mathbf{R\,K}) = 0$$

schreibt. Da nämlich jeder der beiden Ausdrücke $\mathbf{c}_1\, e^{\mathbf{v}x}$ und $\mathbf{c}_2\, e^{-\mathbf{v}x}$ die linke Seite einzeln zu Null macht, so muß auch die Summe der beiden Ausdrücke zum Werte Null führen.

Für die weitere Betrachtung der allgemeinen, durch Gl. 12 gegebenen Lösung wird $\mathbf{v} = \sqrt{\mathbf{R\,K}}$, welche als Wurzel aus dem Produkt zweier komplexer Größen selbst eine komplexe Größe ist, am besten in der Nebenform $p + q\,i$ geschrieben. Wir setzen

$$\mathbf{v} = a + b\,i. \tag{13}$$

a und b sind dann neue Konstanten, welche, wie $\mathbf{R}$ und $\mathbf{K}$, nur durch die Periodenzahl des Wechselstromes und die elektrischen

Daten des Kabels bestimmt sind und stets reell sein müssen, da sie zur Trennung der komplexen Größe $\mathbf{v}$ in den reellen und imaginären Teil dienen. Die Werte von a und b ergeben sich, unter Benutzung von Gl. 5 aus dem Ansatze

$$a + b\,i = \mathbf{v} = \sqrt{\mathbf{R\,K}} = \sqrt{(w + i\,s)\,(g + i\,\varkappa)}. \qquad (13\,\text{a})$$

Hieraus folgt durch Quadrierung

$$a^2 - b^2 + 2\,a\,b\,i = (w + i\,s)\,(g + i\,\varkappa) = (w\,g - s\,\varkappa) + (s\,g + w\,\varkappa)\cdot i,$$

und, indem man die reellen Teile und die imaginären Teile unter sich gleich setzt,

$$a^2 - b^2 = w\,g - s\,\varkappa \qquad (14)$$

und

$$2\,a\,b = s\,g + w\,\varkappa, \qquad (15)$$

woraus sich a und b für jedes Kabel leicht zahlenmäßig ausrechnen lassen. Die allgemeinen Ausdrücke für a und b sind

$$a = \sqrt{\tfrac{1}{2}\left\{\sqrt{(g^2 + \varkappa^2)\,(w^2 + s^2)} + g\,w - \varkappa\,s\right\}} \qquad (16)$$

und

$$b = \sqrt{\tfrac{1}{2}\left\{\sqrt{(g^2 + \varkappa^2)\,(w^2 + s^2)} - g\,w + \varkappa\,s\right\}} \qquad (17)$$

Das Einsetzen des durch Gl. 13 gegebenen Wertes von $\mathbf{v}$ in Gl. 12 ergibt die Lösung

$$y = \mathbf{c}_1\,e^{a\,x}\,e^{i\,b\,x} + \mathbf{c}_2\,e^{-a\,x}\,e^{-i\,b\,x} \qquad (18)$$

oder, indem man $e^{i\,b\,x}$ und $e^{-i\,b\,x}$ nach der Moivreschen Formel zerlegt,

$$y = \mathbf{c}_1\,e^{a\,x}\,(\cos bx + i\sin bx) + \mathbf{c}_2\,e^{-a\,x}\,(\cos bx - i\sin bx) \qquad (19)$$

oder schließlich, indem man nach $\cos bx$ und $\sin bx$ ordnet,

$$y = (\mathbf{c}_1\,e^{a\,x} + \mathbf{c}_2\,e^{-a\,x})\,\cos bx + i\,(\mathbf{c}_1\,e^{a\,x} - \mathbf{c}_2\,e^{-a\,x})\,\sin bx \qquad (20)$$

Da y sowohl für $\mathbf{E}\,p_x$ wie auch für $\mathbf{I}_x$ in Gl. 8 und 9 substituiert worden ist, so geben die eben gewonnenen Gleichungen 18, 19 oder 20 gleichzeitig die Formeln für die Berechnung von $\mathbf{E}\,p_x$ und von $\mathbf{I}_x$. Faßt man diese Gleichungen als Lösungen für $\mathbf{E}\,p_x$ auf, so ist $\mathbf{I}_x$ zu bestimmen durch Gl. 6; betrachtet man sie als Lösungen für $\mathbf{I}_x$, so ist $\mathbf{E}\,p_x$ zu berechnen aus Gl. 7. Die Lösungen enthalten dann freilich die noch willkürlichen Konstanten $\mathbf{c}_1$ und $\mathbf{c}_2$, diese aber sind fest bestimmt durch die Natur der jeweils vorliegenden Aufgabe, wie spätere Beispiele zeigen werden. $\mathbf{c}_1$ und $\mathbf{c}_2$ können dabei auch komplex werden, während a und b, wie oben bewiesen wurde, stets reell sein müssen.

Auf eine wichtige Tatsache muß hier noch aufmerksam gemacht werden, nämlich auf die folgende: Alle vorangehenden Betrachtungen haben zur stillschweigenden Voraussetzung, daß x immer von demjenigen Kabelende aus gezählt wird, das vom Generator fern liegt, nicht aber von dem, welches an den Generator angeschlossen ist. Wir erkennen dies leicht aus Gl. 6 und 7 welche besagen, daß bei positivem dx sowohl $d\,\mathbf{E}\mathbf{p}_x$ wie auch $d\,\mathbf{I}_x$ positiv ist, d. h. daß mit x sowohl $\mathbf{E}\mathbf{p}_x$ wie auch $\mathbf{I}_x$ zunehmen. Die Zählung von x geschieht also in der Richtung steigender Energie. Wir wollen von jetzt an durchgehends das vom Generator abgewendete Kabelende als das Ende schlechthin, das an den Generator angeschlossene als den Kabelanfang bezeichnen.

Soll x am Kabel nicht vom Ende, sondern vom Anfang aus gezählt werden, so ist in den Formeln für y (also für $\mathbf{E}\mathbf{p}_x$ und $\mathbf{I}_x$) einfach $(+\,x)$ durch $(-\,x)$ zu ersetzen. Wir erhalten also schließlich als Endergebnisse für beide Zählweisen die im folgenden zusammengestellten Formeln.

Zählung von x vom Kabelende.

Wenn man in Gl. 12 $y = \mathbf{E}\mathbf{p}_x$ setzt, so wird

$$\mathbf{E}\mathbf{p}_x = \mathbf{c}_1\, e^{\mathbf{v}x} + \mathbf{c}_2\, e^{-\mathbf{v}x}$$

und nach Gl. 6

$$\mathbf{I}_x = \frac{1}{\mathbf{R}}\,\frac{d\,\mathbf{E}\mathbf{p}}{dx} = \frac{\mathbf{v}}{\mathbf{R}}\left(\mathbf{c}_1\, e^{\mathbf{v}x} - \mathbf{c}_2\, e^{-\mathbf{v}x}\right).$$

$$\text{(I)}$$

Setzt man in Gl. 12 $y = \mathbf{I}_x$, so ergibt sich

$$\mathbf{I}_x = \mathbf{c}_1\, e^{\mathbf{v}x} + \mathbf{c}_2\, e^{-\mathbf{v}x}$$

und nach Gl. 7

$$\mathbf{E}\mathbf{p}_x = \frac{1}{\mathbf{K}}\,\frac{d\,\mathbf{I}}{dx} = \frac{\mathbf{v}}{\mathbf{K}}\left(\mathbf{c}_1\, e^{\mathbf{v}x} - \mathbf{c}_2\, e^{-\mathbf{v}x}\right).$$

$$\text{(II)}$$

Diese beiden Formelgruppen widersprechen sich nicht, denn die Unterschiede im Bau der beiden Ausdrücke von $\mathbf{E}\mathbf{p}_x$ und der beiden Ausdrücke von $\mathbf{I}_x$ gleichen sich aus durch die Verschiedenheit der Konstanten $\mathbf{c}_1$ und $\mathbf{c}_2$, welche sich jeweils aus der Natur des Problems für beide Formelgruppen ergeben.

Zählung von x vom Kabelanfang.

Die folgenden Formeln ergeben sich aus den obigen, durch Verwandlung von x in $(-x)$. Den Gl. I entsprechen

$$\mathbf{E}\mathbf{p}_x = \mathbf{c}_1\, e^{-\mathbf{v}x} + \mathbf{c}_2\, e^{\mathbf{v}x}$$

und
$$\mathbf{I}_x = \frac{\mathbf{v}}{\mathbf{R}}\left(\mathbf{c}_1\, e^{-\mathbf{v}x} - \mathbf{c}_2\, e^{\mathbf{v}x}\right) \qquad\text{(III)}$$

und den Gl. II

$$\mathbf{I}_x = \mathbf{c}_1\, e^{-\mathbf{v}x} + \mathbf{c}_2\, e^{\mathbf{v}x}$$

und
$$\mathbf{E}\mathbf{p}_x = \frac{\mathbf{v}}{\mathbf{K}}\left(\mathbf{c}_1\, e^{-\mathbf{v}x} - \mathbf{c}_2\, e^{+\mathbf{v}x}\right). \qquad\text{(IV)}$$

In allen obigen Formeln für die Stromstärke bedeutet $\mathbf{I}_x$ natürlich sowohl den Strom in der Hinleitung wie auch den in der Rückleitung, welche für jede Stelle x einander gleich und nur in der Richtung verschieden sind.

Aus jedem der obigen Gleichungspaare lassen sich die Spannungs- und Stromverteilung unter allen Betriebsverhältnissen berechnen, wenn $\mathbf{R}$ und $\mathbf{K}$ und daraus $\mathbf{v} = \sqrt{\mathbf{R}\mathbf{K}}$ bekannt sind. Wir gehen deshalb jetzt zur Berechnung von $\mathbf{R}$ und $\mathbf{K}$ und den ihnen zugrunde liegenden elektrischen Daten w, L, c und g aus den Kabeldimensionen über. Diese Betrachtungen werden zugleich zur Aufstellung der Grundgleichungen für Drehstromkabel führen.

Wenn man auf die Benutzung der komplexen Größen verzichtet, so gestalten sich die Differentialgleichungen für den Wechselstromfluß in Kabeln in folgender Weise:

Die Spannung an den Enden des in Fig. 17 dargestellten Kabelstückes vom Widerstande $w\,dx$ und vom Selbstinduktionskoëffizienten $L\,dx$ wird

$$d\,Ep_t = J_t\,(w\,dx) + (L\,dx)\,\frac{d\,J}{d\,t}. \qquad\text{(21)}$$

In das in Fig. 17 dargestellte Kondensatorstück fließt wegen der mangelhaften Isolation der Strom

$$\frac{Ep_t}{\dfrac{\varrho}{dx}} = Ep_t\,g\,dx$$

und wegen der Kapazität $c\,dx$ nach Gl. 1 u. 2 auf S. 37 u. 38 der Strom

$$\frac{d\,Q}{d\,t} = c\,dx\,\frac{d\,Ep}{d\,t}.$$

Der gesamte in den Kondensator fließende Strom ist also

$$d\,J_t = Ep_t\,(g\,dx) + (c\,dx)\,\frac{d\,Ep}{dt}\,. \tag{22}$$

Aus Gl. 21 und 22 ergibt sich

$$\frac{d\,Ep_t}{dx} = J_t\,w + L\,\frac{d\,J}{dt} \tag{23}$$

und

$$\frac{d\,J_t}{dx} = Ep_t\,g + c\,\frac{d\,Ep}{dt}\,. \tag{24}$$

Differentiert man Gl. 23 nach x und setzt man $\dfrac{d\,J_t}{dx}$ nach Gl. 24 darin ein, so erhält man

$$\frac{d^2\,Ep_t}{dx^2} = w\,g\,Ep_t + (w\,c + g\,L)\,\frac{d\,Ep}{dt} + c\,L\,\frac{d^2\,Ep}{dt^2}\,.$$

Ein ganz entsprechendes Verfahren liefert die Gleichung für J_t; man erhält

$$\frac{d^2\,J_t}{dx^2} = w\,g\,J_t + (w\,c + g\,L)\,\frac{d\,J}{dt} + c\,L\,\frac{d^2\,J}{dt^2}\,.$$

Die Differentialgleichungen für Ep_t und J_t sind also unter sich von der gleichen Form, ebenso wie die Gl. 8 und 9 für $\mathbf{E}\mathbf{p}_x$ und $\mathbf{I}_x$ von derselben Form sind. Die Gleichungen für Ep_t und J_t sind aber partielle Differentialgleichungen zweiter Ordnung, während die Gleichungen für $\mathbf{E}\mathbf{p}_x$ und $\mathbf{I}_x$ nur lineare Differentialgleichungen zweiter Ordnung sind. Die Benutzung der komplexen Größen vereinfacht also die Betrachtung der Kabelströme außerordentlich.

IX. Die Berechnung der elektrischen Kabeldaten aus den Dimensionen.

Die Entwicklung der Formeln, nach denen die grundlegenden elektrischen Daten w, L, c, g der Kabel aus deren Dimensionen berechnet werden können, ist eine Aufgabe elektrostatischer und elektrodynamischer Betrachtungen und daher von ganz anderer Natur als die in diesem Buche behandelten Probleme; auf diese Entwicklung muß daher Verzicht geleistet werden. Wir beschränken uns auf eine bloße Zusammenstellung der erwähnten Formeln und auf eine Erörterung der besonderen Begriffe von w, L, c, g für Drehstromleitungen und ihres Zusammenhanges mit denjenigen für Doppelleitungen, von denen allein bisher gesprochen wurde. Diese Betrachtungen werden die Messung der genannten Größen auch an Drehstromkabeln lehren und auch zu den Grundgleichungen für den Stromfluß in Drehstromkabeln führen.

Die elektrischen Daten von einfachen Doppelleitungen (Schleifen).

Die Konstanten einfacher Schleifen haben die in Tabelle I, S. 60 angegebenen Werte.

Die Bedeutung der in diesen Formeln enthaltenen Buchstaben geht aus den zugehörigen Figuren hervor. Alle in diesen Querschnittfiguren eingetragenen Größen sind in mm auszudrücken. l ist die Länge der einfachen Hin- oder Rückleitung, zu messen in km, ε die Dielektrizitätskonstante und ϱ_s der spezifische Widerstand eines Würfels des Dielektrikums von 1 cm Seite, gemessen in Megohm. Die Werte von ε und ϱ_s sind in Tabelle II enthalten.

Kapazität und Ableitung stehen stets in einem konstanten Verhältnis zueinander, wie das auch in Tabelle I zum Ausdruck kommt. Man erhält die Ableitung g aus der Kapazität c, indem man ε im Zähler durch ϱ_s im Nenner ersetzt und im Zähler die Zahl 0,0241 in 0,272 umwandelt. Die Formeln der Ableitung haben aber keine große praktische Bedeutung, da bei einer fertigverlegten Leitung durch Abzweigstellen und Anschlüsse der Isolationswiderstand zwischen den einzelnen Leitungen geringer wird. Man rechnet für ein fertigverlegtes Kabel etwa $\varrho = 10$ bis 100 Megohm pro km.

Die in Tabelle I gegebene Formel für die Kapazität des konzentrischen Kabels gilt nur für gewisse Betriebsverhältnisse. Der sich daraus ergebende Wert

$$Q = c\,(P_1 - P_2)$$

soll die Elektrizitätsmenge angeben, welche sich auf jedem der beiden Leiter anhäuft, wenn beide offen an eine Stromquelle angeschlossen sind und die Potentialdifferenz zwischen ihnen $(P_1 - P_2)$ ist. Hat der eine von den beiden Leitern das Potential P_1, der andere das Potential P_2, so wird aber nicht nur Elektrizität auf beiden Leitern angehäuft, weil sie Kapazität gegeneinander haben, sondern auf dem Außenleiter außerdem noch deswegen, weil er Kapazität gegen den an Erde gelegten Bleimantel besitzt. Denn die elektrischen Massen auf diesem Leiter influieren nicht nur auf dem Innenleiter, sondern auch auf dem Bleimantel, elektrische Massen entgegengesetzten Zeichens. Der Innenleiter dagegen hat gegen den Bleimantel keine Kapazität, weil er vom Außenleiter vollständig umschlossen ist. Entsprechend der Kapazität zwischen Außenleiter und Bleimantel und der zwischen diesen herrschenden Spannung wird auf beiden eine gleiche Elektrizitätsmenge angehäuft, welche beim Außenleiter zu derjenigen noch hinzukommt, die infolge der Kapazität und der Spannung zwischen diesem und dem Innenleiter auftritt. Innenleiter, Außenleiter und Bleimantel haben also verschiedene Ladungen und führen, wenn die Leiter mit Wechselstrom gespeist werden, verschieden starke Ströme. Bei den verseilten Kabeln und bei den Freileitungen wird die Nachbarschaft des Bleimantels und der Erde auch nicht ohne Einfluß sein. Beide Leitungen werden aber in gleicher Weise beeinflußt werden, da sie sich in gleicher Lage gegen Bleimantel und Erde befinden. Sie werden sich nur dann verschieden verhalten, wenn sie verschieden

Tabelle I.

Formeln für die elektrischen Daten von Doppelleitungen.

w^{Ohm}	L^{Henry}	c^{MF}	$g^{\text{Ohm}-1}$
Freileitung: (Fig. 18.) $$42{,}44 \cdot \frac{l}{d^2}$$	$$4 \cdot 10^{-4} \cdot l \left[\ln \frac{2a}{d} + 0{,}25 \right]$$	$$0{,}0121 \cdot \frac{l}{\log\left(\frac{2a}{d}\right)} \text{, genauer:}$$ $$0{,}0121 \cdot \frac{l}{\log\left(\frac{2a}{d} \cdot \frac{2h}{\sqrt{(2h)^2 + a^2}}\right)}$$	
Kabel, konzent.: (Fig 19.) $$21{,}22 \cdot l \cdot \left[\frac{1}{\delta_a^2 - \delta_i^2} + \frac{1}{d^2} \right]$$	$$2 \cdot 10^{-4} \cdot l \left[\ln \frac{\delta_i}{d} + \frac{1}{2} \frac{\delta_a^2}{\delta_a^2 - \delta_i^2} \cdot \ln \frac{\delta_a}{\delta_i} \right]$$	$$0{,}0241 \cdot \varepsilon \cdot \frac{l}{\log\left(\frac{\delta_i}{d}\right)}$$	$$0{,}272 \cdot \frac{l}{\varrho_s} \cdot \frac{1}{\log\left(\frac{\delta_i}{d}\right)}$$
verseilt: (Fig. 20.) $$42{,}44 \cdot \frac{l}{d^2}$$	$$4 \cdot 10^{-4} \cdot l \left[\ln \frac{2a}{d} + 0{,}25 \right]$$	$$0{,}0121 \cdot \varepsilon \cdot \frac{l}{\log\left[\frac{2a}{d} \cdot \frac{D^2 - a^2}{D^2 + a^2}\right]} \;^{*)}$$	$$0{,}136 \cdot \frac{l}{\varrho_s} \cdot \frac{1}{\log\left[\frac{2a}{d} \cdot \frac{D^2 - a^2}{D^2 + a^2}\right]} .$$

*) S. Lichtenstein, E. T. Z. 1904. S. 126.

Bemerkung: Mit Rücksicht auf den sogleich zu besprechenden Begriff des absoluten Potentials ist hervorzuheben, daß die Werte dieser Tabelle, in die Gleichungen des Kap. VIII eingesetzt, Ep_x als Potentialdifferenz zwischen zusammengehörigen Punkten der Hin- und Rückleitung ergeben.

Tabelle II.

	ε	ϱ_s	
Jute: 2 Harz + 3 Harzöl	2,7	$1,2 \cdot 10^{10}$	Kath, Durch-
Papier: mittel, trocken	1,8	$1 \ \cdot 10^{10}$	schlagspannung von Kabeln
„ Harzöl	2,4	$0,3 \cdot 10^{10}$	E. T. Z. 1904,
„ 1 Harz + 3 Harzöl	2,75	$0,24 \cdot 10^{10}$	S. 569.
Kautschuk: braun	2	$0,1 \ldots 0,6 . 10^{10}$	Grawinkel &
„ vulkan., grau	2,7	$1 \ldots 2,5 \cdot 10^{10}$	Strecker, Hilfs- buch, 6. Aufl.,
Guttapercha:	4,2	$1 \ldots 2,5 . 10^{10}$ für gute Sorten	S. 50 u. 55.

gut vom Bleimantel isoliert sind. Das verseilte Kabel mit mangelhafter Isolation und das normale, konzentrische mit Bleimantel umpreßte Kabel zeigt also Unsymmetrien, deren rechnerische Behandlung Schwierigkeiten macht. In den oben angegebenen Kapazitätenformeln für Kabel sind nur konzentrische Kabel berücksichtigt, deren Außenleiter keine Kapazität gegen Erde hat, und verseilte Kabel, bei denen im Betriebe alle Leiter gleichen Widerstand gegen den Bleimantel haben.

Die elektrischen Daten von Mehrphasenleitungen.

Wenn, wie bei Mehrphasenströmen, mehrere Leitungen nebeneinander verlegt sind, so liegen die Verhältnisse noch verwickelter, da hier jede Leitung gegen jede andere und auch gegen die Erde eine Kapazität hat. Die früher benutzte Begriffsdefinition der Kapazität als derjenigen Elektrizitätsmenge, welche in jeder Leitung einer Hin- und Rückleitung aufgehäuft ist, wenn die Potentialdifferenz zwischen beiden Leitungen 1 Volt beträgt, reicht hier vollends nicht mehr aus, da nicht nur die Potentialdifferenz gegen eine Nachbarleitung, sondern auch die gegen alle andern und gegen die Erde vorhandene für die Anhäufung von elektrischen Massen auf jeder Leitung maßgebend ist. Da diese Potentialdifferenzen unter sich verschieden sind und bei Wechselströmen auch in jedem Augenblicke wechseln, so ist es sehr schwierig, die Ladung einer Leitung durch diese Potentialdifferenzen auszudrücken; es wird vielmehr eine andere Bestimmungsart und damit auch eine andere Kapazitätsdefinition nötig. Wir wollen diese Definition und damit zugleich auch eine Definition für die Ableitung bei Mehrphasenleitungen jetzt aufzustellen suchen.

Kapazität und Ableitung.

Man erhält, wie sogleich gezeigt werden soll, eine eindeutige Definition der Kapazität für alle hier zu betrachtenden Kombinationen von Leitungen, wenn man für jede Leitung unter Kapazität versteht: das Verhältnis aus der Ladung auf jeder Leitung selbst zu einem auf dieser Leitung allein herrschenden Wert des Potentials, den wir als den „absoluten" bezeichnen wollen.

Bei jeder zweipoligen Stromquelle unterscheidet schon der Sprachgebrauch einen positiven und einen negativen Pol. Dieser Ausdruck ist unter der Vorstellung entstanden, daß man einen Pol mit positivem und einen mit negativem Potential zu unterscheiden hat, welche beide der Größe nach einander gleich und nur im Vorzeichen voneinander verschieden sind. Werden diese Potentiale mit

$$P_1 = (+P) \quad \text{und} \quad P_2 = (-P)$$

bezeichnet, so ist also die Potentialdifferenz

$$P_1 - P_2 = 2P; \tag{1}$$

$+P$ und $-P$ sind dabei die „absoluten" Potentiale zweier vollkommen isolierter Pole, von denen das eine ebenso viel über dem Potential der Erde wie das andere unter diesem Potential liegt.

Nehmen wir an, die zweipolige Stromquelle würde mit zwei offenen Leitungen verbunden, und die Leitungen würden dadurch mit den Elektrizitätsmengen $+Q$ geladen, so ist nach der bisher von uns benutzten Definition der Kapazität, wenn diese Größe durch den Index a charakterisiert wird,

$$c^a = \frac{Q}{P_1 - P_2}. \tag{2}$$

Nach der neuen Definition soll darunter verstanden werden: das Verhältnis aus der Ladung jedes Leiters zum Werte des absoluten Potentials auf dieser Leitung, also

$$c = \frac{Q}{P} = \frac{-Q}{-P}. \tag{3}$$

Unter Benutzung von Gl. 1 folgt daher

$$c = 2\,c^a.$$

Es soll nun gezeigt werden, daß die neue Definition der Kapazität in allen praktischen Fällen es auch bei Mehrfachleitungen gestattet, die Ladung einer Leitung allein durch ihr eigenes Potential unabhängig von denen der Nebenleiter auszudrücken. Nennen wir in den Fig. 18,

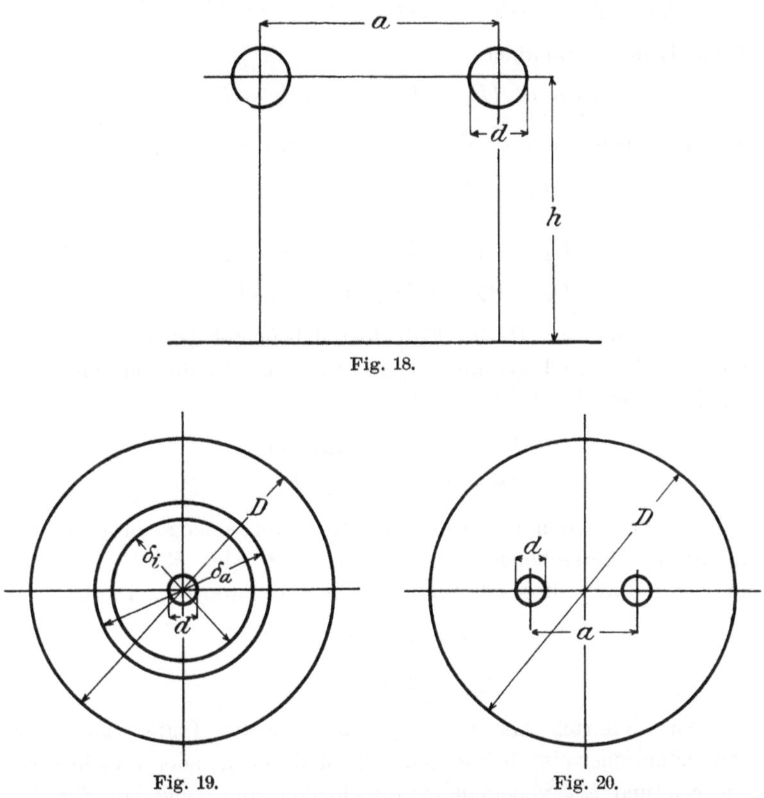

Fig. 18.

Fig. 19.   Fig. 20.

19 und 20 z. B. die Potentiale der beiden Leiter P_1 und P_2, das Potential der Erde bei Freileitungen und des Bleimantels bei Kabeln P_0, die Kapazität des ersten Leiters gegen Erde oder Bleimantel $c_{1,0}$, die des zweiten $c_{2,0}$ und die Kapazität der beiden Leiter gegeneinander schließlich $c_{1,2}$, wobei die Kapazitätsbegriffe in der alten Weise so verstanden werden sollen, daß ihre Werte, mit der Po-

tentialdifferenz zwischen den Leitern multipliziert, die durch diese Potentialdifferenz hervorgebrachte Ladungsmenge ergeben, so erhält man auf Leiter I die Ladungsmenge

wegen der Kapazität gegen Leiter II $q_{1,2} = c_{1,2}\,(P_1 - P_2)$

wegen der Kapazität gegen Erde oder Bleimantel $q_{1,0} = c_{1,0}\,(P_1 - P_0)$

also insgesamt

$$Q_1 = q_{1,2} + q_{1,0} = c_{1,2}\,(P_1 - P_2) + c_{1,0}\,(P_1 - P_0) \qquad (3\,\mathrm{a})$$

und für Leiter II ähnlich

$$Q_2 = c_{2,1}\,(P_2 - P_1) + c_{2,0}\,(P_2 - P_0)\,.$$

Setzt man wieder, um zu der neuen Definition überzugehen,

$$P_1 = P \quad \text{und} \quad P_2 = -\,P,$$

so wird

$$Q_1 = (c_{1,0} + 2\,c_{1,2})\,P_1 - c_{1,0}\,P_0\,,$$
$$Q_2 = (c_{2,0} + 2\,c_{2,1})\,P_2 - c_{2,0}\,P_0\,. \qquad (3\,\mathrm{b})$$

Bei Freileitungen, wo P_0 das Erdpotential bedeutet, oder bei Kabeln, wenn der Bleimantel geerdet ist, ist $P_0 = 0$. In diesem Falle ist daher für jeden der beiden Leiter

$$Q_1 = (c_{1,0} + 2\,c_{1,2})\,P_1\,,$$
$$Q_2 = (c_{2,0} + 2\,c_{2,1})\,P_2\,.$$

Auf jedem der beiden Leiter ist also die Ladungsmenge proportional dem auf ihm herrschenden Potential $P_1 = P$ oder $P_2 = -\,P$ und kann allein durch dieses Potential ausgedrückt werden. Die Größen

$$c_{1,0} + 2\,c_{1,2} = c_1\,,$$
$$c_{2,0} + 2\,c_{2,1} = c_2$$

kann man demnach als die Kapazitäten beider Leiter nach der neuen Definitionsweise betrachten. Sie sind voneinander verschieden, wenn $c_{1,0}$ und $c_{2,0}$ voneinander verschieden sind, wie bei Fig. 19 oder bei verschiedenen Dimensionen und Abständen der beiden Leiter vom Bleimantel; sie sind aber gleich, wenn $c_{1,0}$ und $c_{2,0}$, wie auch $c_{1,2}$ und $c_{2,1}$ einander gleich sind, wie bei Fig. 18 und 20, wo beide Leiter in gleicher Weise der Erde und dem Bleimantel gegenüberliegen. Setzen wir in diesem Falle

$$c_{1,0} = c_{2,0} = c_0$$

und
$$c_{1,2} = c_{2,1} = c',$$
so ist
$$c_0 + 2\,c' = c$$

die Kapazität jedes der beiden Leiter nach der Definition

$$Q = c\,P. \tag{4}$$

Die in Tabelle I angegebenen Kapazitäten berücksichtigen auch die Kapazitäten gegen Erde oder Bleimantel, sie drücken aber die Ladungsmenge durch die Potential**differenz** der beiden Leiter gegeneinander und nicht durch das **absolute** Potential dieser Leiter aus. Benutzt man Gleichung 1, so ergibt sich aus Gleichung 4

$$Q = \frac{c}{2}\,(P_1 - P_2).$$

Die in Tabelle I angegebene Kapazität ist also

$$c^a = \frac{c}{2}, \tag{4a}$$

d. h. halb so groß wie die sich aus der neuen Definition ergebende.

Bei einer symmetrischen Drehstromleitung, d. h. bei einer solchen, deren Leiter unter sich und von der Erde oder dem geerdeten Bleimantel gleich weit entfernt sind, seien die Potentiale der drei Leiter und des Bleimantels in einem Augenblick P_1, P_2, P_3 und P_0, ferner die Kapazität der Leiter gegeneinander $c_{1,2}$, $c_{1,3}$, $c_{2,3}$ und gegen den Bleimantel $c_{1,0}$, $c_{2,0}$, $c_{3,0}$. Dann enthält Leiter I wegen der Kapazität gegen Leiter II die Ladungsmenge

$$q_{1.2} = c_{1,2}\,(P_1 - P_2), \tag{4b}$$

wegen der Kapazität gegen Leiter III die Ladungsmenge

$$q_{1,3} = c_{1,3}\,(P_1 - P_3), \tag{4b}$$

wegen der Kapazität gegen Erde oder Bleimantel die Ladungsmenge

$$q_{1,0} = c_{1,0}\,(P_1 - P_0), \tag{4b}$$

woraus sich die Gesamtladungen ergeben:

$$Q_1 = c_{1,2}\,(P_1 - P_2) + c_{1,3}\,(P_1 - P_3) + c_{1,0}\,(P_1 - P_0)$$
$$Q_2 = c_{2,1}\,(P_2 - P_1) + c_{2,3}\,(P_2 - P_3) + c_{2,0}\,(P_2 - P_0) \tag{5}$$
$$Q_3 = c_{3,1}\,(P_3 - P_1) + c_{3,2}\,(P_3 - P_2) + c_{3,0}\,(P_3 - P_0).$$

Wegen der symmetrischen Lage der Leitungen können wir setzen

$$c_{1,2} = c_{1,3} = c_{2,3} = c'$$
$$c_{1,0} = c_{2,0} = c_{3,0} = c_0. \tag{5a}$$

Infolge einer bekannten Eigenschaft des Drehstromes ist ferner

$$P_1 + P_2 + P_3 = 0; \qquad (5\,\text{b})$$

man erhält daher

$$Q_1 = (c_0 + 3c')\, P_1 - c_0\, P_0$$
$$Q_2 = (c_0 + 3c')\, P_2 - c_0\, P_0 \qquad (6)$$
$$Q_3 = (c_0 + 3c')\, P_3 - c_0\, P_0 .$$

Nehmen wir an, daß der Bleimantel mit dem neutralen Punkte verbunden sei, also das Potential Null habe, so wird

$$P_0 = 0 ,$$

also für die drei Leiter allgemein

$$Q = (c_0 + 3c')\, P . \qquad (7)$$

Der Ausdruck

$$c = c_0 + 3c'$$

kann also als Kapazität der Drehstromleitung gelten, wenn Drehstrom in der Leitung fließt.

Die Methoden der Messung der Teilkapazitäten c_0 und c', aus denen sich die Gesamtkapazitäten c der einfachen Doppelleitung und der Drehstromleitung nach der obigen Darstellung zusammensetzen, ergeben sich ohne weiteres aus den Gl. 3a und 5 für die Ladungsmengen, wenn darin $P_0 = 0$ gesetzt wird.

Für das Zweileiterkabel ist danach auf Leiter I

$$Q_1 = c'\,(P_1 - P_2) + c_0\, P_1 ,$$

wenn man diesen an Erde oder Bleimantel legt, d. h.

$$\text{bei } P_1 = 0 \qquad Q' = -\,c'\, P_2 ,$$

oder, wenn man ihn mit Leiter II verbindet, d. h.

$$\text{bei } P_1 = P_2 \qquad Q_0 = c_0\, P_1 = c_0\, P_2 .$$

Aus der Ladungsmenge Q' auf Leitung I folgt dann der absolute Wert der Kapazität

$$c' = \frac{Q'}{P_2} ,$$

und aus der Ladungsmenge Q_0 folgt

$$c_0 = \frac{Q_0}{P_2} .$$

Bei Drehstromleitungen ist bei $P_0 = 0$ nach Gl. 5 auf Leiter I

$$Q_1 = c'(P_1 - P_2) + c'(P_1 - P_3) + c_0 P_1.$$

Man erhält also auf diesem Leiter, wenn man ihn an Erde legt und die beiden anderen Leiter miteinander verbindet, d. h. bei

$$P_1 = 0 \quad \text{und} \quad P_2 = P_3$$
$$Q' = -2c' P_2,$$

und wenn man ihn mit Leiter II und III verbindet, d. h. bei

$$P_1 = P_2 = P_3$$
$$Q_0 = c_0 P_1.$$

Demnach ergibt sich aus der auf I angehäuften Ladungsmenge Q' die Kapazität

$$c' = \frac{Q'}{2 P_2},$$

und aus Q_0 die Kapazität

$$c_0 = \frac{Q_0}{P_1}.$$

Die gesamte Kapazität $c = c_0 + 3 c'$ der Drehstromleitung kann man auch durch eine einzige Messung erhalten, wenn man einen Leiter, z. B. Leiter III, an Erde legt und die beiden anderen mittels einer gut isolierten zweipoligen Stromquelle lädt. In diesem Falle ist $P_3 = 0$, $P_1 = P$ und $P_2 = -P$, also nach Gl. 5

$$Q_1 = (c_0 + 3 c') P,$$

woraus sich $(c_0 + 3 c')$ unmittelbar ergibt.

Denkt man sich eine Doppelleitung dadurch in eine Drehstromleitung umgebildet, daß die Rückleitung durch zwei andere Leitungen ersetzt wird, die den gleichen Abstand voneinander und von der Hinleitung haben wie die frühere Rückleitung, so hat sowohl bei der Bestimmung von c_0 wie auch bei der Bestimmung von c' die zu untersuchende Leitung zwei auf P gebrachte Leitungen neben sich, während sie bei Doppelleitungen nur eine solche neben sich hatte. Die nachgewiesenen Ladungsmengen q_1 und q_1' werden daher bei der Drehstromleitung eine andere Größe haben, als bei der einfachen Schleife, und daher werden auch die Teilkapazitäten c_0 und c' bei Drehstrom andere Werte besitzen. Die Rechnung zeigt aber, daß trotzdem die Gesamtkapazitäten

$$c = c_0 + 2\,c' \text{ für die Schleife,}$$

$$c = c_0 + 3\,c' \text{ für die Drehstromleitung}$$

einander gleich sind, denn für die Gesamtladungsmenge Q, welche sich bei dem Potential P_1 auf der Leitung I ausbildet, wird es offenbar gleichgültig sein, ob sich auf einer Nachbarleitung das Potential $P_2 = - P_1$ befindet, oder ob zwei in ganz gleicher Weise der Leitung gegenüberstehende Leitungen zusammen das gleiche Potential $P_2 + P_3 = - P_1$ ergeben. Eine früher für die Schleife als Freileitung angegebene Kapazität c, welche auf absolute Potentiale bezogen ist, kann also ohne weiteres für Drehstrom übernommen werden. Nach Gl. 4a ist die in der Tabelle I angegebene Kapazität c_a zur Berechnung von c nur mit 2 zu multiplizieren. Für Drehstromkabel kann die oben für eine Zweileiterkabel gegebene Formel allerdings nicht ohne weiteres benutzt werden, da man hier den zweiten Leiter nicht durch zwei neue ersetzen kann, welche vom ersten und voneinander den gleichen Abstand haben wie die beiden früher allein vorhandenen Leiter, ohne daß bei Aufrechterhaltung einer symmetrischen Verteilung der Abstand aller Leitungen vom Bleimantel geändert würde.

Die besprochene, in den Gl. 6 und 7 niedergelegte Darstellungsweise der Kapazität hat nicht nur den Vorteil einer eindeutigen Bestimmung dieser Größe auch bei Drehstromleitungen, sondern auch den, daß die Ladungsmenge bei $P_0 = 0$ in jeder der drei Leitungen nur ausgedrückt ist durch das Potential P dieser Leitung selbst, und unabhängig gemacht ist von dem Potential der anderen Leitungen. P heißt bekanntlich die Phasenspannung. Auch der Ladestrom jeder Leitung hängt deshalb nur von der Spannung dieser Leitungen ab, er wird nach Gl. 5, S. 39,

$$\mathbf{I}_1 = i\,c\,\omega\,\mathbf{E}\mathbf{p},$$

wenn die Phasenspannung durch $\mathbf{E}\mathbf{p}$ statt durch P ausgedrückt wird.

Die Ableitung g, welche in der Tabelle I für die Doppelleitung der Kapazität proportional gesetzt war, bleibt auch bei mehrfachen Leitungen mit demselben Faktor proportional. In der Tat, wenn z. B. in einem Drehstromkabel die Leitungsfähigkeit zwischen je zwei Leitungen g' und zwischen jeder Leitung und dem Bleimantel g_0 ist, so fließt von der Leitung I aus:

nach II der Strom $g'(P_1 - P_2)$,

nach III der Strom $g'(P_1 - P_3)$,

nach dem Bleimantel der Strom $g_0(P_1 - P_0)$.

Diese den Gl. 4b ganz analogen Gleichungen ergeben bei Drehstrom, analog Gl. 7 einen gesamten von Leitung I abfließenden Isolationsstrom von der Stärke

$$(g_0 + 3g')P_1 = g\,P_1\,.$$

Die für Drehstromleitungen geltende Ableitung g kann man daher aus den Kapazitätswerten der Drehstromleitung wiederum bestimmen, indem man wie in der Tabelle I für die Doppelleitung ε durch $\dfrac{1}{\varrho_s}$ und 0,0241 durch 0,272 ersetzt.

Der gesamte von einer Drehstromleitung abfließende Strom wird also schließlich als Summe des Ladestromes und Ableitungsstromes

$$(g + i c\,\omega)\,\mathbf{E\,p}\,,$$

wenn $\mathbf{E\,p}$ die Phasenspannung ist. Für ein unendlich kleines Leiterstückchen von der Länge dx erhält man daher den unendlich kleinen Kondensatorstrom

$$d\,\mathbf{I} = (g + i c\,\omega)\,\mathbf{E\,p}\,dx, \tag{8}$$

nach Gl. 4, S. 51 in völliger äußerer Übereinstimmung mit der Formel für den Kondensatorstrom in der Doppelleitung. Während aber dort $\mathbf{E\,p}$ die Spannung zwischen Hin- und Rückleitung bedeutet, ist $\mathbf{E\,p}$ hier die Phasenspannung, und g und c sind besondere, für Drehstrom gültige Werte nach den obigen Angaben.

Widerstand und Selbstinduktion.

Das soeben gefundene Ergebnis der Übereinstimmung von Gl. 8 mit Gl. 4 auf S. 51 hat deswegen besondere Bedeutung, weil die letztere Gleichung eine von den beiden ist, aus welchen wir im Abschnitt VIII die Grundgleichungen der Kabelströme abgeleitet haben. Wenn es gelänge, auch die andere der beiden Gleichungen (Gl. 3 auf S. 51) für Drehstrom anwendbar zu machen, so würden die früher für einfache Schleifen aufgestellten Gesetze bei geeigneten

Definitionen der Kabeldaten ohne weiteres auch für Drehstrom übernommen werden können.   Wir wollen die genannte Gleichung

$$d\,\mathbf{E}\mathfrak{p} = \mathbf{I}\,(w + i\,\omega\,L)\,dx$$

jetzt betrachten und untersuchen, ob w und L auf eine solche Form gebracht werden können, daß diese Gleichung auch für jede der drei Drehstromleitungen gilt.

In der obigen Gleichung für eine Doppelleitung bedeutet w nach S. 51 den Widerstand der Hin- und Rückleitung pro km einfacher Leitung, $w\,dx$ den Widerstand von zwei Stückchen Hin- und Rückleitung zusammen, die einem Leiterstückchen von der einfachen Länge dx angehören, und $d\,\mathbf{E}\mathfrak{p}$ schließlich den gesamten Spannungsabfall in zwei zusammengehörigen Stückchen Hin- und Rückleitung. Da wir jetzt nur eine der drei Drehstromleitungen zu betrachten haben, so haben wir unter w nur den Widerstand von 1 km einfacher Länge zu verstehen, und unter $w\,dx$ also den Widerstand dieses einen Leiterstückchens. $\mathbf{I}w\,dx$ ist dann der Ohmsche Spannungsabfall in dem genannten Stückchen des einfachen Leiters allein, und w ist dabei nur die Hälfte des früheren Wertes.

Damit auch der durch die Selbstinduktion hervorgerufene Teil $i\,\mathbf{I}\,\omega\,L\,\mathrm{d}x$ des Spannungsabfalls sich allein auf das Stückchen dx der einfachen Leitung bezieht, muß auch L entsprechend ausgedrückt werden. $L\,dx$ muß jetzt also eine solche Größe haben, daß

$$(L\,dx)\,\frac{d\,J}{d\,t}$$

nur die in dem Leiterstückchen dx induzierte elektromotorische Kraft ist und nicht mehr, wie früher, die in den beiden Leiterstückchen dx der Hin- und Rückleitung zusammen auftretende. Hier scheinen aber die Verhältnisse wesentlich verwickelter zu liegen als bei der einfachen Doppelleitung.   Während dort in der Rückleitung derselbe Strom fließt wie in der Hinleitung, also ein einziger Strom auf seine Leitung induzierend wirkt, fließen hier insgesamt drei Ströme, und jeder der drei Leiter erfährt von allen drei Strömen eine Induktion.   Wir übersehen die Verhältnisse aber sofort, wenn wir auch bei der einfachen Schleife jeden Leiter für sich betrachten. Auch bei der einfachen Schleife findet, genau genommen, ein verwickelter Vorgang der Induktion statt, da jeder Leiter von sich selbst, aber auch von dem andern Leiter eine Induktion erfährt. Wenn wir den in der Hinleitung fließenden Strom mit J_t, den in der Rückleitung fließenden entgegengesetzt gerichteten mit $(-J_t)$ bezeichnen, so ist die von jedem der beiden Ströme induzierte elektromotorische Kraft wieder dem Differentialquotienten der Stromstärke proportional und wird von einem Koeffizienten bestimmt, der bei der Induktion eines Leiters auf sich selbst als der Koeffizient der Selbstinduktion (L') dieses einen Leiters, und bei der Induktion dieses einen Leiters auf den anderen als der Koeffizient der gegenseitigen Induktion (M) der beiden Leitungen bezeichnet wird. Der Leiter, welcher als Hinleitung betrachtet wird, induziert also eine elektromotorische Kraft

$$L'\frac{dJ}{dt}$$

auf sich selbst und erfährt von dem andern Leiter die Induktion einer elektromotorischen Kraft

$$M\frac{d(-J)}{dt},$$

sodaß insgesamt in ihm induziert wird eine E. M. K.

$$(L'-M)\frac{dJ}{dt}.$$

Die näheren Betrachtungen zeigen, daß die Werte von L' und M

$$L'=2\cdot10^{-4}\,l\,(\ln\frac{2\,l}{r}-0{,}75)\quad\text{Henry}$$

und

$$M=2\cdot10^{-4}\,l\,(\ln\frac{2\,l}{a}-1)\quad\text{Henry}$$

sind, wenn dieselben Bezeichnungen wie oben gewählt werden. Die gesamte in jedem der beiden Einzelleiter induzierte E. M. K. ist daher

$$(L'-M)\frac{dJ}{dt}=2\cdot10^{-4}\,l\,(\ln\frac{a}{r}+0{,}25)\frac{dJ}{dt};$$

der Faktor

$$2\cdot10^{-4}\,l\,(\ln\frac{a}{r}+0{,}25)=L_1 \tag{9}$$

kann also als der Koeffizient der Gesamtinduktion bezeichnet werden, welche jede der beiden Einzelleitungen durch den Strom in der Hin- und Rückleitung zusammen überhaupt erfährt. Der Koeffizient der Induktion in der gesamten Hin- und Rückleitung muß also doppelt so groß sein, und ist in der Tabelle I für die Doppelleitung in der Tat auch als doppelt so groß angegeben.

Auf dieser Grundlage läßt sich nun die Gesamtinduktion in jeder der drei Drehstromleitungen leicht bestimmen. Sind die drei Ströme J_{1t}, J_{2t}, J_{3t}, und bezeichnen wir die Koeffizienten der Selbstinduktionen der Einzelleitungen mit L', L'' und L''' und die Koeffizienten der gegenseitigen Induktionen mit $M_{1,2}$, $M_{1,3}$ und $M_{2,3}$, so erfährt der Leiter I folgende Induktionen:

durch seinen eigenen Strom die E. M. K. $\qquad L' \dfrac{d J_1}{d t}$,

durch den Strom in Leiter II die E. M. K. $\qquad M_{1,2} \dfrac{d J_2}{d t}$,

durch den Strom in Leiter III die E. M. K. $\qquad M_{1,3} \dfrac{d J_3}{d t}$,

im ganzen also die Induktion einer E. M. K. von

$$L' \frac{d J_1}{d t} + M_{1,2} \frac{d J_2}{d t} + M_{1,3} \frac{d J_3}{d t}\,.$$

Da bei Drehstrom

$$J_{1t} + J_{2t} + J_{3t} = 0\,,$$

und bei einer symmetrischen Drehstromleitung offenbar auch

$$M_{1,2} = M_{1,3} = M_{2,3} = M$$

ist, weil alle Leitungen einander in gleicher Weise gegenüber stehen, so ergibt sich als gesamte induzierte E. M. K. z. B. in Leitung I der einfache Wert

$$(L' - M)\frac{d J_1}{d t}\,.$$

Auch hier hängt also, trotz des Vorhandenseins von drei Strömen, die Gesamtinduktion in jeder Leitung schließlich nur von dem Strome in dieser Leitung selbst ab, und der Induktionskoeffizient

$$L' - M = L_1$$

ist derselbe, wie er oben durch Gl. 9 bestimmt wurde. Daß L_1 für Schleife und Drehstromleitung gleich sein muß, konnten wir erwarten; denn die beiden Drehstromleitungen, welche an die Stelle der Rückleitung der Schleife treten, müssen ganz gleich wie diese Rückleitung wirken, da sie den gleichen Abstand von der Hinleitung haben wie jene Rückleitung und zusammen denselben Strom führen wie diese. Man kann L_1 danach als den Selbstinduktionskoeffizienten eines Zweiges einer Drehstromleitung bezeichnen, und L_1 hat die Hälfte des Wertes wie der Selbstinduktionskoeffizient einer Doppelleitung. Setzen wir unter dem Vorbehalte der jeweiligen besonderen Angabe, für welche Stromart die Koeffizienten gelten sollen, für den Selbstinduktionskoeffizienten den Buchstaben L ohne Index, so ist also der in dem früher aufgestellten Ausdruck

$$(L\,dx)\,\frac{dJ}{dt}$$

enthaltene Koeffizient L jetzt gefunden, und der Ausdruck für die Selbstinduktion in einer Drehstromleitung ist auf dieselbe Form gebracht wie bei der einfachen Schleife. Da der komplexe Ausdruck dafür nach Abschnitt II

$$i\,\omega\,(L\,dx)\,\mathbf{I}$$

ist, so erhalten wir durch Vereinigung dieses Betrages mit dem Ohmschen Spannungsabfall $\mathbf{I}\,w\,dx$ den gesamten Spannungsabfall in dem Stücke dx der einfachen Drehstromleitung

$$d\,\mathbf{Ep} = \mathbf{I}\,(w + i\,\omega\,L)\,dx$$

in der auch für die einfache Schleife gültigen Form, in die wir ihn zu bringen strebten.

Die Formeln, welche w, L, c und g bei Drehstromleitungen aus den Konstruktionsdaten zu berechnen gestatten, sind in Tabelle III zusammengestellt.

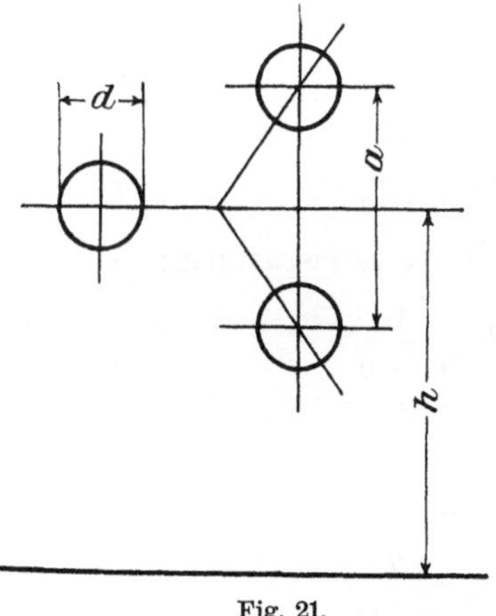

Fig. 21.   Fig. 22.

Tabelle III zeigt in Übereinstimmung mit den obigen Betrachtungen bei Freileitungen für w und L halb so große, für c und g doppelt so große Werte wie Tabelle I. Entsprechendes gilt bei Kabeln für w und L, nicht aber für c und g. Der Grund, weshalb sich die Formeln für c und g bei Drehstrom k a b e l n in anderer Gestalt bieten als bei Zweileiterkabeln ist schon auf S. 68 angegeben; er liegt darin, daß, wenn bei einem Drehstromkabel die Größen d, a und D gleich groß sind wie bei einem Zweileiterkabel, der Abstand der einzelnen Leiter vom Bleimantel dennoch verschieden ist. Der Koeffizient L, welcher sowohl in Tabelle I wie in Tabelle III für Freileitungen und Kabel gleich groß gesetzt ist, ist genau genommen bei gleichen Werten von d und a wenigstens dann verschieden, wenn die Kabel mit einer Eisenarmatur versehen sind, weil die Armatur das die Selbstinduktion erzeugende Magnetfeld der einzelnen Leiter verstärkt. Die rechnerische Berücksichtigung dieser Einflüsse ist aber sehr schwierig; auf eine experimentelle Feststellung kommen wir sogleich zurück.

Für Fälle, wo nicht nur die Berechnung der Gesamtkapazität, sondern auch die der Einzelkapazitäten von Interesse ist, mögen hier noch die Formeln für c_0 und c' für Freileitungen folgen. Setzt man bei Fig. 18 und Fig. 21

$$\log \frac{4\,h}{d} = p \quad \text{und} \quad \log \frac{2\,h}{a} = q,$$

so daß die Gesamtkapazität bei Doppelleitungen bezogen auf die Gesamtspannung:

$$c^a = 0{,}0121 \cdot l \cdot \frac{1}{p - q},$$

bezogen auf das absolute Potential:

$$c = 0{,}0241 \cdot l \cdot \frac{1}{p - q},$$

bei Drehstromleitungen bezogen auf die Phasenspannung:

$$c = 0{,}0241 \cdot l \cdot \frac{1}{p - q}$$

ist, so ist bei Doppelleitungen:

$$c_0 = 0{,}0241 \cdot l \cdot \frac{1}{p + q}$$

$$c' = 0{,}0241 \cdot l \cdot \frac{q}{(p + q) \cdot (p - q)}$$

Tabelle III.

Formeln für die elektrischen Daten von Drehstromleitungen.

w^{Ohm}	L^{Henry}	c^{MF}	$g^{\text{Ohm}^{-1}}$
Freileitung: (Fig. 21.) $$21{,}22 \cdot \frac{l}{d^2}$$	$$2 \cdot 10^{-4} \cdot l \left[\ln \frac{2a}{d} + 0{,}25 \right]$$	$$0{,}0241 \cdot \frac{l}{\log\left(\dfrac{2a}{d}\right)}, \text{ genauer}$$ $$0{,}0241 \cdot \frac{l}{\log\left(\dfrac{2a}{d} \cdot \dfrac{2h}{\sqrt{(2h)^2 + a^2}}\right)}$$	
Kabel, verseilt: (Fig. 22.) $$21{,}22 \cdot \frac{l}{d^2}$$	$$2 \cdot 10^{-4} \cdot l \left[\ln \frac{2a}{d} + 0{,}25 \right]$$	$$0{,}0483 \cdot \varepsilon \cdot \frac{l}{\log\left[\dfrac{4a^2}{d^2} \cdot \dfrac{(3D^2 - 4a^2)^3}{(3D^2)^3 - (4a^2)^3} \right]} {}^{*)}$$	$$0{,}545 \cdot \frac{l}{\varrho_s} \cdot \frac{1}{\log\left[\dfrac{4a^2}{d^2} \cdot \dfrac{(3D^2 - 4a^2)^3}{(3D^2)^3 - (4a^2)^3} \right]}$$

*) S. Lichtenstein, E. T. Z. 1904. S. 126.

Bemerkung: Die sich aus dieser Tabelle ergebenden Werte für w, L, c und g können, wenn der neutrale Punkt an Erde oder Bleimantel liegt, ohne weiteres für w, L, c und g in Kap. VIII eingesetzt werden, obgleich sich die Rechnungen des Kap. VIII nur auf Doppelleitungen beziehen. Ep_x bedeutet dann die Phasenspannung.

und bei Drehstromleitungen:

$$c_0 = 0{,}0241 \cdot l \cdot \frac{1}{p + 2\,q}$$

$$c' = 0{,}0241 \cdot l \cdot \frac{q}{(p + 2\,q) \cdot (p - q)}\,.$$

Zur Verdeutlichung folgen hier für die Kapazitätsberechnung von Drehstromleitern zwei Zahlenbeispiele.

Beispiele:

1) Die bekannte, während der Frankfurter Ausstellung 1891 zwischen Lauffen und Frankfurt betriebene Drehstrom-Kraftübertragung hatte eine aus drei blanken Kupferdrähten von 4 mm Stärke bestehende Fernleitung, die auf Isolatoren an Masten in einem gleichschenkeligen Dreieck mit horizontaler Basis geführt waren. Die unteren der drei Drähte hatten einen Abstand von 100 cm voneinander, der obere einen Abstand von 116 cm von den unteren, der obere war 686 cm vom Erdboden entfernt, die Gesamtlänge der Leitung betrug 169,93 rd. 170 km. Aus diesen Daten ergeben sich für die obere Leitung die Werte

$$w = 1{,}3623 \ \text{Ohm} \cdot \text{km}^{-1}$$
$$L = 0{,}001323 \ \text{Henry} \cdot \text{km}^{-1}$$
$$c = 0{,}008737 \ \text{MF} \cdot \text{km}^{-1}$$
$$c_0 = 0{,}004034 \ \text{MF} \cdot \text{km}^{-1}$$
$$c' = 0{,}001566 \ \text{MF} \cdot \text{km}^{-1}\,.$$

2) Für ein 10 000 V Drehstromkabel gelten folgende Daten:
Kupferquerschnitt: $q = 10$ qmm, also: $d = 3{,}57$ mm
Abstand der Leiter von Mitte zu Mitte: $a = 13{,}6$ mm
Innerer Durchmesser des Bleimantels: $D = 39{,}2$ mm
Dielektrizitätskonstante: $\varepsilon = 4{,}2$
Demnach ist:

$$w = 1{,}667 \ \text{Ohm} \cdot \text{km}^{-1}$$
$$L = 0{,}0004562 \ \text{Henry} \cdot \text{km}^{-1}$$
$$c = 0{,}13176 \ \text{MF} \cdot \text{km}^{-1}\,.$$

Um einen weiteren Überblick zu geben, folgen hier in Tabelle IV, V und VI noch die Konstruktions- und elektrischen Daten, sowie die Gewichte und Preise einer Reihe von modernen Drehstromkabeln für 3000, 5000 und 10 000 Volt. Der in diesen Tabellen nicht vermerkte Isolationswiderstand wird nach der Verlegung bei 15 °C zu mindestens 15 Megohm angegeben, sodaß $g = 0{,}06667 \cdot 10^{-6}$ zu setzen ist.

Tabelle IV.

Konstruktionsdaten von eisenbandarmierten verseilten Dreileiter-Bleikabeln für Hochspannung von 3000, 5000 u. 10 000 Volt.

Nr.	Quer-schnitt in mm²	Kupferleiter		Abstand von Mitte Kupfer zu Mitte Kupfer in mm			Durchmesser des Bleimantels in mm					
		Zahl der Drähte	Durchmesser d. einz. Dr. in mm				innerer			äußerer		
				3000 V.	5000 V.	10 000 V.	3000 V.	5000 V.	10 000 V.	3000 V.	5000 V.	10 000 V.
1	3 · 10	1	3,60	9,6	11,6	13,6	26,6	33,0	39,2	30,4	37,2	44,0
2	3 · 16	7	1,71	11,1	13,2	15,1	29,9	36,4	42,5	33,9	41,0	47,5
3	3 · 25	7	2,13	12,4	14,4	16,4	32,7	39,0	45,4	36,9	43,8	50,4
4	3 · 35	7	2,52	13,6	15,6	17,6	35,2	41,5	47,8	39,6	46,5	53,0
5	3 · 50	19	1,83	15,2	17,2	19,2	38,7	45,0	51,2	43,5	50,0	56,6
6	3 · 70	19	2,17	16,9	18,9	20,9	42,3	48,6	54,8	47,3	53,8	60,2
7	3 · 95	19	2,52	18,6	20,6	22,6	46,0	52,3	59,6	51,2	57,7	65,2
8	3 · 120	19	2,84	20,2	22,2	24,2	49,4	55,8	62,0	54,6	61,4	67,8

Tabelle V.

Elektrische Daten von 1 km eisenbandarmierten verseilten Dreileiter-Bleikabeln
für Hochspannung von 3000, 5000 und 10000 Volt.

| Nr. | Querschnitt in mm² | Kupferleiter | | Leitungswiderstand jeder Ader pro km in Ohm | Kapazität in Mikrofarad | | | Selbstinduktion in Henry | | |
		Zahl der Drähte	Durchm. d. einz. Drahtes in mm		3000 V.	5000 V.	10000 V.	3000 V.	5000 V.	10000 V.
1.	3 · 10	1	3,60	1,8100	0,158	0,142	0,130	0,000405	0,000443	0,000484
2.	3 · 16	7	1,71	1,1230	0,172	0,155	0,143	0,000375	0,000411	0,000443
3.	3 · 25	7	2,13	0,7188	0,196	0,176	0,162	0,000315	0,000367	0,000395
4.	3 · 35	7	2,52	0,5135	0,207	0,187	0,173	0,000311	0,000349	0,000374
5.	3 · 50	19	1,83	0,3594	0,222	0,200	0,185	0,000303	0,000328	0,000352
6.	3 · 70	19	2,17	0,2567	0,234	0,213	0,197	0,000290	0,000313	0,000336
7.	3 · 95	19	2,52	0.1892	0,245	0,224	0,208	0,000279	0,000300	0,000320
8.	3 · 120	19	2,84	0,1498	0,253	0,235	0,215	0,000272	0,000290	0,000310

Tabelle VI.

Gewicht und ungefährer Preis für 1 km eisenbandarmierten verseilten Dreileiter-Bleikabels für Hochspannung von 3000, 5000 u. 10000 Volt.

Nr.	Kupfer-querschnitt in mm²	Kupferleiter		Ungefähres Gewicht in kg			Ungefährer Preis in Mark		
		Zahl der Drähte	Durchmesser jedes einz. Drahtes in mm	3000 V.	5000 V.	10000 V.	3000 V.	5000 V.	10000 V.
1	3 · 10	1	3,57	4010	4640	8330	3900	5100	6500
2	3 · 16	7	1,71	4840	5520	9450	4700	5800	7500
3	3 · 25	7	2,13	5720	6950	10400	6000	7000	8900
4	3 · 35	7	2,52	7090	7890	11500	7000	8200	10200
5	3 · 50	19	1,83	8520	9370	12000	8700	10000	11900
6	3 · 70	19	2,17	10030	10930	13690	11000	12400	· 14400
7	3 · 95	19	2,52	11750	12710	15610	13500	15100	17200
8	3 · 120	19	2,84	13450	14250	17260	16100	17500	19800

Tabelle VII.

Die Werte $\mathbf{v}$, $\dfrac{b}{a}$, $\dfrac{\mathbf{v}}{\mathbf{R}}$ und $\mathbf{u}$ für die 10000-Volt-Kabel und die Lauffen-Frankfurter Freileitung.

	Nr.	$\mathbf{v} = a + bi$	$\dfrac{b}{a}$	$\dfrac{\mathbf{v}}{\mathbf{R}}$	$\mathbf{u} = \dfrac{\mathbf{R}}{\mathbf{v}}$	$\mathbf{u} = p + iq$
	1.	$5{,}8349 \cdot 10^{-3} + i \cdot 6{,}3353 \cdot 10^{-3}$	$1{,}0858$	$0{,}0047418 \cdot e^{i \cdot 42^0\,33'\,19''}$	$210{,}89 \cdot e^{-i \cdot 42^0\,33'\,19''}$	$155{,}35 - i \cdot 142{,}63$
	2.	$4{,}7256 \cdot 10^{-3} + i \cdot 5{,}3393 \cdot 10^{-3}$	$1{,}1299$	$0{,}0063006 \cdot e^{i \cdot 41^0\,25'\,27''}$	$158{,}71 \cdot e^{-i \cdot 41^0\,25'\,27''}$	$119{,}01 - i \cdot 105{,}01$
10000 V.-Kabel bei $\nu = 50$	3.	$3{,}9280 \cdot 10^{-3} + i \cdot 4{,}6579 \cdot 10^{-3}$	$1{,}1858$	$0{,}008353 \cdot e^{i \cdot 40^0\,3'\,53''}$	$119{,}72 \cdot e^{-i \cdot 40^0\,3'\,53''}$	$91{,}622 - i \cdot 77{,}057$
	4.	$3{,}3377 \cdot 10^{-3} + i \cdot 4{,}1823 \cdot 10^{-3}$	$1{,}2530$	$0{,}010158 \cdot e^{i \cdot 38^0\,31'\,12''}$	$98{,}448 \cdot e^{-i \cdot 38^0\,31'\,12''}$	$77{,}025 - i \cdot 61{,}311$
	5.	$2{,}7796 \cdot 10^{-3} + i \cdot 3{,}7589 \cdot 10^{-3}$	$1{,}3523$	$0{,}012432 \cdot e^{i \cdot 36^0\,24'\,45''}$	$80{,}436 \cdot e^{-i \cdot 36^0\,24'\,45''}$	$64{,}732 - i \cdot 47{,}747$
	6.	$2{,}3089 \cdot 10^{-3} + i \cdot 3{,}4420 \cdot 10^{-3}$	$1{,}4907$	$0{,}014932 \cdot e^{i \cdot 33^0\,47'\,33''}$	$66{,}970 \cdot e^{-i \cdot 33^0\,47'\,33''}$	$55{,}656 - i \cdot 37{,}248$
	7.	$1{,}9292 \cdot 10^{-3} + i \cdot 3{,}2060 \cdot 10^{-3}$	$1{,}6618$	$0{,}017464 \cdot e^{i \cdot 30^0\,58'\,39''}$	$57{,}261 \cdot e^{-i \cdot 30^0\,58'\,39''}$	$49{,}094 - i \cdot 29{,}473$
	8.	$1{,}6584 \cdot 10^{-3} + i \cdot 3{,}0527 \cdot 10^{-3}$	$1{,}8407$	$0{,}019443 \cdot e^{i \cdot 28^0\,27'\,28''}$	$51{,}431 \cdot e^{-i \cdot 28^0\,27'\,28''}$	$45{,}217 - i \cdot 24{,}508$
Frei-leitung	$\nu = 40$	$1{,}07940 \cdot 10^{-3} + i \cdot 1{,}3736 \cdot 10^{-3}$	$1{,}2725$	$0{,}0012546 \cdot e^{i \cdot 38^0\,9'\,44''}$	$797{,}08 \cdot e^{-i \cdot 38^0\,9'\,44''}$	$626{,}71 - i \cdot 492{,}50$
	$\nu = 50$	$1{,}17200 \cdot 10^{-3} + i \cdot 1{,}5814 \cdot 10^{-3}$	$1{,}3494$	$0{,}0013918 \cdot e^{i \cdot 36^0\,32'\,25''}$	$718{,}48 \cdot e^{-i \cdot 36^0\,32'\,25''}$	$577{,}26 - i \cdot 427{,}78$

Für die 10 000 V.-Kabel ergeben sich aus diesen Daten die in den Grundgleichungen in Abschnitt VIII vorkommenden und darum für alle weiteren Betrachtungen wichtigen Größen $\mathbf{v} = a + bi$ und $\dfrac{\mathbf{v}}{\mathbf{R}}$; ihre Werte sind für die Periodenzahl $\nu = 50$ in Tab. VII angegeben. Diese Tabelle enthält ferner den später ebenfalls oft benutzten reziproken Wert von $\dfrac{\mathbf{v}}{\mathbf{R}}$, welcher mit $\mathbf{u}$ bezeichnet ist, und die Werte von b/a. Um den Unterschied dieser wichtigen Größen bei Kabel und Freileitung und außerdem den Einfluß der Periodenzahl zu zeigen, sind auch noch die entsprechenden Daten für die Lauffen-Frankfurter Leitung bei Periodenzahlen von $\nu = 50$ und $\nu = 40$ hinzugefügt.

Genau genommen sind für die Untersuchung des Verhaltens von Kabelleitungen außer Widerstand, Selbstinduktion, Kapazität und Ableitung noch andere Größen zu berücksichtigen. Wir sahen schon auf Seite 41, daß bei der fortwährenden Umelektrisierung des Isolationsmaterials ein als dielektrische Hysteresis bezeichneter Arbeitsverlust auftrete, welcher zur Folge hat, daß der Ladestrom jedes Kabelstückchens nicht genau $90^{\,0}$, sondern eine geringere Voreilung gegen die Spannung hat. Bei eisenarmierten Kabeln ist ferner auch mit einem Verluste durch magnetische Hysteresis zu rechnen, da die von jedem Leiter erzeugten, zu seinem Querschnitt konzentrischen Kraftlinien die Eisenarmatur durchströmen und sie fortwährend ummagnetisieren. Befinden sich in der Nähe der Fernleitung andere metallische Massen, so werden darin Wirbelströme induziert, welche auf die Leiter induzierend zurückwirken und darin elektromotorische Kräfte erzeugen, die zu den bisher betrachteten hinzukommen. Neben dieser Induktionswirkung üben alle benachbarten Leiter auf die Fernleitung auch Kapazitätswirkungen aus, welche dadurch entstehen, daß die in den Fernleitungen strömenden elektrischen Massen in den benachbarten Leitern entsprechend wechselnde Massen entgegengesetzten Zeichens influieren. Bei sehr hohen Spannungen strahlen ferner die blanken Freileitungen Elektrizität in der Form von stillen Entladungen in den benachbarten Luftraum aus*).

---

*) Einige Mitteilungen über darauf bezügliche Versuche s. ETZ. 1902, S. 1067, und 1904, S. 387.

Es könnte den Anschein haben, als wenn infolge dieser Neben-wirkungen die von uns aufgestellten Grundgleichungen die Vor-gänge in Fernleitungen nicht mehr mit genügender Schärfe darzu-stellen vermöchten. Wir werden aber sogleich erkennen, daß dies nicht der Fall ist, daß diese Gleichungen vielmehr, wenigstens der Form nach, alle bei elektrischen Fernleitungen überhaupt möglichen Erscheinungen mit umfassen, und daß sie ganz exakt sind, wenn man den Größen w, L, c und g eine allgemeinere Bedeutung gibt als bisher in den von uns auf S. 51 aufgestellten Gleichungen

$$\begin{cases} d\,\mathbf{E}\mathbf{p} = (w + i\omega L)\,\mathbf{I}\,dx, \\ d\,\mathbf{I} = (g + i\,\omega\,c)\,\mathbf{E}\mathbf{p}\,dx. \end{cases}$$

Nach diesen Gleichungen setzt sich der Spannungsabfall in einer Leitung in jedem Stück von der Länge dx zusammen aus einer Komponente $w\,\mathbf{I}\,dx$, welche gleiche Phase hat wie die Strom-stärke, und aus einer andern $i\omega L\,\mathbf{I}\,dx$, welche dieser Stromstärke um 90^0 voraneilt. Ganz entsprechend besteht auch der in dieses als Kondensator betrachtete Stückchen dx eintretende Strom aus zwei Komponenten, von denen die eine $g\,\mathbf{E}\mathbf{p}\,dx$ gleiche Phase hat mit der Spannung und die andere $i\omega c\,\mathbf{E}\mathbf{p}\,dx$ gegen die Spannung um 90^0 voraus ist. Faßt man die Wirkungen von w, L, g und c allgemein als solche Komponenten auf, so lassen sich die oben ge-nannten Nebenerscheinungen alle so fassen, daß ihre Wirkungen in dieselben Komponenten zerlegt werden können, sodaß eine entsprechende Korrektur von w, L, c und g genügt, alle diese Nebenerscheinungen mit einzubegreifen. In der Tat erkennt man sofort, daß jede in der Leitung an irgend einer Stelle hervor-gebrachte neue E. M. K. von beliebiger Phase immer in zwei auf-einander senkrechte Komponenten zerlegt werden kann, von denen die eine in Phase mit der Stromstärke und die andere um 90^0 dagegen verschoben ist, und daß ein beliebiger neuer, in das Dielektrikum fließender Strom stets dargestellt werden kann durch eine Komponente in der Phase der dort herrschenden Spannung und eine Komponente mit einer Verschiebung von $1/4$ Periode gegen diese.

Die oben erwähnten Nebenerscheinungen lassen sich deshalb in folgender Weise berücksichtigen:

Die dielektrische Hysteresis, welche zur Folge hat, daß ein Ladestrom im Dielektrikum entsteht, der nicht mehr eine Phasen-verschiebung von 90^0 gegen die Spannung hat, fügt zu der unter

90^0 fließenden Komponente noch eine unter 0^v gegen die Spannung fließende Komponente hinzu, vergrößert also g. Die magnetische Hysteresis hat zur Folge, daß die im Leiter induzierte E. M. K. der Selbstinduktion nicht mehr ganz wattlos ist, also nicht mehr unter 90^0 gegen den Strom wirkt, sondern eine Wattkomponente bekommt, was durch eine Erhöhung von w zu berücksichtigen ist. Die gegenseitige Induktion mit benachbarten anderen Metallmassen wirkt auf die Leitung so zurück wie die kurzgeschlossene Sekundärwicklung eines Transformators. Man erhält also ein Bild davon, wenn man z. B. feststellt, wie sich der Primärstrom eines Transformators ändert, wenn er zuerst leer läuft und dann plötzlich belastet wird. Nach dem bekannten Kreisdiagramm steigt dieser Strom dabei derartig, daß sowohl die Watt- wie auch die wattlose Komponente zunehmen. Man kann die gegenseitige Induktion also durch eine gleichzeitige Veränderung von w und L berücksichtigen. Die durch die elektrostatische Influenz auf Nachbarleiter auftretende Kondensatorwirkung bedeutet einfach eine Vergrößerung der Kapazität und wird daher dargestellt durch eine Vergrößerung von c. Die stille Entladung schließlich ist nichts als Stromausstrahlung in den umgebenden Raum, proportional und in Phase mit der Spannung, und kann also, wie die in das Dielektrikum übergehende Strömung, durch eine Vergrößerung von g ausgedrückt werden.

Die Korrekturgrößen von w, L, c und g lassen sich durch Rechnung freilich im allgemeinen nicht feststellen. Die Gesamtwerte von w, L, c und g können, wie später gezeigt werden wird, durch sehr einfache Messungen an installierten Freileitungen oder ausgeführten Kabeln von nicht zu geringer Länge bestimmt werden, sodaß durch einen Vergleich dieser Messungsergebnisse mit den durch Rechnung aus den Dimensionen bestimmten Werten der genannten Leitungsdaten ein Urteil über die Korrekturgrößen gewonnen werden kann. Soweit bis heute veröffentlichte Messungen Rechnungen darüber anzustellen gestatten, ist anzunehmen, daß wenigstens bei Freileitungen, welche mit Spannungen bis etwa 20 000 Volt gespeist werden, wesentliche Nebeneinflüsse nicht zu berücksichtigen sind, und daß die in diesem Abschnitte gegebenen Methoden zur Berechnung der Leitungsdaten ausreichen. Diese Messungen bedürfen allerdings noch sehr der Vervollständigung und Vertiefung.

X. Das unendlich lange, am Ende offene Kabel.

Allgemeines.

Nach der Feststellung der Kabeldaten beginnen wir jetzt mit der Anwendung der Grundgleichung und fassen zunächst den Fall des unendlich langen, am Ende offenen Kabels als den theoretisch einfachsten ins Auge.

Wenn man einen kapazitätslosen offenen Leiter mit einem Pole einer Stromquelle verbindet, so nimmt er bekanntlich auf seiner ganzen Länge sogleich das Potential dieses Poles an und ändert sein Potential mit dem des Poles genau gleichzeitig. Ein mit gleichmäßig verteilter Kapazität begabter Leiter zeigt diese Erscheinung aber nicht mehr. Hier erhält nur der Anfang des Leiters sogleich das Potential des Poles, seine anderen Punkte gewinnen es aber erst nach einiger Zeit oder überhaupt nicht, wenn diese Zeit nicht zur Verfügung steht.

Um dies zu erkennen, betrachten wir zunächst ein offenes Kabel, dessen Anfang plötzlich und dauernd mit einem Pole einer Gleichstromquelle verbunden wird. In dem Augenblicke, wo dies geschieht, erhält der Anfangspunkt selbst sofort das Potential P des Poles, das sich unmittelbar an ihn anschließende unendlich kleine Kabelstück aber noch nicht, denn dieses bedarf erst dazu einer seiner Kapazität entsprechenden Ladung. Erst wenn das erste Leiterelement seine Ladung erhalten hat, strömt die Elektrizität weiter in das sich anschließende zweite Element und lädt auch dieses. Der Ladungszustand pflanzt sich also nur allmählich von Leiterelement zu Leiterelement fort, und damit steigt an jeder Stelle erst allmählich, in endlichen Zeiträumen, das Potential von Null auf den Wert P an, um so langsamer natürlich, je weiter der betrachtete

Punkt vom Kabelanfang entfernt liegt und am langsamsten am Kabelende. Erst wenn einige Zeit verstrichen ist, genau genommen erst nach unendlich langer Zeit, haben sämtliche Punkte das Potential P erreicht, die Strömung hört dann auf, und das Kabel verhält sich fortan wie ein kapazitätsloser Leiter.

Wenn der Kabelanfang dagegen mit einer Wechselstromquelle verbunden wird, so muß auch das offene Kabel dauernd von einem Wechselstrom durchflossen werden, da die Wechselspannung eine wechselnde Ladung zur Folge hat, und die Änderung der letzteren nur durch ein Zu- und Abströmen von Elektrizität zu jedem Punkte möglich ist. Durch den Spannungsabfall, welchen dieser Ladestrom mit sich bringt, muß die Spannung mit zunehmender Entfernung vom Kabelanfang geringer werden und damit auch die jedem Kabelteilchen zuzuführende Ladungsmenge und die dazu nötige Stromstärke abnehmen. In diesem Falle sind also sowohl Spannung wie Stromstärke nicht nur von der Zeit, mit der sie sich periodisch verändern, sondern auch vom Abstand x des ins Auge gefaßten Kabelpunktes vom Anfang oder Ende abhängig. Diese Abhängigkeit bei gegebener Anfangsspannung festzustellen, soll die Aufgabe des vorliegenden Abschnitts sein.

Aufstellung der Grundgleichungen.

Für die Lösung dieser Aufgabe ist es notwendig, eine deutliche und einfache Bezeichnungsweise für die Wechselstromgrößen und ihre unabhängigen Variabeln konsequent durchzuführen. Wir geben fortan die Abhängigkeit der Spannung und Stromstärke von der Lage x und der Zeit t wieder durch die Bezeichnungen $Ep_{x,t}$ und $J_{x,t}$ und setzen darin, was für Spezialfälle wichtig ist, die Angabe der Lage stets voran. So soll z. B. bedeuten $Ep_{0,t}$ eine Spannung im Punkte $x = 0$ zur Zeit t und $J_{0,\max}$ den Strom im Punkte $x = 0$ zu der Zeit, wo er seinen Maximalwert hat, $J_{x,\max}$ die Stromstärke an irgend einer Stelle x auch zu der Zeit, wo ihr Maximalwert auftritt u. s. w. Fehlt der Index der Zeit ganz, und ist nur der Index der Lage gegeben, so soll der effektive Wert darunter verstanden werden; so soll z. B. J_x den effektiven Wert der Stromstärke an der Stelle x bezeichnen. Entsprechendes soll auch für die Symbole gelten. Die reduzierten Symbole, bei denen die Zeit t eliminiert und nur noch eine Abhängigkeit von der Lage x vorhanden ist, sind also darzustellen durch $\mathbf{E\,p}_x$ und $\mathbf{I}_x$; andere Indices, wie z. B. bei $\mathbf{E\,p}_0$ und $\mathbf{I}_l$, bedeuten dann Spezialfälle von x.

Auf dieser Grundlage soll die Spannung am Anfang ($x = 0$) des Kabels definiert werden durch den Ausdruck

$$Ep_{0,t} = Ep_{0,\mathrm{max}} \sin \omega t. \tag{1}$$

Um die gesuchte zeitliche und räumliche Verteilung der Spannung und Stromstärke längs des Kabels festzustellen, benutzen wir die allgemeinen Gleichungen III auf S. 56, welche lauten

$$\mathbf{E\,p}_x = \mathbf{c}_1 e^{-\mathbf{v}x} + \mathbf{c}_2 e^{+\mathbf{v}x} \tag{2}$$

und

$$\mathbf{I}_x = \frac{\mathbf{v}}{\mathbf{R}}\,(\mathbf{c}_1 e^{-\mathbf{v}x} - \mathbf{c}_2 e^{+\mathbf{v}x}). \tag{3}$$

Hierin sind jetzt die zunächst noch willkürlichen Konstanten $\mathbf{c}_1$ und $\mathbf{c}_2$ für unseren Spezialfall zu bestimmen. Diese ergeben sich aus folgenden Überlegungen: Am offenen Ende des Kabels muß die Stromstärke $= 0$ sein; denn durch die Endfläche des Kabels können keine elektrischen Massen fließen, ohne das Kabel zu verlassen, was der Bedingung des offenen Kabels widerspräche. Bei außerordentlich hohen Spannungen kommt zwar ein Austritt elektrischer Massen aus der Endfläche als dunkle oder Glimmentladung vor, doch kommen so hohe Spannungen für die Kabeltechnik noch nicht in Betracht.

Für $x = \infty$ ist also

$$\mathbf{I}_x = \frac{\mathbf{v}}{\mathbf{R}}\,(\mathbf{c}_1 e^{-\mathbf{v}x} - \mathbf{c}_2 e^{+\mathbf{v}x}) = \frac{\mathbf{v}}{\mathbf{R}}\,(\mathbf{c}_1 \cdot 0 - \mathbf{c}_2 \infty) = 0$$

oder

$$\mathbf{c}_1 \cdot 0 - \mathbf{c}_2 \infty = 0.$$

Diese Bedingungsgleichung ist nur zu erfüllen, wenn entweder $\mathbf{c}_1 = \pm \infty$ ist, und $\mathbf{c}_2$ gleichzeitig Werte zwischen 0 und $+ \infty$ bezw. zwischen 0 und $- \infty$ hat, oder wenn $\mathbf{c}_2 = 0$ ist, und $\mathbf{c}_1$ Werte zwischen 0 und $+ \infty$ aufweist. Die erste Bedingung dieser Alternative kann aber nicht erfüllt sein, denn sonst wäre für den Kabelanfang ($x = 0$) nach Gl. 2 ebenfalls $\mathbf{E\,p}_x$ gleich $\pm \infty$, was der Voraussetzung über $Ep_{0,t}$ widerspricht; also muß die zweite Bedingung Geltung haben. Aus $\mathbf{c}_2 = 0$ folgt aber

$$\mathbf{E\,p}_x = \mathbf{c}_1 e^{-\mathbf{v}x} \tag{4}$$

und

$$\mathbf{I}_x = \frac{\mathbf{v}}{\mathbf{R}}\,\mathbf{c}_1 e^{-\mathbf{v}x}$$

Da die am Kabelanfang bestehende Spannung zum Ausgang für die Phasenzählung gewählt wird, so ist hierfür $\mathbf{E}\mathbf{p}_0 = Ep_{0,\max}$. Andererseits ist nach Gl. 4 für $x = 0$ $\mathbf{E}\mathbf{p}_0 = \mathbf{c}_1$, woraus sich ergibt:

$$\mathbf{c}_1 = Ep_{0,\max},$$

also
$$\mathbf{E}\mathbf{p}_x = Ep_{0,\max}\, e^{-\mathbf{v}x} \tag{5}$$

und
$$\mathbf{I}_x = \frac{\mathbf{v}}{\mathbf{R}}\, Ep_{0,\max}\, e^{-\mathbf{v}x}. \tag{6}$$

Setzt man nach Gl. 13, S. 53 $\mathbf{v} = a + bi$, so ergibt sich hieraus

$$\mathbf{E}\mathbf{p}_x = Ep_{0,\max}\, e^{-ax} \cdot e^{-ibx} \tag{7}$$

und
$$\mathbf{I}_x = \frac{a + bi}{\mathbf{R}}\, Ep_{0,\max}\, e^{-ax} \cdot e^{-ibx}. \tag{8}$$

Diese Gleichungen geben die Spannungs- und Stromverteilung längs des Kabels in komplexer Form an; sie sind nun zu interpretieren.

Verteilung
von Spannung, Stromstärke und Phasenverschiebung.

Wir beginnen dabei mit der Deutung von $\mathbf{E}\mathbf{p}_x$.

$\mathbf{E}\mathbf{p}_x$ gibt die Spannung in der symbolischen Hauptform $\mathbf{A} = A\,e^{i\alpha}$, wobei A als Faktor der Potenz von e die Amplitude bedeutet, und α, der neben i stehende Exponent von e, die Phasenverschiebung gegen die Ausgangsgröße angibt. Im vorliegenden Falle ist also $A = Ep_{0,\max}\, e^{-ax}$ und $\alpha = -bx$. Ist ωt die Phase der Ausgangsgröße in einem betrachteten Augenblicke, so stellt das reduzierte Symbol $\mathbf{A} = A\,e^{i\alpha}$ allgemein eine Wechselstromgröße

$$A_t = A \sin(\omega t + \alpha)$$

dar. Im vorliegenden Falle ist also

$$Ep_{x,t} = Ep_{0,\max}\, e^{-ax} \sin(\omega t - bx). \tag{9}$$

Man sieht, daß an jedem Punkte x des Kabels die Spannung sich sinusartig mit der Zeit verändert, daß aber die Sinusschwingungen an den einzelnen Punkten Phasenverschiebungen bx gegen die Anfangsspannung haben, die sich also mit der Lage x ändern. Außerdem nimmt die Amplitude $Ep_{0,\max}\, e^{-ax}$ der Sinusschwingungen vom Anfang nach dem Ende hin, d. h. mit wachsendem x, ab. Die letztere Erscheinung bezeichnet man auch als eine Dämpfung der Schwingungen.

In Fig. 23a stellt Kurve I den Faktor $\sin(\omega t - bx)$ als Funktion von bx für den Zeitpunkt $\omega t = \dfrac{\pi}{2}$ dar. Als unabhängige Variable einer Sinusgröße ist bx dabei als Winkel aufgefaßt; bei bekanntem b wäre daraus x in km leicht auszudrücken. Kurve II gibt die

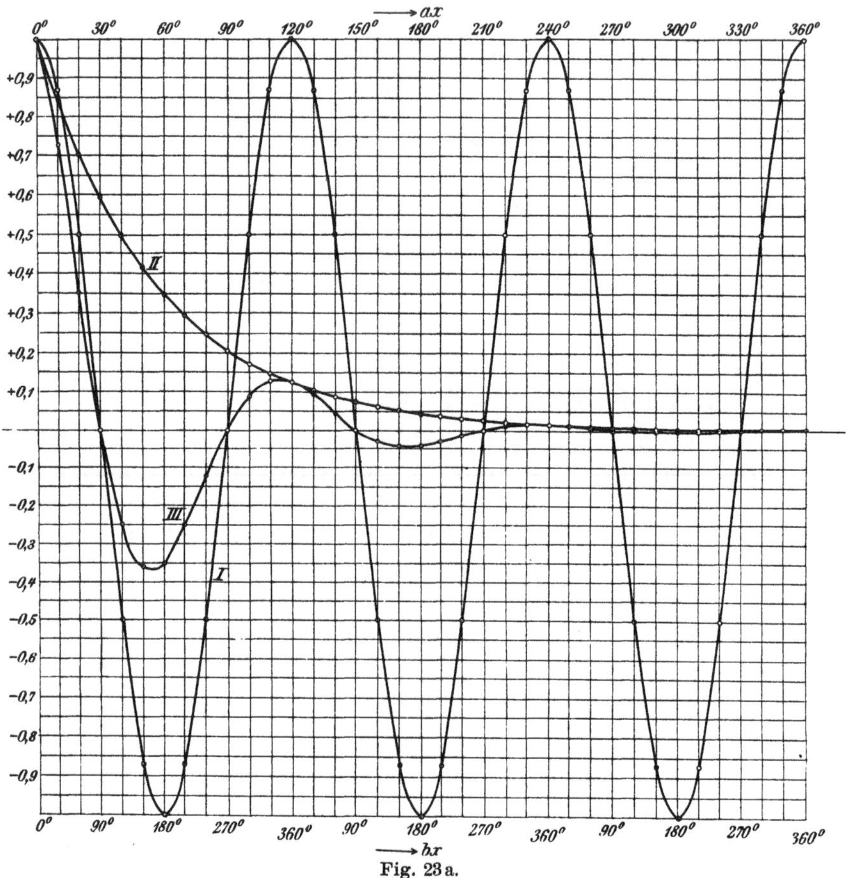

Fig. 23a.

Amplituden $Ep_{0,\,\mathrm{max}}\, e^{-ax}$ bei $Ep_{0,\,\mathrm{max}} = 1$ als Funktion von ax, wobei auch ax als Winkel in Graden ausgedrückt ist. Die Größen b und a sind nach den Gl. 16 und 17, S. 54, in der Regel verschieden; für die Fig. 23a ist das Größenverhältnis $b = 3a$ gewählt worden, so daß dieselbe Abszisse z. B. gleichzeitig $ax = 10^0$ und

$bx = 30^0$ bedeutet; die Werte von bx sind unten, die von ax oben eingetragen. Die Kurve II, der Amplituden, nähert sich, wie wir sehen, asymptotisch dem am Kabelende erreichten Wert 0.

Die Multiplikation der Ordinaten von Kurve I und II ergibt Kurve III, welche also die wahre Verteilung der Spannung im Zeitpunkte $\omega t = \dfrac{\pi}{2}$ darstellt. Kurve III als die Produktkurve aus einer Sinuskurve und einer schnell abfallenden Exponentialkurve, hat die Gestalt einer Wellenlinie mit schnell abfallenden Amplituden. Die Tatsache, daß diese Kurve positive und negative Ordinaten besitzt, hat die interessante Bedeutung, daß in einem Kabel gleichzeitig positive und negative Spannungen an verschiedenen Punkten vorkommen können. Die Phasenverschiebung zwischen den Spannungen zweier Kabelpunkte ist gegeben durch den Winkelabstand der entsprechenden Abszissenpunkte der dazu gehörigen Sinuskurve (I). Den Abstand zweier Punkte, an denen die Spannung gleiche Phase hat, kann man wegen der Wellenform der Kurve III des Spannungsverlaufs bezeichnen als eine Wellenlänge: wir wählen dafür den Buchstaben λ. Wenn x um λ fortschreitet, muß sich also bx in Gl. 9 um 2π verändern. Man hat daher für λ die Bedingung

$$b \cdot \lambda = 2\pi$$

$$\lambda = \frac{2\pi}{b}.$$

Für die Reihe von 10 000-V.-Kabeln, deren Dimensionen und Daten in den Tabellen IV bis VI angegeben sind, hat z. B. λ bei $\nu = 50$ Perioden die Werte:

Kabel Nr. 1 2 3 4 5 6 7 8
λ in km 992 1177 1349 1502 1672 1826 1960 2058,
und für die Lauffen-Frankfurter Freileitung ist $\lambda = 3973$ km. Alle diese Werte überschreiten die bei modernen Kraftübertragungen vorkommenden Kabellängen erheblich.

Mit der wellenförmigen Fortpflanzung der elektrischen Schwingungen im leeren Raume hat der betrachtete Vorgang der Wellenbildung nichts gemein, denn die Fortpflanzungsgeschwindigkeit, welche sich für die Wellen im vorliegenden Falle ergäbe, wäre bei der sekundlichen Periodenzahl ν des Wechselstromes sekundlich

$$v = \lambda \cdot \nu = \frac{2\pi}{b} \cdot \nu,$$

läge also bei den oben erwähnten Kabeln bei $\nu = 50$ P. p. S. etwa
zwischen $50\,000$ und $100\,000$ km, während sie bei der Freileitung
etwa $200\,000$ km betrüge. ν ist demnach weder konstant, noch
fällt es mit der Fortpflanzungsgeschwindigkeit der elektrischen
Wellen im Äther von $3\cdot10^{10}$ cm pro Sekunde zusammen. Die
Analogie mit elektrischen Wellen ist nur als eine rein äußerliche,

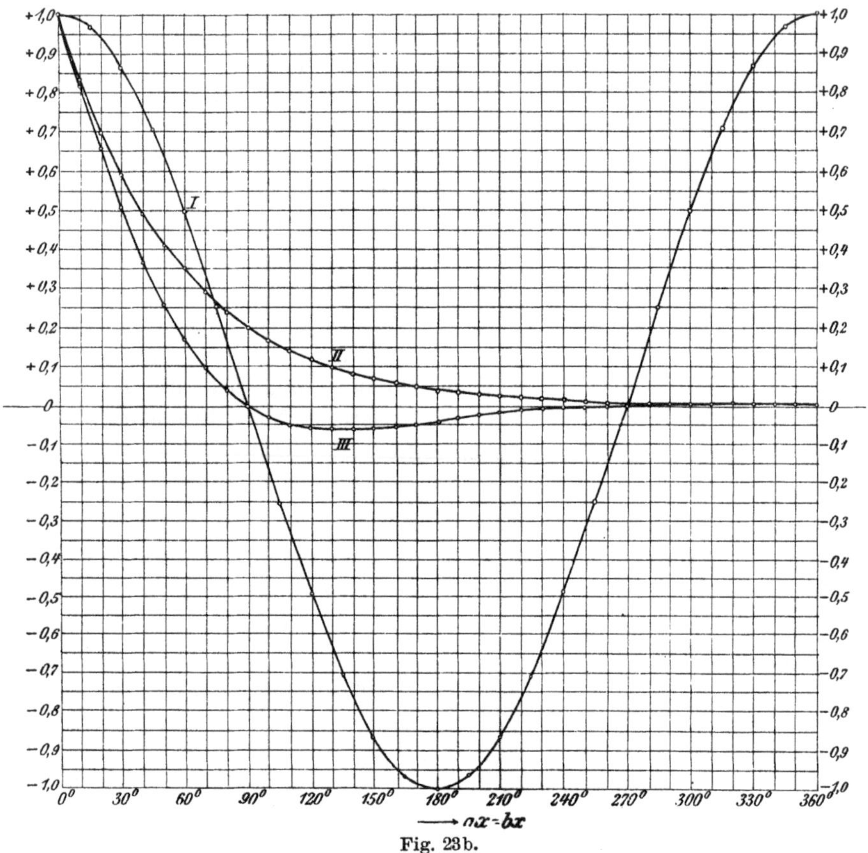

Fig. 23 b.

durch die Form der Kurve III gegebene, aufzufassen. Dieselbe
Form, die diese Kurve in dem dargestellten Augenblicke und zu
anderen Zeiten aufweist, würde auch eine sehr lange Schnur annehmen, wenn man sie an einem Ende befestigte, und mit dem
anderen auf- und niederschlüge. Ist nicht $b = 3\,a$, sondern $b = a$,

so gilt Fig. 23 b. Auch hier hat die Kurve der Spannungsverteilung natürlich Wellenform, wenn auch der Wellencharakter nicht so deutlich hervortritt wie in Fig. 23 a.

Zur Diskussion des Verlaufes der Stromstärke in unserem Kabel muß der durch Gl. 8 gegebene Wert ebenfalls erst auf die Form $\mathbf{A} = A e^{i\alpha}$ gebracht werden, indem der Ausdruck für $\mathbf{I}_x$ so umgewandelt wird, daß i nur im Exponenten von e vorkommt. Wir machen zu diesem Zwecke vorläufig die vereinfachende Annahme, daß die Selbstinduktion L vernachlässigbar, und daß auch der Isolationsstrom sehr gering, also $g = 0$ sei: dann wird nach Gl. 16 u. 17, S. 54, und Gl. 5, S. 51,

$$a = b = \sqrt{\frac{\varkappa \cdot w}{2}} \quad \text{und} \quad \mathbf{R} = w, \tag{10}$$

also

$$\mathbf{I}_x = \frac{a}{w} E p_{0,\,\text{max}}\, e^{-ax} (1 + i)\, e^{-iax}. \tag{11}$$

Da a, w und $E p_{0,\,\text{max}}$ reell sind, so ist also nur $(1 + i)\, e^{-iax}$ auf die Form $e^{i\alpha}$ zu bringen.

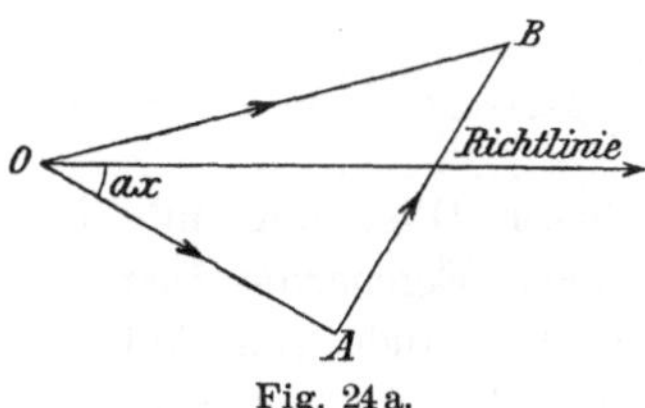

Fig. 24 a.

Wir bedenken zu diesem Zwecke, daß e^{-iax} einen Vektor von der Länge 1 bedeutet, welcher um ax gegen die Richtlinie nach rechts gedreht zu zeichnen ist ($\overline{OA}$ in Fig. 24 a). Nach Satz 4, auf Seite 29, bedeutet dann $i e^{-iax}$ einen gleich großen, aber um 90^0 nach links gedrehten Vektor. Dieser ist in Fig. 24 a durch $\overline{AB}$ dargestellt. Die Resultierende oder Summe aus beiden Vektoren ist also $\overline{OB}$. Diese Strecke hat als Hypotenuse des rechtwinkligen Dreiecks OAB einen Wert, der $\sqrt{2}$ mal so groß ist, wie jeder von beiden Vektoren und schließt, da $\sphericalangle\, AOB = 45^0$ ist, einen Winkel von $[45^0 - ax]$ mit der Richtlinie ein. Der resultierende Vektor ist also darzustellen durch den Ausdruck

$$\sqrt{2}\, e^{i\,(45^0 - ax)},$$

und es wird daher

$$\mathbf{I}_x = \frac{a\sqrt{2}}{w}\, Ep_{0,\,\text{max}}\, e^{-ax}\, e^{i\,(45^0 - ax)},$$

oder, wenn man für a den durch Gl. 10 gegebenen Wert einsetzt,

$$\mathbf{I}_x = \sqrt{\frac{\varkappa}{w}}\, Ep_{0,\,\text{max}}\, e^{-ax}\, e^{i\,(45^0 - ax)}. \tag{12}$$

Vergleicht man diesen Ausdruck mit dem allgemeinen Ausdruck

$$\mathbf{A} = A\, e^{i\alpha}, \tag{13}$$

so sieht man, daß im vorliegenden Falle

$$A = \sqrt{\frac{\varkappa}{w}} \cdot Ep_{0,\,\text{max}}\, e^{-ax}$$

und

$$\alpha = (45^0 - ax)$$

ist. Daher ergibt sich in Analogie mit

$$A_t = A \sin(\omega t + \alpha) \tag{14}$$

für $J_{x,\,t}$ die Gleichung

$$J_{x,\,t} = \sqrt{\frac{\varkappa}{w}}\, Ep_{0,\,\text{max}}\, e^{-ax} \sin(\omega t + 45^0 - ax). \tag{15}$$

Ein Vergleich dieser Gleichung mit Gl. 9 zeigt, daß die Stromverteilung dieselben Eigenarten hat wie die Spannungsverteilung: abnehmende Amplitude vom Anfang nach dem Ende hin und Phasenverschiebung der Ströme an den einzelnen Punkten gegeneinander. Spannung und Strom stehen an allen Kabelpunkten in dem konstanten Amplitudenverhältnis $\sqrt{\dfrac{\varkappa}{w}}$; ihre Phase ist aber nicht die gleiche, der Strom hat vielmehr in dem jetzt betrachteten Falle $a = b$ in jedem Punkte des Kabels eine konstante Voreilung von 45^0 gegen die Spannung. Fig. 23b, für welche die hier gemachte Annahme $b = a$ zutrifft, stellt daher außer der Verteilung der Spannung auch die Verteilung der Stromstärke dar, wenn man annimmt, daß, für die Darstellung der Stromstärke, Kurve I für einen Augenblick gezeichnet ist, wo $\omega t + 45^0 = 90^0$, also $\omega t = 45^0$ ist, während bei der Spannung der Zeitpunkt $\omega t = 90^0$, also eine Achtelperiode später, gewählt war. Hiernach gibt also Kurve III als Produkt von Kurve I und Kurve II (e^{-ax}) die Verteilung der

Stromamplituden zu einem Zeitpunkte wieder, welcher um eine Achtelperiode früher liegt als derjenige, in welchem dieselbe Kurve die Verteilung der Spannungsamplituden darstellt. Nach Kurve III kann auch der Strom in demselben Leiter eines Kabels an verschiedenen Stellen gleichzeitig verschiedenes Vorzeichen haben, was hier noch auffälliger und interessanter ist als bei der Spannung, da es einen gleichzeitig bestehenden verschiedenen Strömungssinn der Elektrizität in den verschiedenen Stücken desselben Leiters bedeutet. Da sich der Strom in der Rückleitung genau so verteilt wie in der Hinleitung, nur mit dem Unterschiede, daß er für jede Stelle x entgegengesetzte Richtung hat, so stellt ein Spiegelbild der Fig. 23 b in bezug auf die x-Achse die Verteilung des Stromes in der Rückleitung dar, wenn die Figur selbst den Strom in der Hinleitung angibt.

Wäre die Annahme, daß $L = 0$ und $g = o$ ist, bei der Betrachtung von $\mathbf{I}_x$ nicht gemacht worden, so behielte $\mathbf{I}_x$ die durch Gl. 8 gegebene Form bei. Der komplexe Ausdruck $\dfrac{a + bi}{\mathbf{R}}$, worin nach Gl. 5, S. 51, auch $\mathbf{R} = w + i\omega L = w + is$ komplex ist, wäre dabei auf die Form $p + iq$ zu bringen. Setzt man für den vorliegenden Spezialfall in der allgemeinen Formel $p = m$ und $q = n$, also

$$\frac{\mathbf{v}}{\mathbf{R}} = \frac{a + bi}{\mathbf{R}} = m + ni, \qquad (16)$$

so erhält man unter Benutzung von Satz 3 c auf S. 26

$$m = \frac{aw + bs}{w^2 + s^2} \qquad n = \frac{bw - as}{w^2 + s^2}. \qquad (17)$$

Die Gleichung für den Strom könnte also auch in der Form geschrieben werden

$$\mathbf{I}_x = (m + ni)\, Ep_{0,\,\mathrm{max}}\, e^{-ax} e^{-ibx},$$

und es wäre nun das Produkt $(m + ni)e^{-ibx}$ zu einer komplexen Größe von der Form $e^{-i\alpha}$ zu vereinigen. Zu diesem Zweck ist wieder zu bedenken, daß me^{-ibx} einen unter dem Winkel bx nach rechts gegen die Richtlinie gedrehten Vektor m bedeutet (Fig. 24 b) und nie^{-ibx} nach Satz 4, S. 29, einen darauf senkrecht stehenden nach links gedrehten Vektor von der Länge n. Der resultierende Vektor hat also nach Fig. 24 b die Länge $\sqrt{m^2 + n^2}$ und ist gegen die Richtlinie nach rechts gedreht um $bx - \mathrm{arctg}\left(\dfrac{n}{m}\right)$. $\mathbf{I}_x$ ist also schließlich gegeben durch den Ausdruck

$$\mathbf{I}_x = \sqrt{m^2 + n^2}\, Ep_{0,\,\mathrm{max}}\, e^{-ax}\, e^{-i\left(bx - \mathbf{arctg}\frac{n}{m}\right)}. \tag{18a}$$

Vergleicht man diesen Ausdruck mit dem allgemeinen Ausdruck $\mathbf{A} = A e^{i\alpha}$, so findet man,

$$\alpha = \left(\mathrm{arctg}\,\frac{n}{m} - bx\right) \quad \text{und} \quad A = \sqrt{m^2 + n^2}\, Ep_{0,\,\mathrm{max}}\, e^{-ax}.$$

Setzt man dies in die reelle Form $A_t = A_{\mathrm{max}} \sin(\omega t + \alpha)$ von $\mathbf{A}$ ein, so erhält man für den Strom die reelle Form

$$J_{x,\,t} = \sqrt{m^2 + n^2}\, Ep_{0,\,\mathrm{max}}\, e^{-ax} \sin\left(\omega t + \mathrm{arctg}\,\frac{n}{m} - bx\right). \tag{18b}$$

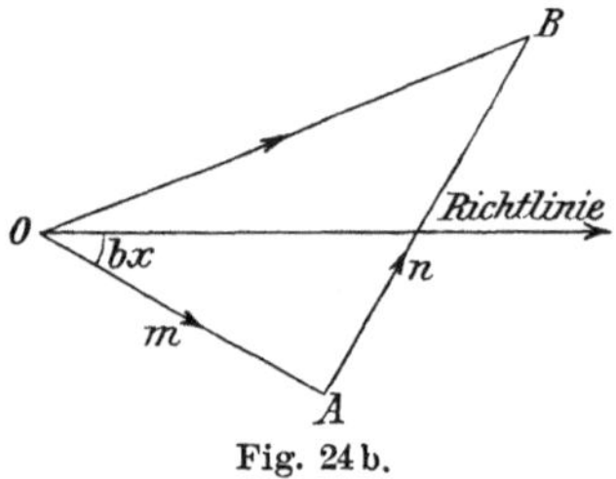

Fig. 24 b.

Die Stromaufnahme am Kabelanfang ($x = 0$) ist also

$$J_{0,\,t} = \sqrt{m^2 + n^2}\, Ep_{0,\,\mathrm{max}} \sin\left(\omega t + \mathrm{arctg}\,\frac{n}{m}\right),$$

und die Beziehung der effektiven Werte J_0 und Ep_0 ist gegeben durch die Gleichung

$$J_0 = \sqrt{m^2 + n^2}\, Ep_0. \tag{18c}$$

Vergleicht man Gl. 18b mit Gl. 9 für $Ep_{x,\,t}$, so sieht man, daß auch in dem vorliegenden Falle einer durch beliebige Werte von w, c, L und g gegebenen Beschaffenheit des Kabels an jeder Stelle desselben die Stromstärke eine konstante Voreilung gegenüber der Spannung hat, und daß Strom und Spannung an allen Kabelpunkten in einem konstanten Verhältnis stehen. Die Voreilung beträgt aber nicht mehr 45^0 wie bei $L = 0$ und $g = 0$, sondern $\operatorname{arctg} \dfrac{n}{m}$, wofür von jetzt an der Kürze wegen der Buchstabe β eingeführt werden soll, und das genannte Verhältnis ist $\sqrt{m^2 + n^2}$. Das obige Ergebnis ist bemerkenswert, denn für ein endliches offenes Kabel sind, wie später gezeigt werden wird, die Phasenverschiebung sowohl wie das Amplitudenverhältnis für alle Punkte des Kabels verschieden. Im vorliegenden Falle ergeben sich aus den Werten von m und n nach Gl. 17 für Amplitudenverhältnis und Phasenverschiebung die Werte

$$\sqrt{m^2 + n^2} = \sqrt[4]{\frac{g^2 + \varkappa^2}{w^2 + s^2}} \quad \text{und} \tag{19}$$

$$\operatorname{tg}\beta = \frac{n}{m} = \frac{\varkappa\sqrt{w^2 + s^2} - s\sqrt{g^2 + \varkappa^2}}{g\sqrt{w^2 + s^2} + w\sqrt{g^2 + \varkappa^2}}, \tag{20}$$

wobei ein positiver Wert von β eine Voreilung der Stromstärke gegenüber der Spannung bedeutet. Aus der letzten Gleichung folgt

$$\operatorname{tg}\beta \gtreqless 0, \quad \text{je nach dem} \quad \varkappa w \gtreqless gs$$

ist. Der Strom kann also voraus oder zurück sein gegenüber der Spannung je nach dem Verhältnis, in dem die elektrischen Daten des Kabels zu einander stehen. Bei gut isolierten Leitungen, bei denen $g = 0$ gesetzt werden kann, ist der Strom in der Phase voraus, wie auch Widerstand, Kapazität und Selbstinduktion beschaffen seien. Man erhält bei $g = 0$

$$\sqrt{m^2 + n^2} = \sqrt[4]{\frac{\varkappa^2}{w^2 + s^2}}$$

und

$$\operatorname{tg}\beta = \frac{n}{m} = \sqrt{1 + \frac{s^2}{w^2}} - \frac{s}{w}.$$

Aus der letzteren Gleichung kann durch eine trigonometrische Zwischenrechnung entnommen werden, daß β immer kleiner ist als 45^0, und zwar um den halben Betrag des Winkels, dessen tangens $\dfrac{s}{w}$ ist. Nach den letzten beiden Gleichungen vermindert also die Selbstinduktion bei gegebener Spannung den Strom und auch die Voreilung des Stromes gegenüber der Spannung. Die Größe der Kapazität, wenn sie nicht Null ist, hat bei sehr gut isolierten

Leitungen auf die Phasenverschiebung merkwürdiger Weise keinen Einfluß; nur s und w sind entscheidend.

Zur Sicherung des Verständnisses folgen hier noch einige Zahlenbeispiele.

Wir wählen dazu zunächst das schon im Kap. VII, S. 43, betrachtete Kabel mit $w = 0{,}455$ Ohm und $c = 0{,}17$ M. F., aber $g = L = 0$. Für dieses Kabel ist, wenn es mit einem Wechselstrome von $\nu = 50$ P. p. S. gespeist wird, $\varkappa = 2\,\pi\nu c = 2\,\pi\,50 \cdot 0{,}17 \cdot 10^{-6}$ $= 53{,}4 \cdot 10^{-6}$ und $\sqrt{\dfrac{\varkappa}{w}} = 0{,}01082$. Führt man seinem Anfange eine Spannung $Ep_0 = 1000$ Volt zu, so ist der dort in das Kabel einfließende Strom nach Gl. 15

$$J_0 = \sqrt{\frac{\varkappa}{w}}\, Ep_0 = 10{,}82 \text{ Amp.}$$

und hat, wie wir wissen, eine Voreilung von 45^0 gegen die Spannung.

Bei einer Spannung von 5000 Volt flösse schon ein Strom von $5 \cdot 10{,}82 = 54{,}10$ Amp. in das offene Kabel. Für dieses Kabel ist ferner nach Gl. 10

$$a = b = \sqrt{\frac{w\varkappa}{2}} = 0{,}0034857$$

und die Wellenlänge

$$\lambda = \frac{2\,\pi}{b} = 1800 \text{ km}.$$

Je 5 km, d. i. der Abstand zweier Kondensatoren in dem früher betrachteten künstlichen Kabel (Fig. 13—16) betragen also den $5 : 1800$ Teil einer Welle oder

$$\frac{360^0 \cdot 5}{1800} = 1^0.$$

Hat das soeben besprochene Kabel noch einen Selbstinduktionskoeffizienten $L = 4{,}076 \cdot 10^{-4}$ Henry, so ergibt sich bei $\nu = 50$ P. p. S.

$$\sqrt{m^2 + n^2} = 0{,}010629$$

und

$$\beta = 37^0\ 8'.$$

Für je 1000 Volt Anfangsspannung entsteht daher nach Gl. 18c ein Strom von
$$J_0 = 10{,}63 \text{ Amp.}$$
mit einer Voreilung von $\beta = 37^0\ 8'$ gegen die Spannung. Stromstärke und Stromvoreilung sind also geringer als bei dem selbstinduktionslosen Kabel, die Voreilung wird aber durch die Selbstinduktion mehr herabgedrückt als die Stromstärke. Für das vorliegende Kabel ist ferner

$$a = 0{,}0030336 \quad \text{und} \quad b = 0{,}0040052\,,$$

demnach
$$\frac{b}{a} = 1{,}3203$$

Der Mittelwert von a und b ist $0{,}0035194$, also fast gerade so groß wie der Wert $a = b = 0{,}0034857$ beim induktionslosen Kabel.

Für die Frankfurt-Lauffener Fernleitung, für welche bei 15^0 C $w = 1{,}353$ Ohm und $c = 0{,}00872$ MF.*) war, würde sich bei unendlicher Länge ergeben, wenn man zunächst die Selbstinduktion vernachlässigt, pro 1000 Volt Anfangsspannung eine Stromstärke

$$J_0 = 1{,}2727 \text{ Amp.}$$

mit einer Voreilung von 45^0. Bei dem vorhanden gewesenen Selbstinduktionskoeffizienten $L = 0{,}00131$ Henry dagegen ergäbe sich unter gleichen Verhältnissen

$$J_0 = 1{,}2545 \text{ Amp.}$$

und dafür eine Voreilung von $\beta = 38^0\ 10'$. Auch hier drückt also die Selbstinduktion die Stromstärke nur wenig herab, deren Phasenvoreilung dagegen weit mehr. Für die Werte von a und b ergibt sich ohne Selbstinduktion $a = b = 0{,}0012176$ und mit Selbstinduktion $a = 0{,}0010794$ und $b = 0{,}0013736$, also $\frac{b}{a} = 1{,}273$. Im letzten Falle ist der Mittelwert von b und a $0{,}0012265$, also wieder fast gerade so groß wie im Falle $a = b$.

Es folgt hier noch eine Zusammenstellung der Werte $\sqrt{m^2 + n^2}$, d. h. nach Gl. 18c der Stromaufnahme pro Volt, und der Werte von β für die in Tabelle IV bis VII betrachteten 10 000 V.-Kabel von gleichem Typus und verschiedenen (in der Reihenfolge der Tabelle steigenden) Kupferquerschnitten bei $\nu = 50$ und für die Lauffen-Frankfurter Freileitung bei $\nu = 40$ und $\nu = 50$.

---

*) Die hier und im Folgenden, insbesondere auch für die Berechnung aller Tabellen benutzten Daten der Frankfurt-Lauffener Freileitung sind entnommen aus einem Aufsatze von Breisig ETZ, 1899, S. 418.

Tabelle VIII.

Die Werte $\sqrt{m^2 + n^2}$ und β für die 10 000 V.-Kabel
und die Lauffen-Frankfurter Fernleitung.

Nr.	$\sqrt{m^2 + n^2}$	β
1	$4{,}7418 \cdot 10^{-3}$	42^0 $33'$ $19''$
2	$6{,}3009 \cdot 10^{-3}$	41^0 $25'$ $27''$
3	$8{,}3530 \cdot 10^{-3}$	40^0 $3'$ $53''$
4	$10{,}1580 \cdot 10^{-3}$	38^0 $31'$ $12''$
5	$12{,}4320 \cdot 10^{-3}$	36^0 $24'$ $45''$
6	$14{,}9330 \cdot 10^{-3}$	33^0 $47'$ $33''$
7	$17{,}4640 \cdot 10^{-3}$	30^0 $58'$ $39''$
8	$19{,}4430 \cdot 10^{-3}$	28^0 $27'$ $28''$
$\nu = 40$	$1{,}2546 \cdot 10^{-3}$	38^0 $9'$ $44''$
$\nu = 50$	$1{,}3918 \cdot 10^{-3}$	36^0 $32'$ $25''$

Graphische Darstellung durch logarithmische Spiralen.

Das Verhalten von Spannung und Strom im offenen Kabel,
wie es durch die Gleichungen 7 u. 18a

$$\mathbf{E}\mathfrak{p}_x = E p_{0,\,\mathrm{max}}\, e^{-ax}\, e^{-ibx} \tag{21}$$

und

$$\mathbf{I}_x = \sqrt{m^2 + n^2}\, E p_{0,\,\mathrm{max}}\, e^{-ax}\, e^{-i(bx - \beta)} \tag{22}$$

charakterisiert ist, läßt sich noch auf einfachere und übersichtlichere
Weise graphisch darstellen als durch die Fig. 23. Wir erkennen dies
sogleich durch folgende Betrachtung.

Der Ausdruck $\mathbf{E}\mathfrak{p}_x = E p_{0,\,\mathrm{max}}\, e^{-ax}\, e^{-ibx}$ stellt einen Vektor
von der Länge $E p_{0,\,\mathrm{max}}\, e^{-ax}$ dar, welcher um den Winkel bx gegen
die Richtlinie nach rechts gedreht ist. Seine Größe sowohl wie
seine Lage hängen also von der Größe x ab. Zeichnet man eine
ganze Reihe solcher Vektoren für die verschiedensten Werte von x,
so müssen deren Endpunkte auf einer Kurve liegen, deren
Leitstrahlen durch ihre Größe und Lage die Spannungsverteilung

im ganzen Kabel angeben. Die Form dieser Kurve soll nun bestimmt werden.

Setzt man den Neigungswinkel eines Vektors gegen die Richtlinie $-bx = -\alpha$, so ist

$$x = \frac{\alpha}{b} \tag{23}$$

und

$$e^{-ax} = e^{-\frac{a}{b}\alpha}.$$

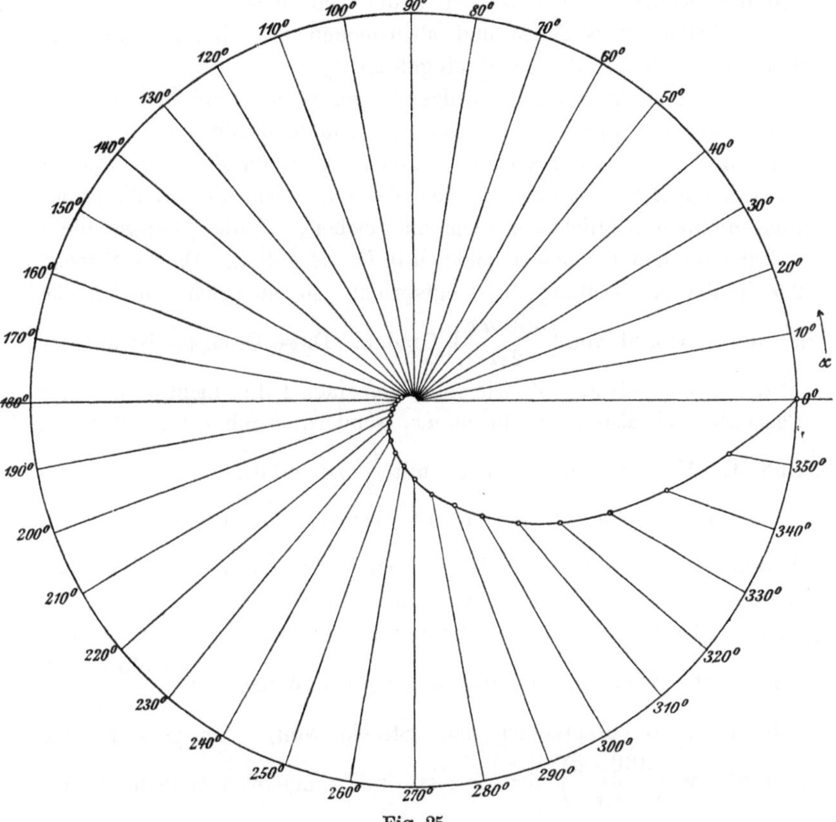

Fig. 25.

Bezeichnet man die Länge der Vektoren kurz mit r, so daß $r = Ep_{0,\max} e^{-ax}$ wird, so ist schließlich

$$r = Ep_{0,\max} e^{-\frac{a}{b}\alpha}. \tag{24}$$

Dies ist die Polargleichung einer logarithmischen Spirale, deren Leitstrahl r und deren Anomalie α ist. In Fig. 25 ist eine solche Spirale von der Gleichung

$$r = e^{-\alpha}$$

also unter der Voraussetzung, daß $a = b$ ist, gezeichnet. Um die Winkel der Leitstrahlen aller durch Kreise angedeuteten Punkte klar hervortreten zu lassen, sind die Leitstrahlen bis zu einem geteilten Kreise geführt, innerhalb der Spirale selbst aber, wo ihre Länge leicht zu schätzen und abzustechen ist, sind sie zur Verdeutlichung des Bildes nicht eingetragen.

Zur Erleichterung der Aufzeichnung solcher Spiralen, die bei den weiteren Besprechungen vielfach benutzt werden sollen, ist in Fig. 26 eine Kurve gezeichnet, welche e^{-ax} als Funktion von ax im orthogonalen Koordinatensystem darstellt. Um die Entnahme der Phasenwinkel möglichst bequem zu machen, ist die Abszisse nicht in Zahleneinheiten, sondern sogleich in Grade geteilt. Da die Strecke 2π in der Kreisteilung 360^0 entspricht, so entspricht die Strecke ax einer Anzahl von $\left(\dfrac{360\,ax}{2\,\pi}\right)$ Graden. Diese Gradzahl ist auf der Abszisse angegeben. Ist, wie im allgemeinen Falle, nicht $a = b$, der Phasenwinkel also nicht durch ax, sondern durch bx gegeben, so sind die Abszissenstrecken noch mit $\dfrac{b}{a}$ zu multiplizieren, weshalb in der Figur bemerkt ist, daß 1^0 Abszisse $\left(\dfrac{b}{a}\right)^0$ Phasenwinkel bedeutet. Wenn es darauf ankommt, auch den Abstand der einzelnen Kabelpunkte in km vom Anfangspunkte der Zählung anzugeben, so ist zu bedenken, daß in dem Produkt ax der Faktor x diesen Abstand bezeichnet. Wenn also die Strecke ax einem Winkel von $\left(\dfrac{360 \cdot ax}{2\,\pi}\right)^0$ entspricht, so entsprechen einer Strecke von 1 km ($x = 1$) eine Anzahl von $\left(\dfrac{360 \cdot a}{2\,\pi}\right)^0$ der Abszisse, und umgekehrt bedeutet 1^0 Abszisse $\left(\dfrac{2\,\pi}{360 \cdot a}\right)$ km Abstand vom Anfang der Zählung von x. Auch dies ist in der Figur angegeben.

Um den Gebrauch dieser Kurve möglichst klar zu machen, folge hier noch ein Zahlenbeispiel. Es soll für ein Kabel von $b = 0{,}004$,

Kurve e^{-ax}
1
0,9
0,8
0,7
0,6
0,5
0,4
0,3
0,2
0,1
0
$0°$
$20°$
$40°$
$60°$
$80°$
$90°$
$100°$
$120°$
$140°$
$160°$
$180°$
$200°$
$220°$
$240°$
$260°$
$270°$
$280°$
$300°$
$320°$
$340°$
$360°$
ax
$1°Abscisse = \frac{2\pi}{360a}$ km Abstand vom Kabelanfang
$1°Abscisse = \left(\frac{b}{a}\right)°$ Phasenwinkel

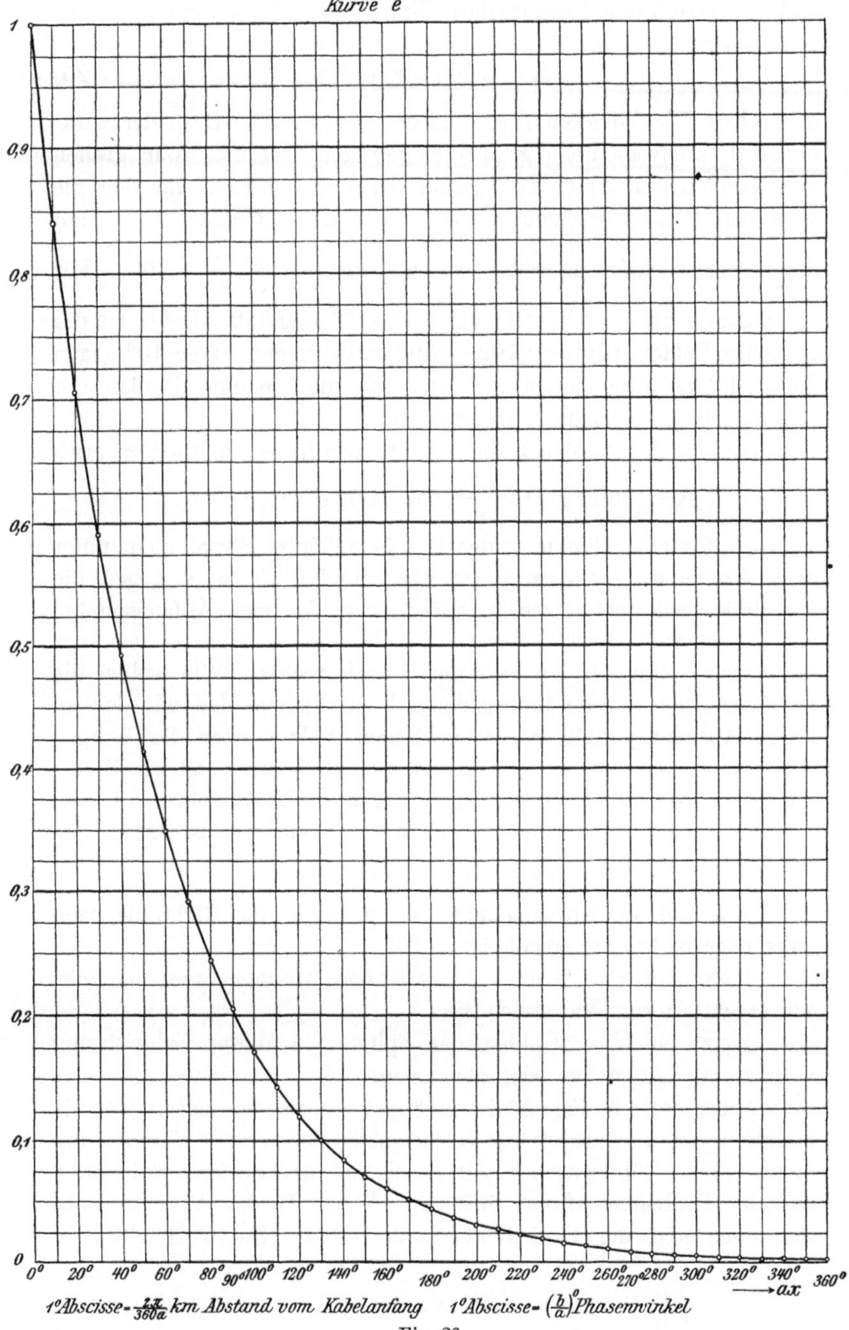

Fig. 26.

und $a = 0{,}003$ eine logarithmische Spirale gezeichnet werden, welche
dem Gesetz

$$\mathbf{A} = 1000\, e^{-ax}\, e^{-ibx} \tag{25}$$

gehorcht. Die Vektoren sollen dabei von 10 zu 10 Grad der wirklichen Phasenverschiebung (bx) eingetragen werden. Wir greifen
willkürlich als Beispiel d e n Punkt der Kurve heraus, für den die
wirkliche Phasenverschiebung $bx = 40^0$ ist. Hierfür ist die auf
der Abszisse aufzusuchende Gradzahl $ax = 40^0 \cdot \dfrac{a}{b} = 30^0$. Für
die Abszisse $ax = 30^0$ ergibt Fig. 26: $e^{-ax} = 0{,}592$. Daher ist der
gesuchte Vektor $1000 \cdot 0{,}592 = 592$, aufzutragen unter 40^0 gegen
die Richtlinie nach unten geneigt. Für alle anderen Punkte der
Spirale ist entsprechend zu verfahren.

Lautete der Ausdruck für $\mathbf{A}$ nicht wie in Gl. 25 sondern etwa

$$\mathbf{A} = 1000\, e^{-ax}\, e^{-ibx-i\gamma} = 1000\, e^{-ax}\, e^{-i(bx+\gamma)},$$

so wäre der zum Punkte x des Kabels gehörige Strahl nicht unter
dem Winkel bx, sondern unter dem Winkel $(bx + \gamma)$ gegen die
Richtlinie nach rechts geneigt aufzutragen, der zum Anfangspunkte
$x = 0$ gehörige Strahl erhielte den Winkel $-\gamma$ statt 0^0, kurz
die ganze Spirale drehte sich um γ nach rechts. Wir wollen die
Drehung einer Spirale immer dadurch markieren, daß wir den zu
ihrem Ausgangspunkte $x = 0$ gehörigen Vektor über die übrigen
Vektoren hinaus ein wenig verlängern. Diese Linie soll zur Unterscheidung von der Richtlinie als Ausgangslinie bezeichnet werden.

Ganz allgemein bedeutet schließlich in einem Ausdruck

$$\mathbf{A} = A\, e^{\pm ax}\, e^{i(\pm bx \pm \gamma)}$$

$\pm \gamma$, daß die Ausgangslinie um γ gegen die Richtlinie nach
links oder rechts zu neigen ist,

$\pm bx$, daß die Winkel bx von der Ausgangslinie aus links
oder rechts herum zu zählen sind,

$\pm ax$, daß die Strahlen der Spirale, in dieser Zählrichtung
verfolgt, an Länge zu- oder abnehmen.

Außer e^{-ax} in Fig. 26 ist in Fig. 27 noch eine Kurve e^{+ax} als
Funktion von ax dargestellt, welche später neben e^{-ax} Verwendung
finden wird. Für Kurve I gilt dabei der Abszissenmaßstab unten
und der Ordinatenmaßstab links, für Kurve II der Abszissenmaßstab oben und der Ordinatenmaßstab rechts. Kurve II gibt also

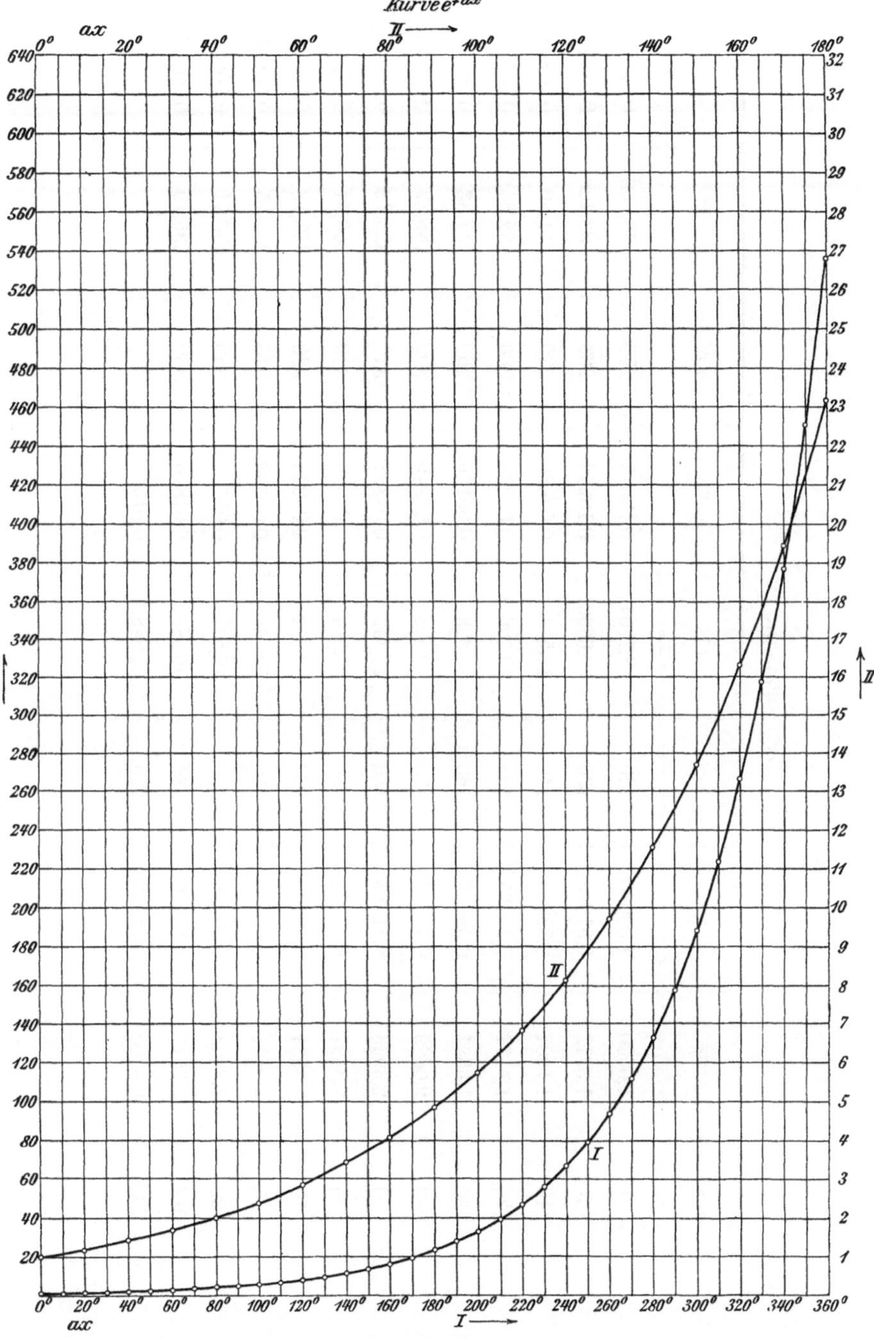

Fig. 27.

Tabelle IX.

ax^0	e^{+ax}	e^{-ax}	ax^0	e^{+ax}	e^{-ax}	ax^0	e^{+ax}	e^{-ax}
0	1,0000	1,00000	120	8,1204	0,12315	250	78,506	0,01274
5	1,0912	0,91643	130	9,6690	0,10342	260	93,498	0,01070
10	1,1907	0,83985	140	11,513	0,08686	270	111,30	0,00898
20	1,4177	0,70535	150	13,706	0,07295	280	132,54	0,00755
30	1,6881	0,59239	160	16,323	0,06126	290	157,83	0,00634
40	2,0099	0,49752	170	19,436	0,05145	300	188,32	0,00532
50	2,3933	0,41784	180	23,142	0,04321	310	223,72	0,00447
60	2,8497	0,35092	190	27,556	0,03629	320	266,44	0,00375
70	3,3931	0,29472	200	32,802	0,03049	330	317,18	0,00315
80	4,0401	0,24752	210	39,068	0,02560	340	377,75	0,00265
90	4,8103	0,20788	220	46,505	0,02150	350	450,71	0,00222
100	5,7277	0,17459	230	55,386	0,01806	360	535,49	0,00187
110	6,8200	0,14663	240	65,948	0,01516			

die Anfangswerte der Kurve I in zwanzigfachem Maßstab wieder. Außerdem gibt die Tabelle IX die Zahlenwerte, welche der Aufzeichnung der Kurven in Fig. 26 u. 27 zugrunde liegen.

Fig. 26 und 27 können zu allgemeinen Studien an langen Leitungen, auch bei höheren Periodenzahlen, benutzt werden. Für praktische Rechnungen kommen nur kleine Werte von ax in Frage. Bei einer Periodenzahl von $\nu = 50$ war z. B. bei der Lauffen-Frankfurter Freileitung nach Tabelle VII $a = 1{,}172 \cdot 10^{-3}$; bei einer solchen Freileitung wäre also pro 100 km Länge $ax = 0{,}1172 = 6{,}72^0$; bei den 10000-V.-Kabeln derselben Tabelle liegt dagegen a zwischen $1{,}6584 \cdot 10^{-3}$ und $5{,}8349 \cdot 10^{-3}$, so daß pro 100 km Kabellänge bei den verschiedenen Querschnitten ax zwischen der Grenze liegt: $ax = 9{,}65^0$ und $ax = 33{,}4^0$.

XI. Das endliche, am Ende offene Kabel.

Allgemeine Gleichungen.

Wir betrachten jetzt den praktischen Fall eines Kabels von endlicher Länge l, welches mit seinem Anfange an eine Wechselstrommaschine mit der Spannung

$$Ep_{0,\,t} = Ep_{0,\,\max} \sin \omega t \quad \text{oder} \quad \mathbf{E\,p}_0 = Ep_{0,\,\max}$$

angeschlossen ist. Hierfür gelten nach Seite 56 die allgemeinen Gleichungen (III)

$$\mathbf{E\,p}_x = \mathbf{c}_1\, e^{-\mathbf{v}x} + \mathbf{c}_2\, e^{+\mathbf{v}x} \tag{1}$$

$$\mathbf{I}_x = \frac{\mathbf{v}}{\mathbf{R}}\left(\mathbf{c}_1\, e^{-\mathbf{v}x} - \mathbf{c}_2\, e^{+\mathbf{v}x}\right), \tag{2}$$

wobei x wiederum vom Kabelanfang an gezählt wird. Dabei ergeben sich $\mathbf{c}_1$ und $\mathbf{c}_2$ aus den Bedingungen $\mathbf{E\,p}_x = Ep_{0,\,\max}$ für $x = 0$, und $\mathbf{I}_x = 0$ für $x = l$, da aus den früher angegebenen Gründen am offenen Kabelende die Stromstärke 0 sein muß. Man erhält also

$$Ep_{0,\,\max} = \mathbf{c}_1 + \mathbf{c}_2$$

und

$$0 = \frac{\mathbf{v}}{\mathbf{R}}\left(\mathbf{c}_1\, e^{-\mathbf{v}l} - \mathbf{c}_2\, e^{+\mathbf{v}l}\right),$$

woraus sich ergeben,

$$\mathbf{c}_1 = \frac{Ep_{0,\,\max}}{1 + e^{-2\mathbf{v}l}} \quad \text{und} \quad \mathbf{c}_2 = \frac{Ep_{0,\,\max}}{1 + e^{+2\mathbf{v}l}}.$$

Da hierin $\mathbf{v} = a + bi$, $\mathbf{v}$ also eine komplexe Größe ist, so sind $\mathbf{c}_1$ und $\mathbf{c}_2$ selbst komplexe Größen.

Einfachere Werte von $\mathbf{c}_1$ und $\mathbf{c}_2$ erhält man, wenn man x vom Ende des Kabels aus zählt.

Dann ist nach Seite 55, Gl. I

$$\mathbf{E}\,\mathbf{p}_x = \mathbf{c}_1\,e^{+\mathbf{v}x} + \mathbf{c}_2\,e^{-\mathbf{v}x}$$

$$\mathbf{I}_x = \frac{\mathbf{v}}{\mathbf{R}}\left(\mathbf{c}_1\,e^{+\mathbf{v}x} - \mathbf{c}_2\,e^{-\mathbf{v}x}\right).$$

Wir nehmen jetzt an, das Kabel müsse an seinem Ende, d. h. bei $x = 0$ die Spannung

$$Ep_{0,\,t} = Ep_{0,\,\mathbf{max}}\sin\omega t \quad\text{oder}\quad \mathbf{E}\,\mathbf{p}_0 = Ep_{0,\,\mathbf{max}}$$

für irgend eine später zu erwartende Stromentnahme zur Verfügung halten. Bei dieser Festlegung und da für $x = 0$ jetzt $\mathbf{I}_x = 0$ ist, erhalten wir für $\mathbf{c}_1$ und $\mathbf{c}_2$ die Bedingungen

$$Ep_{0,\,\mathbf{max}} = \mathbf{c}_1 + \mathbf{c}_2$$

und

$$0 = \frac{\mathbf{v}}{\mathbf{R}}\left(\mathbf{c}_1 - \mathbf{c}_2\right),$$

woraus folgt

$$c_1 = c_2 = \frac{Ep_{0,\,\mathbf{max}}}{2}.$$

Die Gleichungen für die Spannungs- und Stromverteilungen sind also

$$\mathbf{E}\,\mathbf{p}_x = \frac{Ep_{0,\,\mathbf{max}}}{2}\left(e^{+\mathbf{v}x} + e^{-\mathbf{v}x}\right) \tag{4}$$

$$\mathbf{I}_x = \frac{\mathbf{v}}{\mathbf{R}}\frac{Ep_{0,\,\mathbf{max}}}{2}\left(e^{+\mathbf{v}x} - e^{-\mathbf{v}x}\right). \tag{5}$$

Wie in Gl. 16, S. 93, setzen wir hierin

$$\frac{\mathbf{v}}{\mathbf{R}} = m + ni,$$

oder in der Hauptform

$$\frac{\mathbf{v}}{\mathbf{R}} = \sqrt{m^2 + n^2}\,e^{i\,\mathrm{arctg}\,\frac{n}{m}},$$

oder indem wir, wie früher, $\dfrac{n}{m} = \mathrm{tg}\,\beta$ einführen

$$\frac{\mathbf{v}}{\mathbf{R}} = \sqrt{m^2 + n^2}\,e^{i\beta}.$$

$\mathbf{I}_x$ nimmt also schließlich die Form an

$$\mathbf{I}_x = \frac{Ep_{0,\,\max}}{2}\sqrt{m^2 + n^2}\, e^{i\beta}\left(e^{+\mathbf{v}x} - e^{-\mathbf{v}x}\right). \tag{6}$$

Auch eine andere Form erweist sich für spätere Anwendungen als zweckmäßig. Setzen wir

$$\frac{\mathbf{R}}{\mathbf{v}} = \frac{\mathbf{R}}{\sqrt{\mathbf{R}\mathbf{K}}} = \sqrt{\frac{\mathbf{R}}{\mathbf{K}}} = \mathbf{u}, \tag{7}$$

so erhalten wir

$$\mathbf{I}_x = \frac{1}{\mathbf{u}}\,\frac{Ep_{0,\,\max}}{2}\left(e^{+\mathbf{v}x} - e^{-\mathbf{v}x}\right),$$

wobei

$$\mathbf{u} = \frac{1}{\sqrt{m^2 + n^2}}\, e^{-i\,\mathrm{arctg}\,\frac{n}{m}} = \frac{1}{\sqrt{m^2 + n^2}}\, e^{-i\beta} \tag{8}$$

ist.

$\mathbf{E}\,\mathbf{p}_x$ und $\mathbf{I}_x$ bestehen demnach mathematisch aus 2 Summanden, von denen jeder eine durch das Kabel laufende Welle darstellt. Der Ausdruck $\dfrac{Ep_{0,\,\max}}{2}\,e^{-\mathbf{v}x}$ stimmt bis auf den Faktor $\frac{1}{2}$ überein mit Gl. 5, S. 87, er bedeutet also eine in der Zählrichtung von x, d. h. vom Kabelende nach dem Kabelanfang laufende Sinusschwingung, mit abnehmenden Amplituden und immer zunehmender Phasenverzögerung, wie wir sie auch in dem unendlich langen, am Ende offenen Kabel fanden. Der Ausdruck

$$\frac{Ep_{0,\,\max}}{2}\,e^{+\mathbf{v}x} = \frac{Ep_{0,\,\max}}{2}\,e^{+ax}\,e^{+ibx},$$

oder in der reellen Form

$$\frac{Ep_{0,\,\max}}{2}\,e^{+ax}\sin\left(\omega t + bx\right)$$

bedeutet eine Welle, die in der Zählrichtung von x gesehen steigende Amplituden $\dfrac{Ep_{0,\,\max}}{2}\,e^{+ax}$ und zunehmende Phasenvoreilung gegen $Ep_{0,\,t}$ aufweist. Betrachtet man diese Wellenbewegung umgekehrt, in der Richtung vom Kabelanfang nach dem Kabelende, ersetzt man also x durch $(-x)$, so nehmen die Amplituden genau in derselben Weise ab und die Phasenverzögerungen in genau derselben Weise zu, wie bei der soeben betrachteten vom Kabelende ausgehenden Welle.

Die nach dem Ende hinlaufende sowohl wie die von dort zurücklaufende Welle haben am Kabelende die Amplitude $\dfrac{Ep_{0,\,max}}{2}$.

Die zurücklaufende Welle kann offenbar, da sie mit derselben Intensität und Phase beginnt, wie die hinlaufende am Kabelende aufhört, als die reflektierte Welle der ersteren betrachtet werden. Von dem Wechselstromgenerator aus strömt demnach eine Spannungswelle in das Kabel ein, wird am Ende reflektiert und fließt, immer stärker gedämpft, nach dem Kabelanfang zurück. Die resultierende Spannung an jedem Kabelpunkte entsteht durch die Interferenz beider Wellen und bildet die Summe aus den beiden Einzelspannungen.

In Gl. 5 für $\mathbf{I}_x$ stimmt der Ausdruck $\dfrac{\mathbf{v}}{\mathbf{R}}\dfrac{Ep_{0,\,max}}{2}e^{-\mathbf{v}x}$ bis auf den Faktor $\frac{1}{2}$ überein mit Gl. 6, S. 87. Er bedeutet also eine in der Zählrichtung von x, d. h. vom Kabelende nach dem Kabelanfang hinlaufende gedämpfte Welle mit konstanter Phasenverschiebung gegen die dazugehörige Spannungswelle. Der andere Summand $\dfrac{\mathbf{v}}{\mathbf{R}}\dfrac{Ep_{0,\,max}}{2}e^{+\mathbf{v}x}$ stellt aus demselben Grunde wie der erste Summand in der Spannungsgleichung (4) eine vom Kabelanfang nach dem Kabelende zulaufende gedämpfte Stromwelle dar. Auch der Strom besteht also aus einer vom Generator in das Kabel einlaufenden, und einer vom Kabelende reflektierten Welle.

Die Tatsache, daß sich die beiden Stromwellen bei der Interferenz subtrahieren (Gl. 5), während sich die Spannungswellen addieren (Gl. 4), bedarf noch einer besonderen Erklärung. Die Subtraktion der Stromwellen ist selbstverständlich, da man sich den elektrischen Strom als einfachen Massenstrom zu denken hat. Die Addition der Spannungswellen aber hat folgenden Grund: Die Spannung oder Potentialdifferenz zwischen zwei Punkten bedeutet die Energie, welche eine elektrische Masseneinheit während des Strömens von einem Punkte zum anderen in Arbeit umsetzt; ihre Summe für beide Wellen bildet die Gesamtspannung. Betrachtet man den Zusammenhang zwischen Spannung und Strom, so erkennt man, daß in deren verschiedenem Verhalten kein Widerspruch liegt. Die Arbeitsleistung der elektrischen Massen bei der Fortbewegung durch jedes Leiterteilchen geschieht auf Kosten des als Spannung bezeichneten Energiequantums; die Kraft, welche die elektrischen Massen in Bewegung setzt und in ihrer eigenen Richtung treibt, wirkt dabei immer in der Richtung der abnehmenden Energie. Wenn also die elektrischen Massen bei der einfließenden und reflektierten Stromwelle im entgegengesetzten Sinne fließen, so bedeutet dies, daß die Richtung der Energieabnahme, nicht aber das Vorzeichen der Energie selbst, in beiden Fällen entgegengesetzt ist. Die Energieabnahmen sind von verschiedenem Sinne, während die Energien selbst gleichsinnig sind. Von dem Energiestrom kann freilich keine so unmittelbare Vorstellung gewonnen werden, wie von dem als Massenstrom zu denkenden eigentlichen elektrischen Strome.

Darstellung durch logarithmische Spiralen.

Die beiden Sinusschwingungen, aus denen sich $\mathbf{E}\mathbf{p}_x$ und $\mathbf{I}_x$ zusammensetzen, lassen sich, da sie beide mit der Periodenzahl des Wechselstromgenerators, also unter sich gleicher Periodenzahl, vor sich gehen, für alle Kabelpunkte zu je einer auch sinusartigen Gesamtschwingung vereinigen. Demnach verändern sich sowohl Spannung wie Stromstärke an allen Punkten sinusartig, aber mit verschiedenen Amplituden und Phasen. Unsere Aufgabe ist es jetzt, die Verteilung der Amplituden und Phasen der Gesamtschwingungen längs des Kabels festzustellen. Wir betrachten zu diesem Zwecke zunächst wieder den einfachen Fall, bei dem $g = 0$ und $L = 0$ ist, also nur Kapazität und Widerstand vorhanden sind. Da in diesem Falle $a = b$, also $\mathbf{v} = a\,(1 + i)$ und $\mathbf{R} = w$ ist, so nehmen die Gl. 4 u. 5 für Spannung und Strom die Form an

$$\mathbf{E}\mathbf{p}_x = \frac{Ep_{0,\,\mathrm{max}}}{2}\,e^{+ax}\,e^{+iax} + \frac{Ep_{0,\,\mathrm{max}}}{2}\,e^{-ax}\,e^{-iax} \qquad (9)$$

und

$$\mathbf{I}_x = \frac{a}{w}\,\frac{Ep_{0,\,\mathrm{max}}}{2}\,e^{+ax}\,(1 + i)\,e^{+iax} - \frac{a}{w}\,\frac{Ep_{0,\,\mathrm{max}}}{2}\,e^{-ax}\,(1 + i)\,e^{-iax}.$$

Man erhält die Amplituden und Phasen von $\mathbf{E}\mathbf{p}_x$ und $\mathbf{I}_x$ am einfachsten, indem man die beiden Summanden, aus denen jeder dieser beiden Ausdrücke besteht, einzeln als logarithmische Spiralen zeichnet. Zu diesem Zwecke müssen noch die Größen $(1 + i)\,e^{+iax}$ und $(1 + i)\,e^{-iax}$ in $\mathbf{I}_x$ zu je einem Ausdrucke nach dem Schema $e^{\pm i\alpha}$ vereinigt werden. Wenn man den Ausdruck e^{-iax}, welcher einen Vektor von der Länge 1 und einer Rechtsneigung von $(ax)^0$ gegen die Richtlinie darstellt, mit $(1 + i)$ multipliziert, so ergibt sich nach den Erörterungen auf S. 91 ein Vektor von der Länge $\sqrt{2}$ mit einer Voreilung von 45^0 gegen den alten Vektor. Die früher gegebene Begründung dieser Tatsache läßt sich wörtlich auf die Multiplikation des Ausdruckes e^{iax} mit $(1+i)$ übertragen, und man erhält daher, wenn man bedenkt, daß früher $\dfrac{a\sqrt{2}}{w} = \sqrt{\dfrac{\varkappa}{w}}$ gesetzt wurde,

$$\mathbf{I}_x = \sqrt{\frac{\varkappa}{w}}\,\frac{Ep_{0,\max}}{2}\,e^{+ax}e^{+iax+i45^0} - \sqrt{\frac{\varkappa}{w}}\,\frac{Ep_{0,\max}}{2}\,e^{-ax}e^{-iax+i45^0}. \quad (10)$$

Nach der auf S. 102 im Anschluß an die schematische Formel für $\mathbf{A}$ gegebenen Übersicht bedeutet nun:

$$e^{+ax}e^{+iax}$$

eine Spirale, deren Ausgangslinie mit der Richtlinie zusammenfällt, und deren Vektoren nach links zu drehen sind und dabei zunehmen;

$$e^{-ax}e^{-iax}$$

eine Spirale, deren Ausgangslinie mit der Richtlinie zusammenfällt, und deren Vektoren nach rechts zu drehen sind und dabei abnehmen;

$$e^{+ax}e^{+iax+i45^0}$$

eine Spirale, deren Ausgangslinie gegen die Richtlinie um 45^0 nach links gedreht ist, und deren Vektoren nach links zu drehen sind und dabei zunehmen;

$$e^{-ax}e^{-iax+i45^0}$$

eine Spirale, deren Ausgangslinie gegen die Richtlinie um 45^0 nach links gedreht ist, und deren Vektoren nach rechts zu drehen sind und dabei abnehmen.

Diese Spiralen sind in Fig. 28a u. 29a (Tafel IV u. V.) dargestellt. Die Winkel in Fig. 28 u. 29 geben ax in Graden wieder; die dazugehörigen Werte von e^{+ax} und e^{-ax} sind der Tabelle IX entnommen.

Für den Strom liegt nun nach Gl. 10 die Aufgabe vor, für absolut gleiche Werte von $(+ax)$ und $(-ax)$ die Differenz der dazugehörigen Vektoren zu bilden, und für die Spannung ist nach Gl. 9 die entsprechende Summe festzustellen. Wir erhalten die Differenz nach Fig. 8a, indem wir die Endpunkte der zu subtrahierenden Vektoren miteinander verbinden und der Verbindungslinie die Pfeilrichtung des Subtrahendus (Kurve e^{-ax}) geben. In Fig. 28a ist Kurve I die erste, Kurve II die zweite der beiden Spiralen in Gl. 10. Die vom Mittelpunkte des Kreises ausgehenden Vektoren sind aber nicht gezeichnet; ihre Enden, die Spiralpunkte, sind vielmehr direkt miteinander verbunden. Die auf diese Weise erhaltenen Geraden geben durch ihre Größe und ihren Neigungswinkel gegen die Richtlinie die Größe der Stromvektoren bis auf den Faktor $\sqrt{\dfrac{\varkappa}{w}}\,\dfrac{Ep_{0,\max}}{2}$ und ihre Phasenverschiebung gegen die Endspannung für alle Punkte ax an. Die Bildung der Vektorensumme wird im vorliegenden Falle am besten ausgeführt nach Fig. 8b mit folgender Abänderung: Der Vektor B wird um sich selbst über den Anfangspunkt des Koordinatensystems verlängert; verbindet man dann den neuen Endpunkt mit dem Endpunkt von A, so ergibt die Verbindungslinie ebenfalls den Vektor C nach Lage und Größe. Diese Art der graphischen Addition vereinigt die Vorzüge beider Figuren 8a u. 8b: Die Figur besteht nur aus drei Geraden A, B und C, und die zu addierenden Vektoren A und B gehen von demselben Punkte, dem Anfangspunkte des Koordinatensystems aus. In Fig. 29a ist diese Art der Darstellung benutzt. I ist die erste Spirale der Gl. 9, II die zweite Spirale, und II' ist aus II durch Verlängerung der Leitstrahlen von II um sich selbst über den Anfangspunkt des Koordinatensystems hinaus gewonnen, und möge als Gegenkurve von II bezeichnet werden. Durch Verbindung der Punkte von I und II', welche gleichen Werten von ax angehören, erhalten wir, bis auf den Faktor $\dfrac{Ep_{0,\max}}{2}$, die zu diesen Kabelpunkten gehörigen Spannungen nach Größe und Phase. Die Faktoren $\dfrac{Ep_{0,\max}}{2}$ für die Spannung und $\sqrt{\dfrac{\varkappa}{w}}\cdot\dfrac{Ep_{0,\max}}{2}$ für den Strom sind nicht in die Kurven hineingezogen worden, damit diese allgemein gültig sind und unter Einsetzung der entsprechenden Zahlenwerte von $Ep_{0,\max}$, $\varkappa$ und w für die Ausrechnung eines jeden Spezialfalles benutzt werden können. Der einfacheren Ausdrucksweise wegen wollen wir die gewonnenen Vektoren im folgenden kurz als die reduzierten Spannungs- und Stromvektoren bezeichnen, indem wir sie auf den Fall reduziert denken, wo jene Faktoren den Wert 1 haben.

Um die Ergebnisse noch übersichtlicher zu gestalten, sind in Fig. 28b und 29b die reduzierten Strom- und Spannungsvektoren parallel ihren in Fig. 28a und 29a gefundenen Lagen noch einmal je von einem gemeinsamen Ausgangspunkte gezeichnet, und die nach Fig. 28a und 29a dazugehörigen Winkel (ax) sind jedem

Vektor zugefügt. Da die Neigungswinkel der Vektoren gegen die Richtlinie die Phasenverschiebung gegen die als Ausgangsgröße benutzte Endspannung bedeuten, so geben also die Fig. 28b und 29b ein übersichtliches Bild der Phase und Größe von Spannung und Stromstärke in jedem Kabelpunkte.

Um klar zu zeigen, welcher Veränderung von Spannung und und Strom man bei gleichmäßiger Wanderung über das Kabel hinweg begegnen würde, sind in Fig. 30a die reduzierten Vektoren von Spannung (Kurve I) und Strom (Kurve II) und in Fig. 30b die Phasenverschiebungen von $Ep_{x,t}$ (Kurve I) und $J_{x,t}$ (Kurve II) gegen die Endspannung $Ep_{0,t}$ noch einmal in orthogonalen Koordinaten aufgetragen. In Fig. 30b ist außerdem noch die Differenzkurve (Kurve III) der Phasenverschiebungen von $Ep_{x,t}$ und $J_{x,t}$ also die Kurve der Phasenverschiebung zwischen Spannung und Stromstärke in jedem Kabelpunkt hinzugefügt.*)

Alle diese Kurven gelten allgemein für jedes Kabel mit beliebigem Widerstand und beliebiger Kapazität. Sie werden für jeden besonderen Fall durch den der Fig. 26 beigefügten Zusatz spezialisiert, daß jeder Abszissenpunkt einen Kabelpunkt bedeutet, der pro Grad der Abszisse $\dfrac{2\,\pi}{360 \cdot a}$ Kilometer gleich $\dfrac{0{,}017453}{a}$ Kilometer vom Kabelende entfernt ist. Die Kurven der Phasenverschiebungen in Fig. 30b gelten dann unabhängig von den absoluten Werten der Spannung und Stromstärke unmittelbar. Spannung und Stromstärke selbst an irgend einem Kabelpunkte erhält man aus dem effektiven Werte der Endspannung Ep_0, indem man die Ordinaten der Kurven in Fig. 30a mit $\dfrac{Ep_0}{2}$ (Kurve I) oder $\sqrt{\dfrac{\varkappa}{w}}\,\dfrac{Ep_0}{2}$ (Kurve II) multipliziert.

Für das auf S. 96 besprochene Kabel, bei welchem $a = 0{,}0034857$ und $\sqrt{\dfrac{\varkappa}{w}} = 0{,}01082$ war, würde also in Fig. 30a jeder Grad Abszisse je 5,0 km bedeuten, und bei einer Endspannung von $Ep_0 = 1000$ Volt wären also die Ordinaten der Kurve I mit 500, die der Kurve II mit $0{,}01082 \cdot 500 = 5{,}41$ zu multiplizieren.

---

*) Da die indirekte Konstruktion durch die Spiralen naturgemäß kleine Fehler mit sich bringt, so sind die Kurven in Fig. 30a und 30b direkt durch besondere Formeln berechnet, die auf S. 117 zusammengestellt und auf der darauffolgenden Seite erörtert sind.

Denkt man sich das Kabel an irgend einem Punkte x abge-
schnitten und diesen Punkt als Anfangspunkt an den Generator

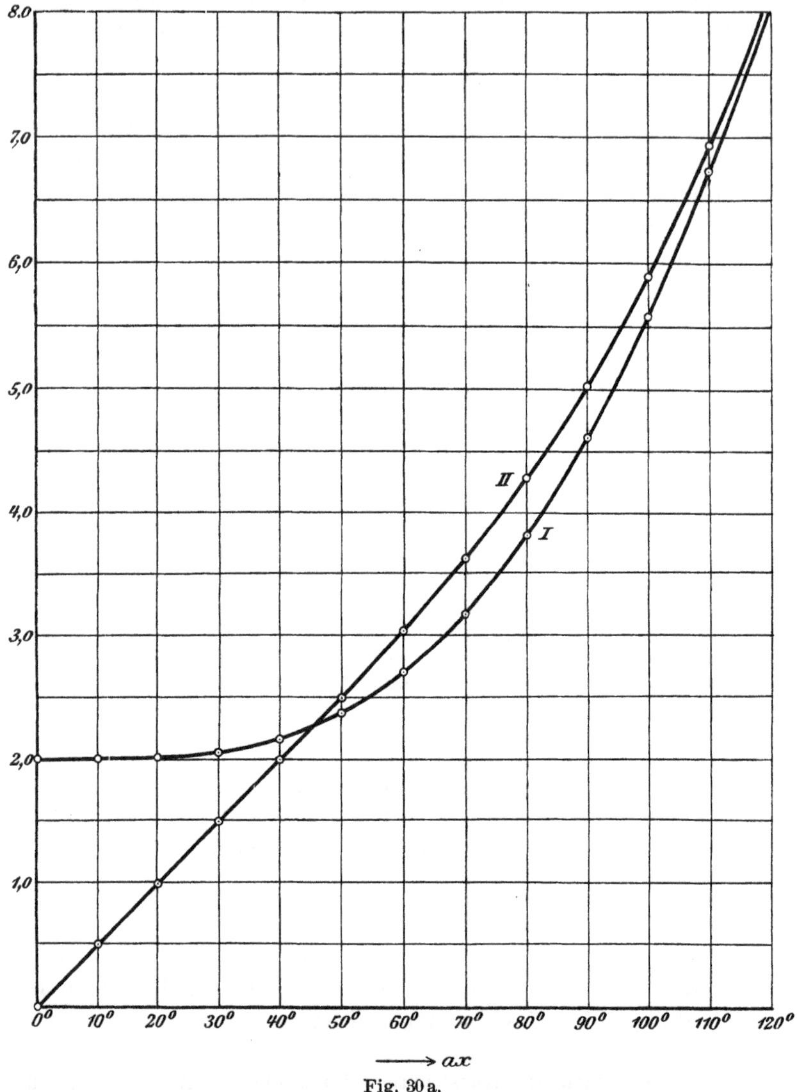

$$\longrightarrow ax$$

Fig. 30a.

angeschlossen, so bedeutet x die ganze Länge l des Kabels. Die
Kurven in Fig. 30 gestatten dann also die Spannungs- und Strom-

verteilung über das ganze Kabel hinweg zu verfolgen, und die
Ordinaten für irgend eine Abszisse $ax = al$ geben den elektrischen
Zustand am Kabelanfang und damit die Beanspruchungsweise des
Generators an.

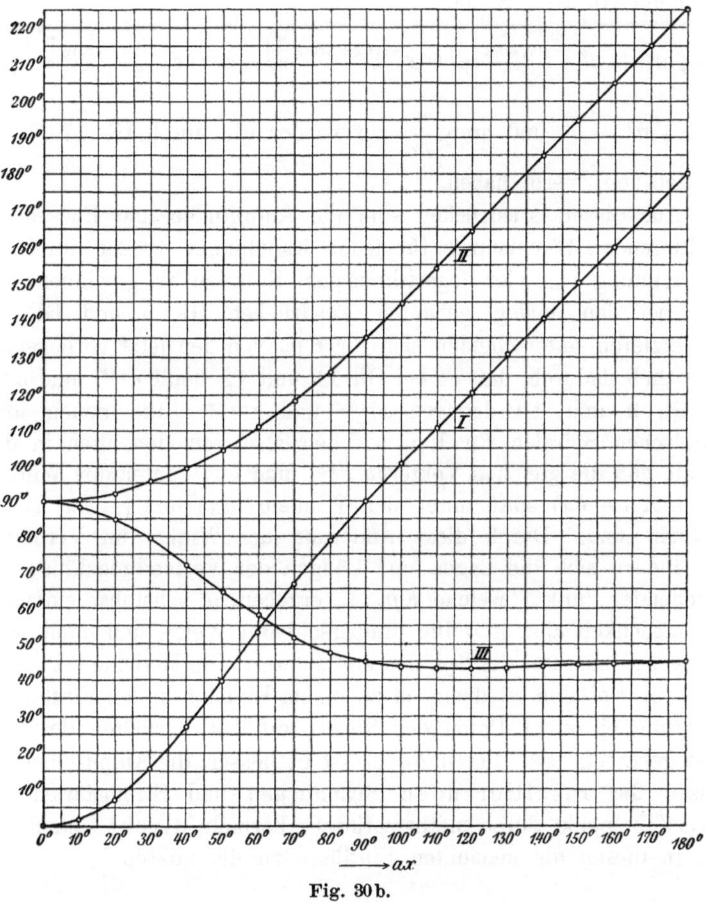

Fig. 30b.

Wenn die Voraussetzung, daß keine Selbstinduktion und kein
Isolationsstrom verhanden sei, fallen gelassen wird, so ist in den
Gleichungen für $\mathbf{Ep}_x$ und $\mathbf{I}_x$ wieder $\mathbf{v} = a + bi$ zu setzen, wobei a
und b die in Gl. 16 und 17, S. 54, angegebenen Werte haben. Man
erhält dann

$$\mathbf{E}\mathbf{p}_x = \frac{Ep_{0,\,\mathrm{max}}}{2}\left(e^{+ax}\,e^{+ibx} + e^{-ax}\,e^{-ibx}\right) \qquad (11)$$

und, wenn man in Gl. 5 $\dfrac{a+bi}{\mathbf{R}}$ auf die Form $m+ni$ bringt, entsprechend Gl. 18a, S. 94,

$$\mathbf{I}_x = \sqrt{m^2+n^2}\,\frac{Ep_{0,\,\mathrm{max}}}{2}\left[e^{+ax}\,e^{+i\left(bx+\mathrm{arctg}\frac{n}{m}\right)} - e^{-ax}\,e^{-i\left(bx-\mathrm{arctg}\frac{n}{m}\right)}\right] (12)$$

worin $\sqrt{m^2+n^2}$ und $\mathrm{arctg}\dfrac{n}{m} = \beta$ wieder die durch Gl. 17, S. 93, angegebenen Werte haben.

Aus diesen Ausdrücken sind die Amplituden und Phasen der resultierenden Stromstärke für jeden Kabelpunkt wieder durch die Aufzeichnung von vier logarithmischen Spiralen zu gewinnen, wie oben bei den analog gebauten Ausdrücken Gl. 9 und Gl. 10. Die letzteren unterscheiden sich für $\mathbf{E}\mathbf{p}_x$ von den jetzt vorliegenden wesentlich dadurch, daß es bei Gl. 11 und 12 heißt e^{+ibx} und e^{-ibx} bei Gl. 9 und 10 dagegen e^{+iax} und e^{-iax}. Die neuen logarithmischen Spiralen für $\mathbf{E}\mathbf{p}_x$ weichen also von den alten in d e r Art ab, daß die gleichen Vektoren e^{+ax} und e^{-ax} unter den Winkeln (bx) und $(-bx)$ statt unter den Winkeln (ax) und $(-ax)$ aufzuzeichnen sind. Durch diese Änderung der Winkel im Verhältnis $b:a$ ändern sich die Lagen und Längen der Verbindungslinien entsprechender Punkte, welche $Ep_{x,\,\mathrm{max}}$ ergeben, in scheinbar einfacher, in Wirklichkeit aber in völlig unübersehbarer Weise, und damit wird der ganze Charakter der Spiralen ein anderer. Die Methode der Zeichnung von Spiralen ist demnach zu einem Einblick in den Einfluß der Änderung einzelner Daten des Kabels auf das Verhalten desselben nicht geeignet. Für diesen Zweck ist es besser, die Amplituden und Phasen der r e s u l t i e r e n d e n Spannungen und Stromstärken für jeden Kabelpunkt durch mathemathische Formeln d i r e k t festzulegen, und an diesen die genannten Einflüsse zu diskutieren.

Verteilung von Spannung und Stromstärke längs des Kabels.

Wir erhalten aus den Gl. 11 und 12 für $\mathbf{E}\mathbf{p}_x$ und $\mathbf{I}_x$ die resultierenden Amplituden $Ep_{x,\,\mathrm{max}}$ und $J_{x,\,\mathrm{max}}$, wenn wir $\mathbf{E}\mathbf{p}_x$ und $\mathbf{I}_x$ auf die Hauptform des Symbols, $\mathbf{A} = Ae^{i\alpha}$, bringen. Zu

diesem Zwecke sind die beiden Glieder in jeder Gleichung, welche i im Exponenten von e enthalten, nach der Moivreschen Formel aufzulösen, die reellen Größen sind von den imaginären zu trennen, so daß $\mathbf{A}$ zunächst in der Nebenform $\mathbf{A} = p + iq$ gewonnen wird, und die letztere ist schließlich in die Hauptform zu verwandeln, wobei nach Satz 2 auf S. 24 die Amplitude durch $A = \sqrt{p^2 + q^2}$ und der Phasenwinkel α durch $\mathrm{tg}\,\alpha = q/p$ gegeben ist. Man erhält auf diese Weise für die Amplitude der Gesamtspannung an irgend einer Stelle des Kabels

$$Ep_{x,\mathrm{max}} = \frac{Ep_{0,\mathrm{max}}}{2} \cdot \sqrt{e^{+2ax} + e^{-2ax} + 2\cos 2bx}, \qquad (13)$$

für die Phasenverschiebung zwischen dieser Spannung und der Spannung am Kabelende

$$\mathrm{tg}(Ep_{x,\mathrm{max}}, Ep_{0,\mathrm{max}}) = \frac{e^{ax} - e^{-ax}}{e^{ax} + e^{-ax}}\,\mathrm{tg}\,bx; \qquad (14)$$

ferner für die Amplitude der Stromstärke

$$J_{x,\mathrm{max}} = \sqrt{m^2 + n^2}\,\frac{Ep_{0,\mathrm{max}}}{2}\sqrt{e^{2ax} + e^{-2ax} - 2\cos 2bx} \qquad (15)$$

und für die Phasenverschiebung der Stromstärke gegen die Endspannung des Kabels

$$\mathrm{tg}(J_{x,\mathrm{max}}, Ep_{0,\mathrm{max}}) = \frac{e^{ax}\sin(bx + \beta) + e^{-ax}\sin(bx - \beta)}{e^{ax}\cos(bx + \beta) - e^{-ax}\cos(bx - \beta)}. \qquad (16)$$

Ehe wir die Ausdrücke für Spannung und Stromstärke diskutieren, wollen wir sie in Vergleich ziehen mit den Formen, in denen sie sich früher (Gl. 4 und 6) dargeboten haben, und daraus einige erst später zu benutzende Beziehungen ableiten. Setzen wir in Gl. 4

$$\tfrac{1}{2}\left(e^{vx} + e^{-vx}\right) = c\,e^{i\gamma},$$

so ergibt der Vergleich mit Gl. 13 und 14 unmittelbar, daß

$$c = \tfrac{1}{2}\sqrt{e^{2ax} + e^{-2ax} + 2\cos 2bx} \qquad (17)$$

und

$$\mathrm{tg}\,\gamma = \frac{e^{ax} - e^{-ax}}{e^{ax} + e^{-ax}}\,\mathrm{tg}\,bx \qquad (18)$$

ist. Setzen wir ferner in Gl. 6

$$\tfrac{1}{2}\left(e^{vx} - e^{-vx}\right) = d\,e^{i\delta},$$

so zeigt der Vergleich mit Gl. 15 und 16 daß

$$d = \tfrac{1}{2}\sqrt{e^{2ax} + e^{-2ax} - 2\cos 2bx} \qquad (19)$$

und

$$\delta = \operatorname{arctg}\frac{e^{ax}\sin(bx + \beta) + e^{-ax}\sin(bx - \beta)}{e^{ax}\cos(bx + \beta) - e^{-ax}\cos(bx - \beta)} - \beta. \qquad (20)$$

ist.

Die Gl. 13 und 15 ergeben die gesuchte Verteilung von $Ep_{x,\max}$ und $J_{x,\max}$ längs des Kabels unmittelbar. Entscheidend dafür sind die Ausdrücke unter den Wurzelzeichen, welche sich auf graphischem Wege am leichtesten überblicken lassen. Es ist nützlich, zu diesem Zwecke zunächst wieder $a = b$ zu setzen, wie es z. B. bei Kabeln ohne Selbstinduktion und Isolationsstrom der Fall ist, da dann die Wurzelausdrücke nur Funktionen von $2ax$ sind und als solche eindeutig gezeichnet werden können. In Fig. 31 ist dies geschehen. Diese Figur enthält als Kurve I zunächst die Kurve $[e^{+2ax} + e^{-2ax}]$ als Funktion von $2ax$, mit Hilfe der Tabelle IX über e^{+ax} und e^{-ax} berechnet, ferner als Kurve II die Kurve $[+ 2\cos 2ax]$. Die Summe der Ordinaten von I und II ist dann nach Gl. 13 für jedes x proportional $Ep^2_{x,\max}$, und die Differenz ist nach Gl. 15 proportional $J^2_{x,\max}$. Diese resultierenden Kurven sind in Fig. 31 ebenfalls dargestellt und mit $\chi\, Ep^2_{x,\max}$ und $\lambda\, J^2_{x,\max}$ bezeichnet, wobei χ und λ die genannten Proportionalitätsfaktoren bedeuten. $\chi\, Ep^2_{x,\max}$ und $\lambda\, J^2_{x,\max}$ geben natürlich auch ein Maß für $Ep_{x,\max}$ und $J_{x,\max}$ selbst, wenigstens so weit, daß eine Zu- und Abnahme der Quadrate auch von einer Zu- und Abnahme der einfachen Werte begleitet ist.

Zur weiteren Verdeutlichung sind in Tabelle X die Wurzelwerte $\sqrt{e^{2ax} + e^{-2ax} \pm 2\cos 2ax}$ für das Intervall $2ax = 0$ bis $2ax = 360^0$ zusammengestellt. Diese Werte, welche nach Gl. 13 und 15 die Verteilung der Spannung und Stromstärke längs des offenen Kabels mit der Eigenschaft, daß $b = a$ ist, ohne die Faktoren $\tfrac{1}{2} Ep_{0,\max}$ und $\tfrac{1}{2}\sqrt{m^2 + n^2}\, Ep_{0,\max}$ wiedergeben, sind in Fig. 30a als Funktionen von ax schon einmal graphisch dargestellt. Die Tabelle enthält außerdem die Winkel $(Ep_{x,\max}, Ep_{0,\max})$ und $(J_{x,\max}, Ep_{0,\max})$, nach Gl. 14 und 16 für $b = a$ berechnet, und die Winkeldifferenz $(J_{x,\max}, Ep_{x,\max})$, d. i. die Phasenverschiebung zwischen Spannung und Strom an irgend einer Stelle. Diese Winkel sind in Fig. 30b schon einmal gezeichnet.

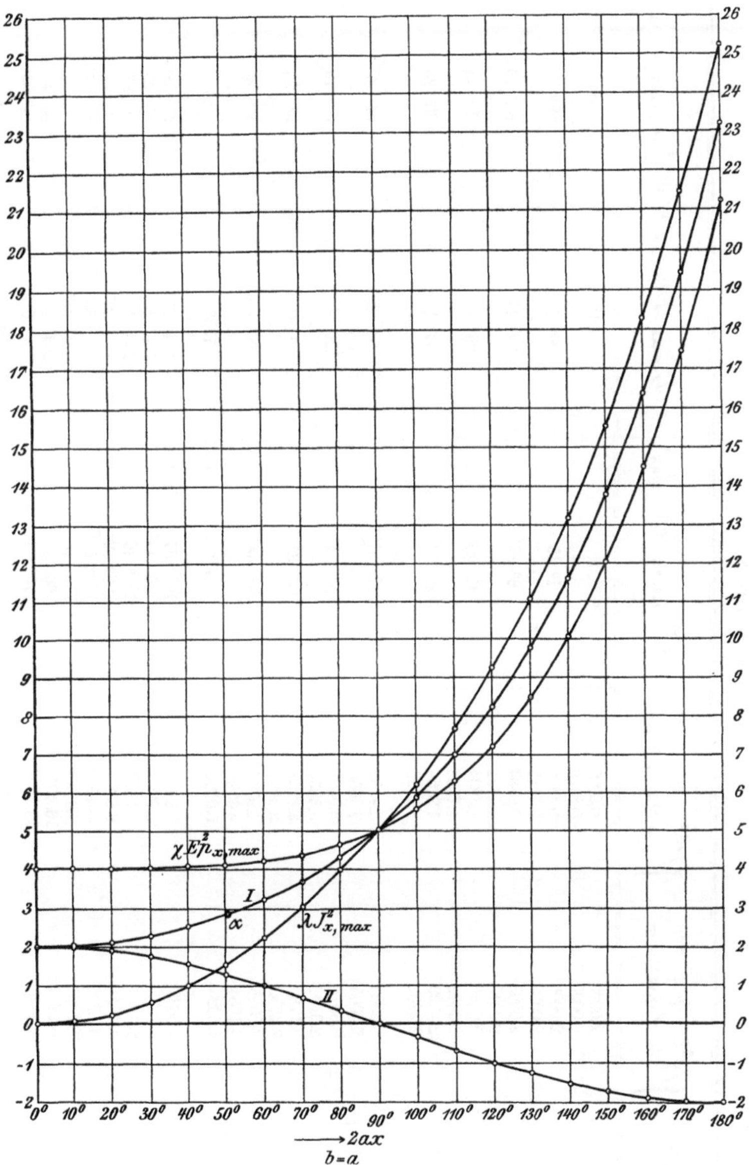

Fig. 31.

Tabelle X.

$2\,ax^0$	$\sqrt{\dfrac{e^{2ax}+e^{-2ax}}{+2\cos 2ax}}$	$\sqrt{\dfrac{e^{2ax}+e^{-2ax}}{-2\cos 2ax}}$	$\sphericalangle(Ep_{x,\max},\,Ep_{0,\max})$	$\sphericalangle(J_{x,\max},\,Ep_{0,\max})$	$\sphericalangle(Ep_{x,\max},\,J_{x,\max})$
0	2,0000	0,0000	0^0	90^0	90^0
10	2,0000	0,2469	—	—	—
20	2,0006	0,4936	$1^0\ 45'$	$90^0\ 35'$	$88^0\ 50'$
30	2,0033	0,7411	—	—	—
40	2,0093	0,9864	$6^0\ 58'$	$92^0\ 17'$	$85^0\ 19'$
50	2,0240	1,2351	—	—	—
60	2,0496	1,4834	$15^0\ 31'$	$95^0\ 14'$	$79^0\ 43'$
70	2,0909	1,7332	—	—	—
80	2,1529	1,9854	$26^0\ 54'$	$99^0\ 17'$	$72^0\ 23'$
90	2,2402	2,2402	—	—	—
100	2,3569	2,4999	$39^0\ 57'$	$104^0\ 29'$	$64^0\ 32'$
110	2,5065	2,7660	—	—	—
120	2,6914	3,0403	$53^0\ 31'$	$110^0\ 44'$	$57^0\ 13'$
130	2,9132	3,3254	—	—	—
140	3,1730	3,6238	$66^0\ 35'$	118^0	$51^0\ 25'$
150	3,4709	3,9384	—	—	—
160	3,8085	4,2737	$78^0\ 44'$	$126^0\ 08'$	$47^0\ 24'$
170	4,1854	4,6322	—	—	—
180	4,6026	5,0184	90^0	135^0	45^0
200	5,5636	5,8919	$100^0\ 37'$	$144^0\ 25'$	$43^0\ 48'$
220	6,7078	6,9324	$110^0\ 48'$	$154^0\ 13'$	$43^0\ 25'$
240	8,0600	8,1832	$120^0\ 46'$	$164^0\ 15'$	$43^0\ 59'$
260	9,6520	9,6880	$130^0\ 36'$	$174^0\ 24'$	$43^0\ 48'$
280	11,5279	11,4979	$140^0\ 26'$	$184^0\ 35'$	$44^0\ 09'$
300	13,7597	13,6868	$150^0\ 16'$	$194^0\ 46'$	$44^0\ 30'$
320	16,3704	16,2762	$160^0\ 08'$	$204^0\ 53'$	$44^0\ 45'$
340	19,4845	19,3875	$170^0\ 03'$	$214^0\ 57'$	$44^0\ 54'$
360	23,1842	23,0974	180^0	225^0	45^0

Maxima und Minima von Spannung und Strom.

Nach Fig. 30a u. 31 nehmen in einem offenen Kabel ohne Selbstinduktion und mit vollkommener Isolation sowohl $Ep_{x,\,\mathrm{max}}$ wie $I_{x,\,\mathrm{max}}$ vom Ende des Kabels nach dem Anfang hin beständig zu, in der Richtung des wirklichen Stromflusses vom Anfang zum Ende hin also beständig ab. Diese gleichmäßige Veränderung von $Ep_{x,\,\mathrm{max}}$ und $J_{x,\,\mathrm{max}}$ ist aber keineswegs selbstverständlich, sondern nur dadurch möglich, daß die Kurve $(2\cos 2\,ax)$ an der Stelle, wo sie von der Kurve $(e^{+2\,ax]} + e^{-2\,ax})$ positiv subtrahiert oder negativ addiert wird, langsamer abfällt, als die Kurve $(e^{+2\,ax} + e^{-2\,ax})$ ansteigt. Das einfachste Mittel zur Untersuchung der Frage, ob es unter besonderen Umständen auch geschehen kann, daß die Kurven $Ep_{x,\,\mathrm{max}}$ und $J_{x,\,\mathrm{max}}$ nicht gleichmäßig ansteigen, sondern daß der Anstieg an irgend einer Stelle durch einen Abfall unterbrochen ist, bietet die Betrachtung der Differentialquotienten.

Fassen wir z. B. den Differentialquotienten von

$$\chi\, Ep_{x,\,\mathrm{max}}^{2} = e^{2\,ax} + e^{-2\,ax} + 2\cos 2\,bx = y$$

ins Auge, also den Ausdruck

$$\frac{dy}{dx} = 2\,a\,(e^{2\,ax} - e^{-2\,ax}) - 4\,b\sin 2\,bx,$$

so sehen wir, daß für alle Werte von $\dfrac{b}{a}$

$$\text{bei} \quad x = 0 \quad \text{auch} \quad \frac{dy}{dx} = 0$$

ist, daß also die Kurve $Ep_{x,\,\mathrm{max}}^{2}$ bei $x = 0$ immer mit einem unendlich kurzen Stück beginnt, welches parallel der Abszissenachse verläuft. Im letzten Endstückchen eines offenen Kabels ist also die Spannung immer konstant, wie auch seine elektrischen Daten sein mögen. Ob die Spannung in dem sich daran anschließenden Stückchen steigt oder fällt, hängt von dem zugehörigen Werte $\dfrac{d^2 y}{dx^2}$ ab, wie wir durch die Betrachtung der Fig. 32a, b, c sogleich erkennen werden.

Soll die Spannung hinter dem letzten Kabelstückchen abfallen und dann wieder steigen, so muß der Differentialquotient der

Kurve y (Fig. 32a) vom Anfangswerte $\dfrac{dy}{dx} = 0$ an zunächst negativ werden (Fig. 32b) und dann wieder ins Positive eintreten.

Wo die Kurve y ihren Wendepunkt a hat, hat die Kurve $\dfrac{dy}{dx}$ ihren Minimalwert. Die Kurve $\dfrac{d^2y}{dx^2}$ (Fig. 32c) beginnt deshalb mit negativen Werten, geht durch 0, wo $\dfrac{dy}{dx}$ den Minimalwert hat

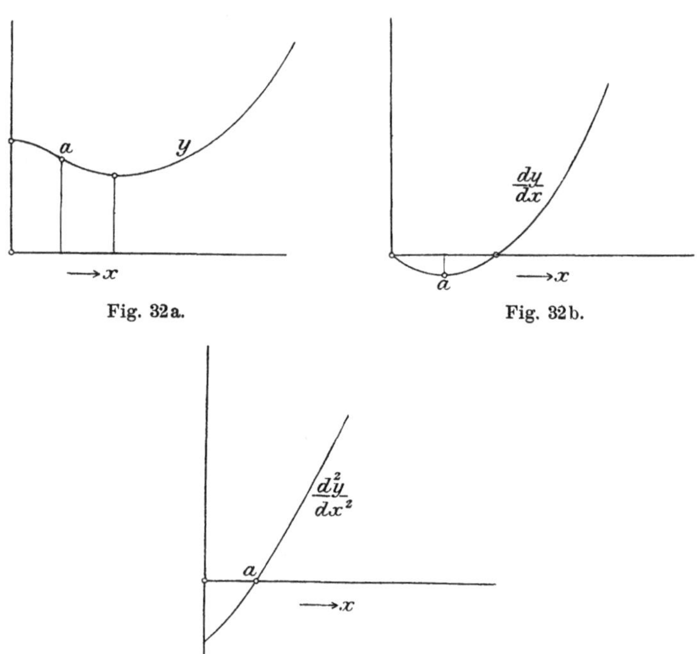

Fig. 32a.

Fig. 32b.

Fig. 32c.

und wird dann positiv. Die Ungleichung

$$\frac{d^2y}{dx^2} \lessgtr 0 \quad \text{für} \quad x = 0$$

kann also als Kriterium dafür benutzt werden, ob $y = \chi E p_{x,\,\mathrm{max}}^2$ nach dem mit $x = 0$ beginnenden unendlich kleinen horizontalen Stück abfällt oder steigt. Da

$$\frac{d^2y}{dx^2} = 4\,a^2\,(e^{2\,ax} + e^{-2\,ax}) - 8\,b^2\cos 2\,bx$$

$\chi E_{x,max}^2$
α
I
$\lambda J_{x,max}^2$
II
$\longrightarrow 2ax$
$b=1{,}193\,a$

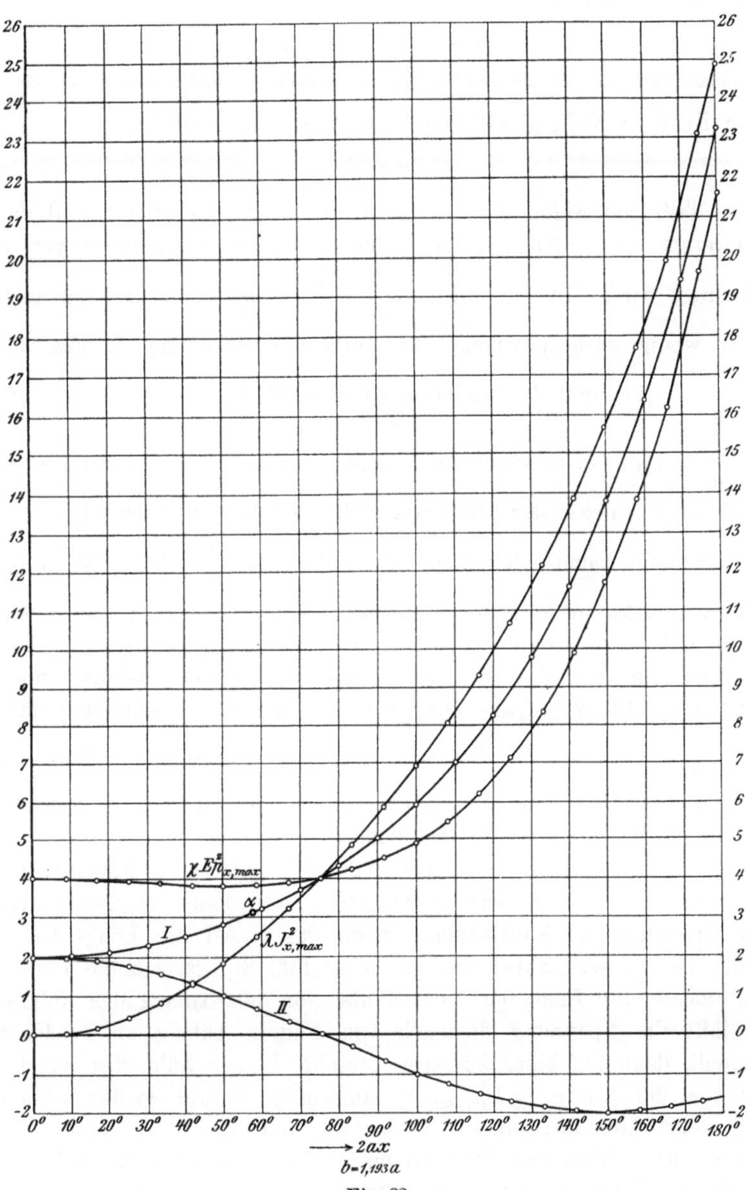

Fig. 33.

ist, so wird bei $x = 0$

$$\frac{d^2 y}{dx^2} = 8\,a^2 - 8\,b^2 .$$

Die Kurve $\chi\,Ep^2_{x,\,\mathrm{max}}$ fällt oder steigt also, je nachdem

$$a \lessgtr b$$

ist. Tritt ein Abfall ein, so wird dieser um so steiler, und das Minimum von $\chi\,Ep^2_{x,\,\mathrm{max}}$ liegt um so tiefer, je mehr a von b überragt wird. In Fig. 33, wo $\dfrac{b}{a} = 1{,}193$ ist, sehen wir ein noch sehr wenig ausgesprochenes Minimum der Spannung, in Fig. 34, wo $\dfrac{b}{a} = 1{,}78$, tritt das Minimum schon deutlicher hervor, in Fig. 35, wo $\dfrac{b}{a} = 3{,}58$ ist, versucht außer dem einen sehr deutlich markierten auch noch ein zweites Minimum sich auszubilden, doch ohne daß es zustande käme. Bei Fig. 36 endlich, wo $\dfrac{b}{a} = 5{,}35$ ist, wogt die Kosinuskurve so schnell auf und nieder, daß auch die zweite Gruppe ihrer negativen Werte noch unter einem so wenig steilen Anstieg von $(e^{2\,a\,x} + e^{-2\,a\,x})$ liegt, daß die Summationskurve noch einmal abfällt, $\chi\,Ep^2_{x,\,\mathrm{max}}$ also noch ein zweites Minimum erhält. Bei noch größeren Werten von $\dfrac{b}{a}$, also noch schnellerem Auf- und Niederwogen von $(2\cos 2\,bx)$, ist die Bildung einer noch größeren Zahl von Maxima und Minima denkbar.

Da $Ep_{x,\,\mathrm{max}}$ den Spannungswert eines beliebig langen Kabels in der Entfernung x vom Kabelende bedeutet, so bedeutet es gleichzeitig die Spannung am Kabelanfang, wenn das Kabel die Länge $l = x$ hat. Besitzt das Kabel die ganze in Fig. 36 gezeichnete Länge, gilt das rechte Ende der Kurven also für den Anfang des Kabels, so fällt die Spannung demnach von seinem Anfang an zunächst schnell, dann auf einer kürzeren Strecke, in der Nähe des Wendepunktes der Kurve $(\chi\,Ep^2_{x,\,\mathrm{max}})$, langsamer, darauf wieder schnell ab, steigt dann an, nimmt wieder ab und steigt bis zum Ende wieder an. Liegt der Kabelanfang in dem zweiten vom Ende aus gezählten Minimum der Spannungskurve, so nimmt die Spannung vom Anfange an zu, fällt dann aber wieder ab und steigt gegen

$\lambda \mathcal{I}^2_{x,max}$
I
x
$\chi E^2_{II\,x,max}$
II
$\longrightarrow 2ax$
$b = 1{,}78\,a$

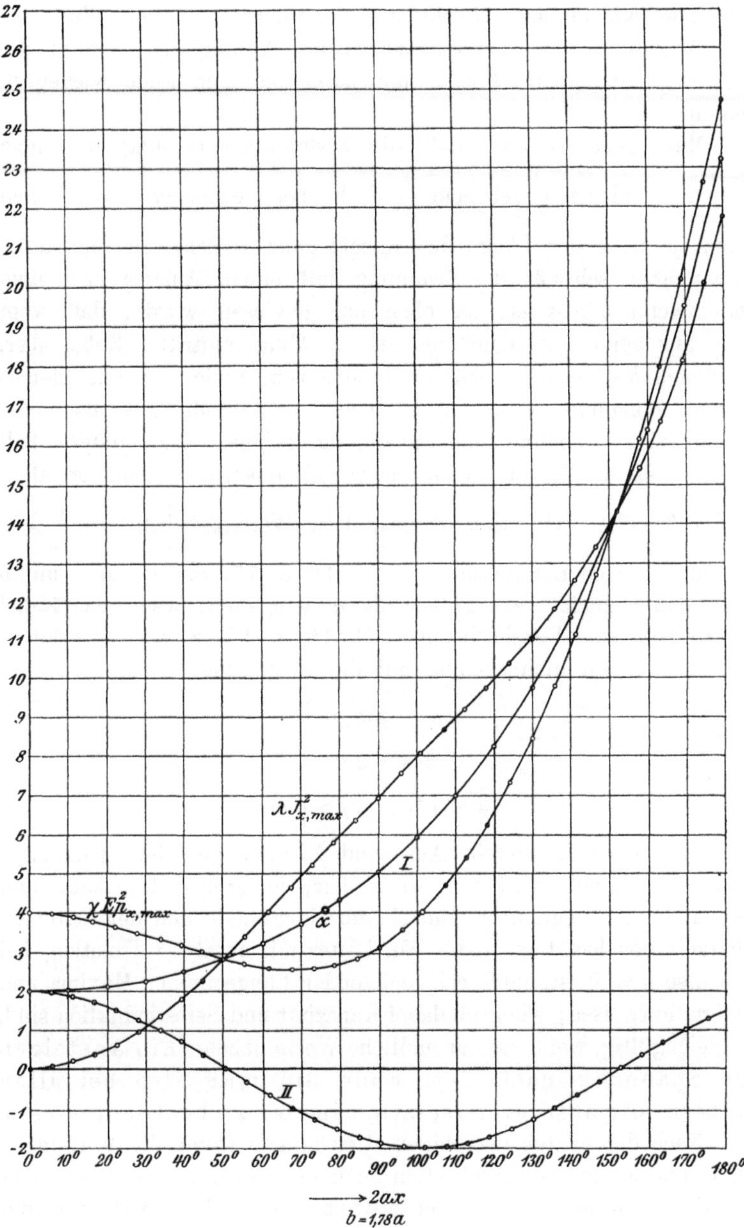

Fig. 34.

das Ende wieder an. Reicht die Kabellänge nur vom Ende bis zum Maximum der Spannungskurve als Anfang, so beginnt die Spannung mit einem Abfall, um dann bis zum Ende wieder zu steigen.

Man sieht daraus, daß die Spannungsverteilung in einem offenen Kabel bei gegebenem $\dfrac{b}{a}$, d. h. bei gegebenen elektrischen Daten, je nach der Länge des Kabels ganz verschieden sein kann. Immer aber schließt die Spannung mit einem Anstieg nach dem Ende, wenn $b > a$ ist, da oben nachgewiesen wurde, daß, vom Ende aus gerechnet, dann immer ein Abfall eintritt. Kabel aber, bei denen $b \leqq a$ wäre, würden immer vom Ende aus eine gleichmäßige Zunahme, vom Anfang nach dem Ende hin also eine gleichmäßige Abnahme der Spannung zeigen. Der erstere Fall bildet indes die Regel im modernen Kabelbetriebe, denn in allen in der Tabelle VII zusammengestellten Werten haben wir $\dfrac{b}{a} > 1$ gefunden. Eine Betrachtung der Gl. 16 u. 17, S. 54, für a und b lehrt, daß b auch stets größer als a sein muß, wenn das Kabel gut isoliert ist. Vergleicht man Gl. 16 u. 17, S. 54, so erkennt man, daß $b > a$ hinauskommt auf die Bedingung

$$\varkappa s - g w > 0$$

oder

$$\varkappa s > g w$$

oder

$$4 \pi^2 \nu^2 (L \cdot c) > g w$$

d. h. die Aussicht auf ein Auf- und Niederwogen der Spannungswerte im Kabel wird um so größer, je größer Kapazität und Selbstinduktion gegenüber dem Kupferwiderstande und der Leitungsfähigkeit des Isolators sind. Ein Leiter mit absoluter Isolation, bei dem also $g = 0$ ist, muß bei genügender Länge immer Maxima und Minima aufweisen; wie groß dabei Kapazität und Selbstinduktion sind, ist gleichgültig, wenn sie nur endliche Werte haben. Ein Ansteigen der Spannung nach dem Ende hin muß also bei allen Leitern mit absoluter Isolation immer zu beobachten sein.

Nach der letzten der obigen Gleichungen treten die Wirkungen der Kapazität und Selbstinduktion auch um so mehr hervor, je größer die Periodenzahl ν des Wechselstromes ist. Das Auftreten der Maxima und Minima von Spannung und Stromstärke in Leitungs-

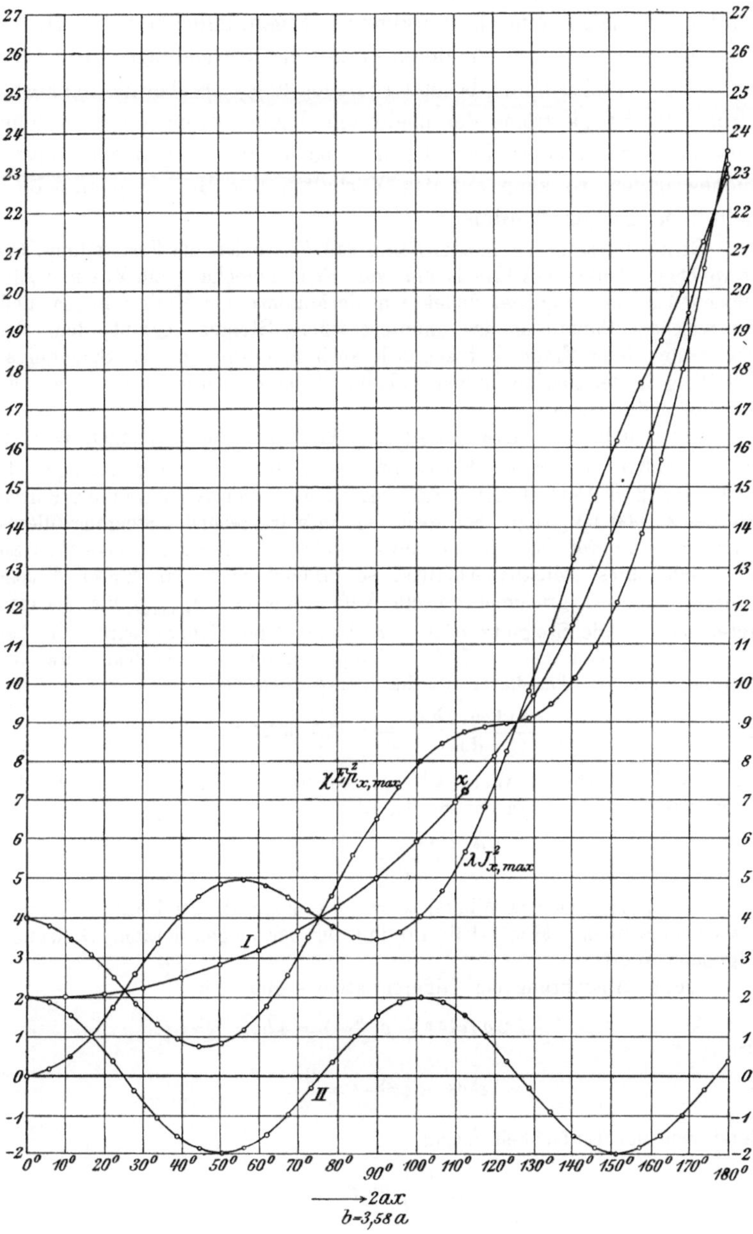

Fig. 35.

drähten ist daher eine hervorragende Eigentümlichkeit der Hochfrequenzströme und hat für deren praktische Anwendungen, wie z. B. für die Funkentelegraphie, besondere Bedeutung. Da aber nur die Fernleitung der Starkströme der modernen Wechselstromtechnik, welche stets nur eine niedere Periodenzahl haben, den Gegenstand dieses Buches bildet, so kann auf das Verhalten der Hochfrequenzströme nicht eingegangen werden.

Sehr interessant ist in dem Falle, daß $b > a$ ist, die Feststellung, bis zu welchem Punkte des Kabels hin, vom Ende gerechnet, ein Zu- und Abnehmen der Spannung stattfindet, wo die Maxima und Minima liegen, und von welchem Punkte an das ununterbrochene Steigen beginnt; denn die Diskussion dieser Frage gibt zugleich auch Kenntnis von der Spannungsverteilung in verschieden langen Kabeln. Über die vorliegende Frage läßt sich Folgendes sagen:

Ein Abfall der Kurve $(\chi\, Ep^2_{x,\,\mathrm{max}})$ kann nur bei denjenigen Werten von ax auftreten, wo die Kurve $(e^{2ax} + e^{-2ax})$ langsamer ansteigt, als die Kurve $(2 \cos 2bx)$ abfällt. Faßt man also denjenigen Punkt der Kurve $(e^{2ax} + e^{-2ax})$ ins Auge, bei dem die aufwärtsgehende Steigung dieser Kurve ebenso groß ist wie die abwärtsgehende der Kurve $(2 \cos 2bx)$ an der Stelle ihres steilsten Abfalles, so erkennt man, daß hinter diesem Punkte, d. h. bei größerem ax ein Abfall von $(\chi\, Ep^2_{x,\,\mathrm{max}})$ niemals eintreten kann. Die Steigung oder der Abfall einer Kurve wird nun gemessen durch den ersten Differentialquotienten als die Tangente des Neigungswinkels. Da dieser für die Kurve $(2 \cos 2bx)$

$$\frac{d\,(2 \cos 2bx)}{dx} = -\,4\,b \sin 2bx$$

ist, also den höchsten Wert $4\,b$ hat, so liegt der genannte Punkt der Kurve $(e^{2ax} + e^{-2ax})$ an der Stelle, wo

$$\frac{d\,(e^{2ax} + e^{-2ax})}{dx} = 4\,b$$

ist. Der hierzu gehörige Winkel $\alpha = 2\,ax$ möge als der kritische Winkel bezeichnet werden. Man erhält für ihn aus der obigen (letzten) Gleichung folgenden Wert:

Durch Ausführung der Differentiation ergibt sich

$$2\,a\,(e^{2ax} - e^{-2ax}) = 4\,b,$$

also

$$e^{2ax} - e^{-2ax} = \frac{2b}{a}.$$

Setzt man der Einfachheit wegen

$$\frac{b}{a} = p$$

und

$$e^{2ax} = z,$$

27
26
25
24
23
22
21
20
19
18
17
16
15
14
13
12
11
10
9
8
7
6
5
4
3
2
1
0
-1
-2
$\lambda J_{x,max}^2$
$\chi E_{x,max}^2$
α
I
II
0° 10° 20° 30° 40° 50° 60° 70° 80° 90° 100° 110° 120° 130° 140° 150° 160° 170° 180°
$\longrightarrow 2ax$
$b = 5,35\,a$

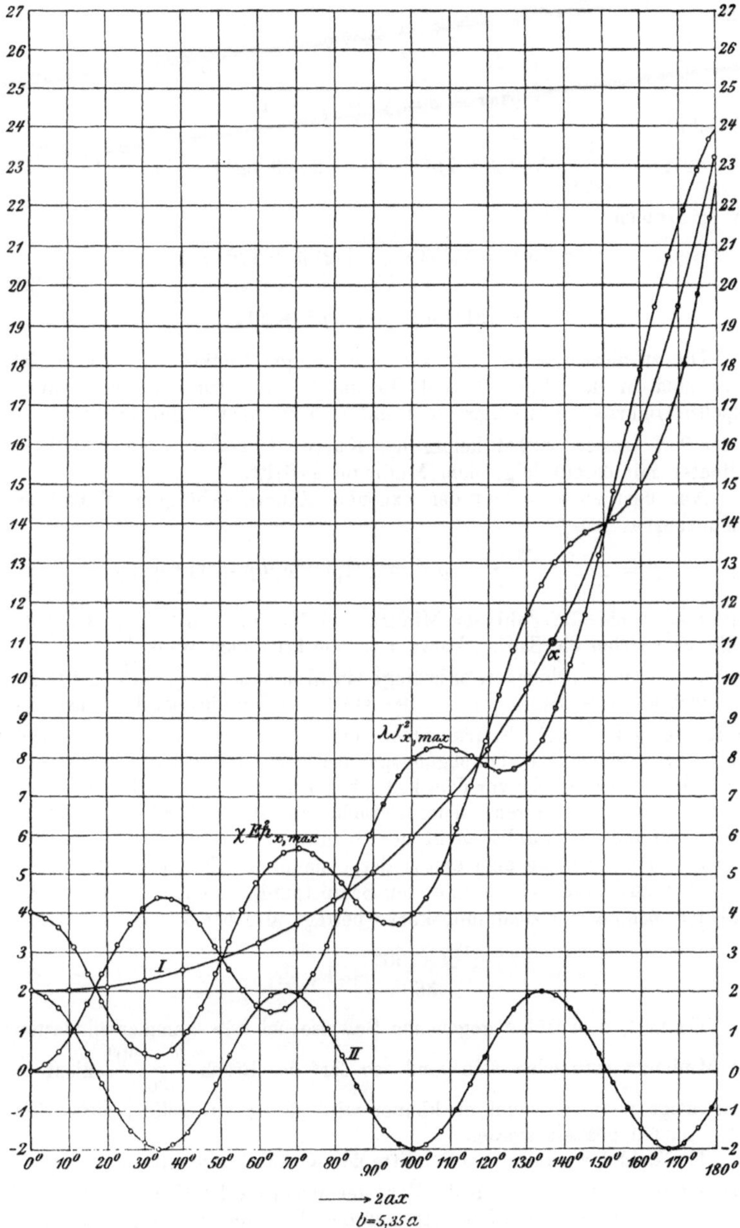

Fig. 36.

so ist

$$z - \frac{1}{z} = 2\,p\,,$$

also

$$e^{2\,ax} = z = p + \sqrt{p^2 + 1}\,,$$

und daher

$$2\,ax = \frac{1}{\log e} \cdot \log\left(p + \sqrt{p^2 + 1}\right) = 2{,}303 \log\left(p + \sqrt{p^2 + 1}\right)$$

oder in Graden

$$\alpha = 2\,ax = 2{,}303 \cdot \frac{360}{2\,\pi} \log\left(p + \sqrt{p^2 + 1}\right)$$

$$= 131{,}9 \log\left(p + \sqrt{p^2 + 1}\right). \tag{21}$$

Die zu diesem Winkel $\alpha = 2\,ax$ gehörigen Punkte der Exponentialkurve sind in den Fig. 31 und 33 bis 36 auf jeder Kurve I durch doppelte Umkreisung markiert und mit α bezeichnet. Man erkennt, daß in der Tat jenseits α bei keiner der Kurven $\left(\chi\,Ep_{x,\,\mathrm{max}}^{2}\right)$ ein Abfall der Ordinaten mit darauf folgendem Minimum auftritt.

Aus dem zu $\alpha = 2\,ax$ der Exponentialkurve gehörigen Winkel der Kosinuskurve

$$\beta = 2\,bx = \frac{b}{a}\,\alpha = p\,\alpha = 131{,}9\,p \log\left(p + \sqrt{p^2 + 1}\right) \tag{22}$$

kann man leicht die Zahl der Minima und Maxima beurteilen. Da jeder Stelle, an welcher die Kosinuskurve vor dem kritischen Winkel abfallend die Abszissenachse schneidet, unbedingt ein Minimum von $\left(\chi\,Ep_{x,\,\mathrm{max}}^{2}\right)$ folgen muß, weil an dieser Stelle, wegen des stärkeren Gefälles der Kosinuskurve, die Kurve $\left(\chi\,Ep_{x,\,\mathrm{max}}^{2}\right)$ abwärts gehen muß, so sind insgesamt ebensoviele Minima vorhanden wie Durchgangspunkte der abfallenden Kosinuskurve durch die Abszissenachse vor dem kritischen Punkte. Da die Kosinuskurve die Abszissenachse während jeder Periode einmal abfallend schneidet, so erhält man die gewünschte Zahl der Schnittpunkte, wenn man die Zahl der vollen Perioden von dem ersten der genannten Schnittpunkte, also von $bx = 90^0$, aus zählt und diesen ersten Schnittpunkt besonders rechnet. Die Zahl der Minima der Spannungskurve beträgt also bei $b > a$

$$\frac{\beta - 90^0}{360^0} + 1\,. \tag{23}$$

Da nach dem früher gegebenen Beweise bei $b > a$ immer mindestens ein Minimum vorhanden sein muß, so darf der Bruch $\dfrac{\beta - 90^0}{360^0}$ nicht berücksichtigt werden, wenn er kleiner wird als 0; nur volle positive Einheiten dürfen gezählt werden.

Die Zahl der abfallenden Schnitte der Kosinuskurve mit der Abszissenachse ist auch bestimmend für die Zahl der Maxima der Kurve $\left(\chi\,Ep_{x,\,\mathrm{max}}^{2}\right)$, denn jedem der genannten Schnitte muß ein Maximum vorangehen. Dem letzten vor dem kritischen Punkte liegenden Minimum folgt dabei ein

160°
150°
140°
130°
120°
110°
100°
90°
80°
70°
60°
50°
40°
30°
20°
10°
α
1600°
1500°
1400°
1300°
1200°
1100°
1000°
900°
800°
700°
600°
500°
400°
300°
200°
100°
β
α
β
0 1 2 3 4 5 6 7 8 9 10
$\mu = \frac{b}{a}$

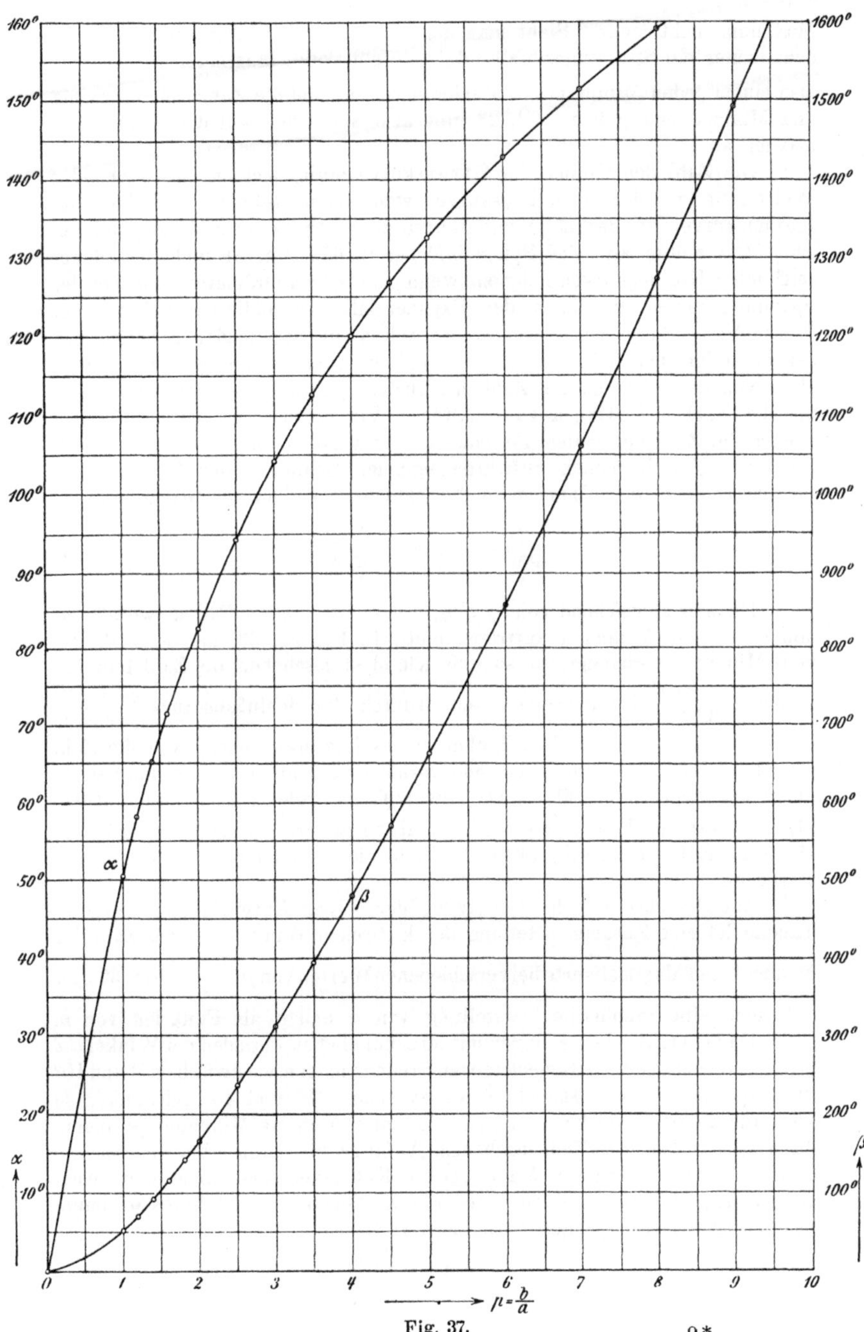

Fig. 37.

9*

Maximum nicht mehr. Sieht man den Wert der Spannung am Kabelende, dem immer ein Spannungsabfall folgt, als ein volles Maximum an, so geht also einem jeden Minimum ein Maximum voran, und die Zahlen der Maxima und Minima sind gleich. Gl. 23 gibt also auch die Zahl der Spannungsmaxima an.

Die Zahl der Minima der Stromkurve ergibt sich in entsprechender Weise wie die der Spannungskurve, wenn man bedenkt, daß hier die Kosinuskurve von der Exponentialkurve zu subtrahieren statt zu addieren ist. Man müßte also das Spiegelbild der in den Fig. 31 und 33—36 gezeichneten Kosinuskurven nehmen, wenn man deren Ordinaten, wie bei der Spannungskurve, zu denen der Exponentialkurve addieren wollte. Bei diesem Spiegelbilde der Kosinuskurve fallen die abfallenden Schnitte mit den aufsteigenden der wirklich gezeichneten Kurve zusammen. Es genügt also, von der letzteren die Zahl der aufsteigenden Schnitte zu zählen, um die Zahl der Minima zu erhalten. Wir rechnen zu diesem Zwecke wieder die Zahl der vollen Perioden aus und zählen diese von dem ersten bei $bx = 270^0$ liegenden aufwärtssteigenden Schnitte, den letzteren besonders berechnend. Daher wird die Zahl der Minima der Stromkurve

$$\frac{\beta - 270^0}{360^0} + 1 = \frac{\beta + 90^0}{360^0}. \tag{24}$$

Da hier abweichend von $\left(\chi\, E p_{x,\,max}^2\right)$ nicht in allen Fällen, wo $b > a$, mindestens ein Minimum auftreten muß, in Fig. 31, 33 und 34 z. B. gar kein Minimum vorhanden ist, so muß, wie oben geschehen, die Zahl 1 in den Bruch $\dfrac{\beta - 270^0}{360^0}$ hineingezogen und dadurch der Schlußausdruck $\dfrac{\beta + 90^0}{360^0}$ gebildet werden. Die vollen Einheiten des letzteren geben dann die Zahl der Minima an; der am Kabelende vorhandene Nullwert wird hierbei als Minimum nicht mitgezählt. Da, bis auf den zuletzt genannten, jedem Minimalwert der Kurve $\left(\lambda\, J_{x,\,max}^2\right)$ ein Maximalwert vorangeht, so gibt die obige Formel gleichzeitig auch die Zahl der Maximalwerte der Stromstärke an.

Zur Erleichterung der Benutzung der obigen Entwicklungen folgt in Tabelle XI eine Zusammenstellung der kritischen Winkel und der Zahl der Minimal- und Maximalwerte bei verschiedenen Werten von $p = \dfrac{b}{a}$. Fig. 37 gibt außerdem eine graphische Darstellung von α und β als Funktion von p.

Da bei praktischen Anlagen mit 50 sekundlichen Perioden der Winkel ax pro 100 km einfacher Leitungslänge bei Freileitungen etwa zwischen 5^0 und 10^0 und bei Hochspannungskabeln etwa zwischen 10^0 und 40^0 schwankt, so wird für die Stromstärke weder ein Maximum noch ein Minimum gefunden, diese steigt also vom Ende nach dem Anfange hin ununterbrochen an, die Spannung dagegen hat ihr Maximum am Kabelende und nimmt dann nach dem Anfange hin ab, um darauf wieder zuzunehmen; doch ist dieses Minimum bei geringeren Kabellängen noch nicht vorhanden.

Tabelle XI.

p	α	β	Zahl d. Maximal- u. Minimalwerte von	
			Ep	J
1,0	$50^0\ 29'\ 16''$	$50^0\ 29'\ 16''$	0	0
1,2	$58^0\ 11'\ 55''$	$69^0\ 50'\ 18''$	1	0
1,4	$65^0\ 11'\ 14''$	$91^0\ 15'\ 43''$	1	0
1,6	$71^0\ 32'\ 42''$	$114^0\ 28'\ 16''$	1	0
1,8	$77^0\ 21'\ 24''$	$139^0\ 14'\ 31''$	1	0
2,0	$82^0\ 41'\ 48''$	$165^0\ 23'\ 35''$	1	0
2,5	$94^0\ 21'\ 29''$	$235^0\ 53'\ 42''$	1	0
3,0	$104^0\ \ 9'\ 50''$	$312^0\ 29'\ 35''$	1	1
3,5	$112^0\ 36'\ 00''$	$394^0\ \ 6'\ 36'' = \ \ \ \ 360^0 + \ \ 34^0\ \ 6'\ 36''$	1	1
4,0	$119^0\ 59'\ 38''$	$479^0\ 58'\ 41'' = \ \ \ \ 360^0 + 119^0\ 58'\ 41''$	2	1
4,5	$126^0\ 33'\ 32''$	$569^0\ 30'\ 43'' = \ \ \ \ 360^0 + 209^0\ 30'\ 43''$	2	1
5,0	$132^0\ 27'\ 36''$	$662^0\ 18'\ 50'' = \ \ \ \ 360^0 + 302^0\ 18'\ 50''$	2	2
6,0	$142^0\ 44'\ 20''$	$856^0\ 25'\ 12'' = 2 \cdot 360^0 + 136^0\ 25'\ 12''$	3	2
7,0	$151^0\ 27'\ 36''$	$1060^0\ 13'\ 12'' = 2 \cdot 360^0 + 340^0\ 13'\ 12''$	3	3
8,0	$159^0\ \ 2'\ 38''$	$1272^0\ 21'\ 00'' = 3 \cdot 360^0 + 192^0\ 21'\ 00''$	4	3
9,0	$165^0\ 44'\ 46''$	$1491^0\ 41'\ 24'' = 4 \cdot 360^0 + \ \ 51^0\ 41'\ 24''$	4	4
10,0	$171^0\ 44'\ 53''$	$1717^0\ 28'\ 48'' = 4 \cdot 360^0 + 277^0\ 28'\ 48''$	5	5

Der Spannungsabfall im Kabel.

Oben ist nachgewiesen worden, daß nur bei $b = a$ oder $b < a$ ein ununterbrochener Anstieg vom Ende nach dem Anfange hin stattfindet, daß aber bei dem wirklich auftretenden Falle $b > a$ die Spannung vom Ende zunächst ab-, dann aber nach dem Anfange hin wieder zunimmt. Es ist von Interesse und Wert für später aufzustellende Methoden für technische Rechnungen an Kabeln, die praktisch auftretenden Unterschiede der Spannungswerte und zugleich auch die dabei auftretenden Phasenverschiebungen festzustellen.

Nach Gl. 4 ist die Anfangsspannung $\mathbf{E}\mathfrak{p}_l$ eines l km langen Kabels bei einer effektiven Endspannung $E\mathfrak{p}_0$

$$\mathbf{E}\mathfrak{p}_l = E\mathfrak{p}_0 \, \frac{e^{\mathbf{v}\mathbf{l}} + e^{-\mathbf{v}\mathbf{l}}}{2}.$$

Das Verhältnis aus Anfangs- und Endspannung setzen wir wie auf S. 117

$$\frac{e^{\mathbf{v}\mathbf{l}} + e^{-\mathbf{v}\mathbf{l}}}{2} = \mathbf{C} = c\, e^{i\gamma},$$

wobei nach Gl. 17 und 18

$$c = \frac{1}{2} \sqrt{e^{2\,al} + e^{-2\,al} + 2\cos 2\,bl} \qquad (25)$$

und

$$\operatorname{tg}\gamma = \frac{e^{al} - e^{-al}}{e^{al} + e^{-al}} \operatorname{tg} bl \qquad (26)$$

ist. Wenn $b = a$ ist, so ist $\mathbf{C}$ nur abhängig von (ax), und man erhält für c und γ die in Tabelle XII zusammengestellten Werte. Diese Tabelle enthält ferner, nach Gl. 19 und 20 ausgerechnet, auch die Werte von

$$\frac{e^{\mathbf{v}\,l} - e^{-\mathbf{v}\,l}}{2} = d\, e^{i\delta}.$$

Bei selbstinduktionslosen Leitungen würden danach außer c auch γ vom Ende nach dem Anfang hin ununterbrochen zunehmen. Bei Freileitungen, wo wir ax pro 100 km zwischen 5^0 und 10^0 setzten, würde unter der Voraussetzung vernachlässigbarer Selbstinduktion c kaum von 1 abweichen und auch γ nur sehr geringe Werte erreichen, bei Kabeln dagegen, bei denen wir ax pro 100 km etwa 10^0 bis 40^0 rechneten, könnte sich das Verhältnis aus Anfangs- und

Tabelle XII.

$$b = a$$

$a x^0$	$\dfrac{(e^{\mathbf{v} l} + e^{-\mathbf{v} l})}{2} = c\,e^{i\gamma}$		$\dfrac{(e^{\mathbf{v} l} - e^{-\mathbf{v} l})}{2} = d\,e^{i\delta}$	
	c	γ	d	δ
0	1,0000	0^0	0,0000	0^0
5	1,0000	—	0,1235	—
10	1,0003	$1^0\ 44'\ 40''$	0,2468	$45^0\ 34'$
15	1,0017	—	0,3706	—
20	1,0047	$6^0\ 57'\ 50''$	0,4932	$47^0\ 19'\ 41''$
25	1,0120	—	0,6176	—
30	1,0248	$15^0\ 30'\ 30''$	0,7417	$50^0\ 13'\ 28''$
35	1,0455	—	0,8666	—
40	1,0765	$26^0\ 54'\ 8''$	0,9927	$54^0\ 13'\ 21''$
45	1,1201	—	1,1201	—
50	1,1785	$39^0\ 57'$	1,2500	$59^0\ 28'\ 25''$
55	1,2533	—	1,3830	—
60	1,3457	$53^0\ 31'$	1,5202	$65^0\ 44'\ 12''$
65	1,4566	—	1,6627	—
70	1,5865	$66^0\ 34'\ 30''$	1,8119	$72^0\ 59'\ 47''$
75	1,7355	—	1,9692	—
80	1,9043	$78^0\ 43'\ 30''$	2,1369	$81^0\ 8'\ 5''$
85	2,0927	—	2,3161	—
90	2,3013	90^0	2,5092	90^0
100	2,7818	$100^0\ 37'$	2,9460	$99^0\ 25'\ 10''$
110	3,3539	$110^0\ 48'$	3,4662	$109^0\ 13'\ 17''$
120	4,0300	$120^0\ 46'$	4,0916	$119^0\ 15'\ 10''$
130	4,8260	$130^0\ 36'$	4,8440	$129^0\ 23'\ 51''$
140	5,7640	$140^0\ 26'$	5,7490	$139^0\ 34'\ 25''$
150	6,8799	$150^0\ 16'$	6,8434	$149^0\ 44'\ 8''$
160	8,1852	$160^0\ 8'$	8,1381	$159^0\ 51'\ 40''$
170	9,7423	$170^0\ 3'$	9,6938	$169^0\ 56'\ 55''$
180	11,5921	180^0	11,5487	180^0

Endspannung schon sehr wesentlich von 1 unterscheiden und die Anfangsspannung sehr beträchtliche Voreilung gegenüber der Endspannung erhalten. Bei $ax = 40^0$ wäre z. B. die Endspannung um $7,6\%$ kleiner als die Anfangsspannung und hätte gegen diese eine Verzögerung von fast 27^0.

Um ein Urteil zu schaffen, wie die Verhältnisse bei wirklich ausgeführten, also mit Selbstinduktion behafteten Kabeln und Freileitungen liegen, hat der Verfasser die Werte von c und γ mit Hilfe von Gl. 25 und 26 auch für verschiedene Längen der 10 000 Volt-Kabel und der Lauffen-Frankfurter Freileitung ausgerechnet. Die Ergebnisse finden sich in Tabelle XIII.

Wir wollen bei der Deutung der Tabelle XIII die Spannungsverteilung vom Anfang aus betrachten und halten zu diesem Zwecke fest, daß, da $c = \dfrac{E p_l}{E p_0}$ das Verhältnis der Spannung am Anfang zu der Spannung ám Ende bedeutet:

$$c = \frac{E p_l}{E p_0} > 1 \quad \text{eine Abnahme der Spannung vom Anfang nach dem Ende,}$$

$$c = \frac{E p_l}{E p_0} < 1 \quad \text{ein Anwachsen der Spannung vom Anfang nach dem Ende bedeutet.}$$

In der Tabelle kommt zunächst in interessantester Weise zum Ausdruck, wie infolge der Beziehung $b > a$ die Spannung mit wachsender Entfernung vom Ende erst ab- und dann wieder zunimmt. Bei Kabel 1 finden wir bei $l = 50$ km eine Zunahme um etwa $^1/_2\,^0/_0$, aber bei $l = 100$ km schon eine Abnahme von $1^1/_2\,^0/_0$, und bei $l = 200$ km sogar eine Abnahme von $48\,^0/_0$, so daß dieses Kabel, wenn es mit 200 km Länge offen an einen Generator angeschlossen würde, am Ende nur noch etwa zwei Drittel der Generatorspannung zeigte. Bei dem stärkeren Kabel Nr. 2 betrüge diese Abnahme vom Generator aus nur etwa $19\,^0/_0$, und bei dem stärksten Kabel Nr. 8 fände sich vom Anfang nach dem Ende hin gar eine Zunahme von $11\,^0/_0$. Auch das Auftreten eines Spannungsminimums zeigt Tabelle XIII sehr deutlich. Bei Kabel 1 liegt dieses zwischen 0 und 100 km, bei 2 und 3 zwischen 50 und 150 km, bei 4 zwischen 100 und 200 km, und bei 5 bis 8 jenseits 150 oder 200 km. Speisekabel von gleicher Länge und verschiedener Stärke würden sich also ganz verschieden verhalten und könnten nicht ohne weiteres parallel geschaltet werden. Bei der geringen Länge von etwa 50 km kommt dieser Unterschied allerdings noch nicht wesentlich zum Ausdruck. Bei der offenen Freileitung ist der Unterschied zwischen Anfangs- und Endspannung sehr gering; immerhin findet man aber vom Anfang nach dem Ende hin bei 200 km eine Zunahme von $2\,^0/_0$.

Tabelle XIII.

Das Verhältnis **C** von Anfangs- und Endspannung in den 10000 Volt-Kabeln und der Lauffen-Frankfurter Freileitung in offenem Zustande bei $\nu = 50$ und verschiedenen Längen.

$$C = c\, e^{i\gamma}$$

	Nr.	50 km	100 km	150 km	200 km
10000-Volt-Kabel	1	$0{,}99528 \cdot e^{i \cdot 5^0\,18'\,51''}$	$1{,}0151 \cdot e^{i \cdot 21^0\,5'\,50''}$	$1{,}1493 \cdot e^{i \cdot 44^0\,34'\,29''}$	$1{,}4811 \cdot e^{i \cdot 69^0\,9'\,41''}$
	2	$0{,}99366 \cdot e^{i \cdot 3^0\,37'\,48''}$	$0{,}9907 \cdot e^{i \cdot 14^0\,35'\,21''}$	$1{,}0378 \cdot e^{i \cdot 32^0\,10'\,26''}$	$1{,}1938 \cdot e^{i \cdot 53^0\,17'\,0''}$
	3	$0{,}99284 \cdot e^{i \cdot 2^0\,38'\,1''}$	$0{,}98015 \cdot e^{i \cdot 10^0\,38'\,28''}$	$0{,}9877 \cdot e^{i \cdot 23^0\,58'\,18''}$	$1{,}0540 \cdot e^{i \cdot 41^0\,25'\,31''}$
	4	$0{,}99250 \cdot e^{i \cdot 2^0\,0'\,36''}$	$0{,}97504 \cdot e^{i \cdot 8^0\,8'\,31''}$	$0{,}96323 \cdot e^{i \cdot 18^0\,32'\,34''}$	$0{,}98230 \cdot e^{i \cdot 32^0\,52'\,15''}$
	5	$0{,}99225 \cdot e^{i \cdot 1^0\,30'\,18''}$	$0{,}97185 \cdot e^{i \cdot 6^0\,6'\,19''}$	$0{,}94790 \cdot e^{i \cdot 14^0\,0'\,6''}$	$0{,}93586 \cdot e^{i \cdot 25^0\,16'\,25''}$
	6	$0{,}99200 \cdot e^{i \cdot 1^0\,8'\,42''}$	$0{,}96978 \cdot e^{i \cdot 4^0\,38'\,58''}$	$0{,}93868 \cdot e^{i \cdot 10^0\,42'\,31''}$	$0{,}90843 \cdot e^{i \cdot 19^0\,32'\,49''}$
	7	$0{,}99195 \cdot e^{i \cdot 0^0\,53'\,27''}$	$0{,}96866 \cdot e^{i \cdot 3^0\,37'\,14''}$	$0{,}93388 \cdot e^{i \cdot 8^0\,21'\,28''}$	$0{,}89368 \cdot e^{i \cdot 15^0\,21'\,1''}$
	8	$0{,}99190 \cdot e^{i \cdot 0^0\,43'\,44''}$	$0{,}96820 \cdot e^{i \cdot 2^0\,57'\,54''}$	$0{,}93152 \cdot e^{i \cdot 6^0\,51'\,2''}$	$0{,}88626 \cdot e^{i \cdot 12^0\,37'\,21''}$
Frei-lei-tung		$0{,}99860 \cdot e^{i \cdot 0^0\,15'\,56''}$	$0{,}99450 \cdot e^{i \cdot 1^0\,3'\,57''}$	$0{,}98794 \cdot e^{i \cdot 2^0\,24'\,33''}$	$0{,}97943 \cdot e^{i\, 4^0\,18'\,31''}$

Weniger interessante Veränderungen bietet die Phase der Spannung. Da γ mit zunehmender Kabellänge immer größer wird, so sehen wir die Phase der Anfangsspannung derjenigen der Endspannung immer mehr voreilen, je länger das Kabel wird; diese Voreilung nimmt aber mit zunehmender Kabeldicke immer mehr ab. Während wir bei dem schwächsten Kabel (1) bei 200 km die sehr beträchtliche Voreilung von 69^0 finden, beträgt sie bei dem stärksten Kabel (8) nur $12^1/_2{}^0$, bei der Freileitung sogar nur 4^0. Praktische Bedeutung hat die Verschiebung der Endspannung gegen die Anfangsspannung natürlich nicht. Wichtig ist nur die Verschiebung der Spannung gegen die Stromstärke. Auf diese haben wir daher noch ausführlich zurückzukommen.

Die oben besprochene Zunahme der Spannung eines offenen Kabels vom Anfang nach dem Ende hin ist unter dem Namen Ferrantisches Phänomen bekannt. Sie wurde entdeckt, als im Jahre 1890 die große Ferranti-Zentrale in Deptford errichtet, und die Speisekabel nach London hin verlegt wurden. Man kontrollierte die Kabelverlegung dadurch, daß man nach Verlegung neuer Längen immer die Endspannung maß, und bemerkte zur größten Verwunderung, daß die Spannung immer größer wurde, je mehr man sich von Deptford entfernte. Das Phänomen wurde darnach von Prof. Flemming geleugnet, welcher an den fertig verlegten Kabeln Messungen ausführte und darüber der Institution of Electrical Engineers ausführlich berichtete.*)

Die Abhängigkeit der Stromaufnahme von der Kabellänge.

Auf S. 94, Gl. 18c, ist festgestellt worden, daß ein unendlich langes, am Ende offenes Kabel, wenn es am Anfang mit einer Spannung vom effektiven Werte Ep_0 gespeist wird, einen Strom von der Stärke

$$J_0 = Ep_0 \sqrt{m^2 + n^2}$$

aufnimmt, wobei m und n reell und konstant sind und den durch Gl. 17, S. 93, gegebenen Wert haben. Für die Praxis ist natürlich nur die Kenntnis der Stromaufnahme endlicher Längen wichtig, und besonders interessant ist die Frage, ob diese Stromaufnahme

---

*) S. Journal of the Institution of Electrical Engineers. Bd. 20. 1891. S. 362.

durch eine ähnlich einfache Formel berechnet werden kann wie die obige, oder ob es gar ausreicht, diese unverändert zu übernehmen. Wir fassen diese Frage jetzt näher ins Auge, da es offenbar von technischer Bedeutung ist, festzustellen, welche Ansprüche unbelastete oder schwach belastete Kabelnetze an die Generatoren stellen.

Aus Gl. 13 u. 15 erhält man durch Division, wenn man die Maximalwerte $Ep_{x,\max}$ und $J_{x,\max}$ durch die Effektivwerte Ep_x und J_x ersetzt.

$$J_x = Ep_x \sqrt{m^2 + n^2} \sqrt{\frac{e^{2ax} + e^{-2ax} - 2\cos 2bx}{e^{2ax} + e^{-2ax} + 2\cos 2bx}}.$$

Bedeutet hierin x die Kabellänge, so sind Ep_x und J_x Werte am Kabelanfang, da wir beim endlichen Kabel x vom Kabelende aus zählen. In der oben angeführten Formel für das unendlich lange Kabel tragen die Werte E_p und J für den Kabelanfang den Index 0 statt des Index x, weil beim unendlich langen Kabel die Zählung vom Anfang aus geschah. Dieser Unterschied der Zählrichtung wird aber bei den folgenden Betrachtungen nicht stören.

Sind die Anfangsspannungen Ep_x beim endlichen und Ep_0 beim unendlichen Kabel einander gleich, so ist das Verhältnis der dazu gehörigen Stromstärken

$$\frac{J_x}{J_0} = \sqrt{\frac{e^{2ax} + e^{-2ax} - 2\cos 2bx}{e^{2ax} + e^{-2ax} + 2\cos 2bx}} = f,$$

und es ist daher festzustellen, wie sich dieser Ausdruck mit der Kabellänge x ändert.

Wenn $2bx$ ein ungerades Vielfaches von 90^0 ist, so ist $\cos(2bx) = 0$ und daher $f = 1$. Liegt $(2bx)$ zwischen 90^0 und 270^0, so ist $f > 1$, liegt es zwischen 270^0 und $2\pi + 90^0$, so ist $f < 1$, bei weiterer Vergrößerung von $(2bx)$ um 180^0 wird der Wert $f = 1$ abwechselnd unter- und überschritten. Die Abweichungen von 1 werden aber um so kleiner, je größer x wird, weil $2\cos 2bx$ dann immer mehr gegen $(e^{2ax} + e^{-2ax})$ zurücktritt. Da die höchsten Abweichungen von 1 bei um so kleineren Werten von x auftreten, je größer b ist, und gleichzeitig $(e^{2ax} + e^{-2ax})$ um so kleinere Werte hat, je geringer a ist, so werden die Abweichungen des Verhältnisses f von 1 um so größer, je größer b gegen a ist. Daß das der Fall ist, erkennt man sogleich bei der Betrachtung der Fig. 33 bis 36, in denen

$$\chi\, Ep_{x,\max}^2 = e^{2ax} + e^{-2ax} + 2\cos 2bx$$

und
$$\lambda\, J^2_{x,\,\mathrm{max}} = e^{2ax} + e^{-2ax} - 2\cos 2\,bx$$

also
$$\frac{\lambda\, J^2_{x,\,\mathrm{max}}}{\chi\, Ep^2_{x,\,\mathrm{max}}} = f^2$$

ist. Die Schnittpunkte von $Ep^2_{x,\,\mathrm{max}}$ und $J^2_{x,\,\mathrm{max}}$ stellen die Punkte dar, bei denen $f = 1$, und zwischen ihnen liegen die Kurvenstrecken für die abwechselnd $f \lessgtr 1$ ist. Das Verhältnis von $\lambda\, J^2_{x,\,\mathrm{max}}$ und $\chi\, Ep^2_{x,\,\mathrm{max}}$ erreicht z. B. bei Fig. 36 weit größere Abweichungen von 1 als bei Fig. 34; es fängt in allen Fällen mit 0 an, steigt bis 1 und pendelt dann um 1 herum, von diesem Werte immer weniger abweichend. Die Stromstärke nähert sich also mit zunehmender Kabellänge dem für unendliche Längen geltenden Grenzwerte nicht gleichmäßig, sondern derart, daß sie ihn abwechselnd über- und unterschreitet, dabei aber immer weniger von ihm abweicht.

Im vorangehenden liegt also das merkwürdige Ergebnis, daß ein kürzeres Kabel, an einen Generator angeschlossen, einen größeren Strom aufnehmen kann als ein längeres von gleichem Typ und Querschnitt, ein endliches einen größeren Strom als ein unendliches. Um zu erkennen, wie weit dies praktisch in Betracht kommt, hat der Verfasser für die oft erwähnten 10 000-Volt-Kabel und für die Lauffen-Frankfurter Freileitung bei der Anfangsspannung von 10 000 Volt die Stromaufnahmen für verschiedene Längen ausgerechnet. In der Tabelle XIV sind diese Resultate angegeben und der, der Tabelle VIII entnommenen, Stromaufnahme bei unendlicher Länge gegenübergestellt. Tabelle XIV enthält außerdem die Winkel $(2\,bl)$ in Graden, welche sich aus den in Tabelle VII angeführten Werten von b für die 4 Kabellängen ergeben.

Man sieht aus Tabelle XIV, daß bei Kabel 1 u. 2 schon bei 150 km Länge die Stromaufnahme größer ist als bei unendlicher Länge, bei Kabel 3 u. 4 erst bei 200 km und bei den übrigen Kabeln und der Freileitung bei noch größeren Längen. Der zweite Teil dieser Tabelle zeigt, daß, wo diese erhöhte Stromaufnahme eintritt, die Winkel $(2\,bx)$ größer sind als 90°. Bei allen Kabeln und der Freileitung hätte eine Vergrößerung der Länge, etwa durch die Zunahme des Betriebsbereiches einer Anlage, eine Steigerung der Stromaufnahme zur Folge, solange die Länge 200 km nicht überschreitet. Würde man aber die Länge noch über 200 km hinaus vergrößern, so träte allmählich wieder eine Abnahme der Stromstärke ein: bei Kabel 1 z. B. von einer Länge von

Tabelle XIV.

Vergleich der Stromaufnahme J_l endlicher Kabel von verschiedener Länge mit derjenigen unendlich langer Kabel pro 10000 Volt Phasenspannung am Anfang bei $\nu = 50$.

		J_l				$2\,b\,l$			
Nr.	$l = 50$ km	$l = 100$ km	$l = 150$ km	$l = 200$ km	$l = \infty$	$l = 50$ km	$l = 100$ km	$l = 150$ km	$l = 200$ km
1	20,471	39,947	52,913	55,591	47,418	36° 18′	72° 36′	108° 54′	145° 12′
2	22,550	44,946	63,906	73,900	63,009	30° 35′ 32″	61° 11′ 4″	91° 46′ 36″	122° 22′ 8″
3	25,564	51,423	75,783	93,742	83,530	26° 41′ 16″	53° 22′ 32″	80° 3′ 48″	106° 45′ 4″
4	27,311	55,181	82,824	106,80	101,580	23° 57′ 44″	47° 55′ 28″	71° 53′ 12″	95° 50′ 56″
5	29,213	59,185	89,896	119,46	124,320	21° 32′ 16″	43° 4′ 32″	64° 36′ 48″	86° 9′ 4″
6	31,111	63,140	96,572	130,72	149,330	19° 43′ 16″	39° 26′ 32″	59° 9′ 48″	78° 53′ 4″
7	32,849	66,727	102,44	140,13	174,640	18° 22′ 8″	36° 44′ 16″	55° 6′ 24″	73° 28′ 32″
8	33,960	69,010	106,15	145,99	194,430	17° 29′ 28″	34° 58′ 56″	52° 28′ 24″	69° 57′ 52″
Frei-leitung	1,3709	2,7495	4,142	5,553	13,918	9° 3′ 38″	18° 7′ 16″	27° 10′ 54″	36° 14′ 32″

10000-Volt-Kabel

$$200 \cdot \frac{180^0}{145^0\,12'} = 248 \text{ km}$$

an, da dann f wieder kleiner wird, bei den stärkeren Kabeln aber erst bei größeren Längen.

Bei praktisch ausgeführten Anlagen mit Kabeln oder Freileitungen kommt es also kaum vor, daß eine Verlängerung der Leitung eine Verminderung der Stromaufnahme zur Folge hat, oder daß die Stromaufnahmen größer werden als bei unendlicher Länge. Die Möglichkeit der letzteren Erscheinung liegt aber näher als die der ersteren.

Auch über die Frage, welche Fehler es mit sich bringt, wenn man bei den praktisch üblichen Kabellängen mit der einfachen Formel (Gl. 18c, S. 94) für unendlich lange Kabel rechnet, läßt sich leicht eine Entscheidung fällen:

f weicht offenbar dann am meisten von 1 ab, wenn $\cos 2\,b\,x = \pm 1$ ist. Setzt man, um mit der größten Fehlergrenze zu rechnen, z. B. $\cos 2\,b\,x = -1$, so erhält man bei einem Fehler von $1\,\%$ für die berechnete Stromstärke statt $f = 1$

$$f = 1{,}01 = \sqrt{\frac{e^{2\,a\,x} + e^{-2\,a\,x} + 2}{e^{2\,a\,x} + e^{-2\,a\,x} - 2}}$$

und kann danach leicht $a\,x$ und daraus bei gegebenem a die Leitungslänge in km berechnen. Nimmt man, um einen Begriff von der Größenordnung der Fehler zu erhalten, nach Tabelle VII bei Kabeln für a die Grenzwerte $5{,}8349 \cdot 10^{-3}$ und $1{,}6584 \cdot 10^{-3}$ und bei Freileitungen den Wert $1{,}17200 \cdot 10^{-3}$ an, so erhält man für einen Fehler von $1\,\%$ und einen solchen von $5\,\%$ die in Tabelle XV zusammengestellten Längen. x_1 gilt dabei für das dünnste, x_2 für das dickste der 10000-Volt-Kabel.

Tabelle XV.

f	Länge in Kilometern	
	Kabel	Freileitung
1,01	$x_1 = 454$ $x_2 = 1599$	$x = 2263$
1,05	$x_1 = 318$ $x_2 = 1197$	$x = 1584$

Man sieht aus Tabelle XV, daß bei den heute gebräuchlichen Leitungslängen, die bei der Anwendung der vereinfachten Formel für die Stromaufnahme zu befürchtenden Fehlergrenzen doch sehr beträchtlich sind. Freilich sind die angegebenen Fehler auch die höchsten, welche möglich sind. Liegt $(2\,bx)$ gerade in der Nähe von 90^0, so sind die Fehler nur sehr gering.

Die Verteilung der Phasenverschiebung.

Von Interesse und Wichtigkeit ist auch eine Betrachtung der Phasenverschiebung φ_x zwischen Spannung und Strom an irgend einer Stelle x, insbesondere bei $x = l$, d. h. am Anfange des Kabels. Diese Verschiebung, welche gleichzeitig auch die Phasenverschiebung zwischen Spannung und Strom an den Maschinenklemmen ist, hat für die Spannungsregulierung der Maschine eine sehr große Bedeutung. Wir erhalten φ_x aus der allgemeinen Gl. 23, S. 9. Zu diesem Zwecke sind $\mathbf{E}\mathbf{p}_x$ und $\mathbf{I}_x$ in Gl. 11 und 12 auf die Form der Gl. 14 und 15, S. 7, zu bringen, von denen bei der Entwickelung von Gl. 23, S. 9, ausgegangen wurde. Dies geschieht durch Anwendung des Moivreschen Satzes auf $\mathbf{E}\mathbf{p}_x$ und $\mathbf{I}_x$ und Trennung der reellen und imaginären Größen. Man erhält, wenn man der Kürze wegen wieder

$$\operatorname{arctg} \frac{n}{m} = \beta \tag{28}$$

setzt

$$p_e = \frac{E p_{0,\mathrm{max}}}{2}\,(e^{ax} + e^{-ax})\cos bx$$

$$q_e = \frac{E p_{0,\mathrm{max}}}{2}\,(e^{ax} - e^{-ax})\sin bx$$

$$p_i = \sqrt{m^2 + n^2}\,\frac{E p_{0,\mathrm{max}}}{2}\left[e^{ax}\cos(bx + \beta) - e^{-ax}\cos(bx - \beta)\right] \tag{29}$$

$$q_i = \sqrt{m^2 + n^2}\,\frac{E p_{0,\mathrm{max}}}{2}\left[e^{ax}\sin(bx + \beta) + e^{-ax}\sin(bx - \beta)\right]$$

und durch Einsetzung in Gl. 23, S. 9, nach einigen trigonometrischen Vereinfachungen

$$\varphi_x = -\left[\beta + \operatorname{arctg}\frac{2\sin 2bx}{e^{2ax} - e^{-2ax}}\right]. \tag{30}$$

Ein positives φ_x würde hier nach der bei Gl. 23, S. 9, gemachten Bemerkung eine Voreilung der Spannung gegenüber der Stromstärke bedeuten; lassen wir das negative Zeichen weg, so bedeutet also ein positives φ_x in obigem Ausdruck eine Voreilung der Stromstärke gegenüber der Spannung.

Für das Kabelende ($x = 0$) erhält man nach obigen Gleichungen einen unbestimmten Ausdruck für φ_x. Die hier auftretende Phasenverschiebung $\varphi_x = \varphi_0$ kann man aber besonders berechnen. Da nämlich das unendlich kleine Kabelstückchen, welches das Kabelende bildet, nur Strom aufnimmt, aber nicht weiterführt, so verhält es sich wie ein der Endspannung $\mathbf{E}\mathfrak{p}_0$ ausgesetzter unendlich kleiner Kondensator mit Kapazität und Ableitung. Nach Gl. 8, S. 40, hat der Strom darin eine Voreilung φ_0 gegen die Spannung von solcher Größe, daß

$$\operatorname{tg}\varphi_0 = \omega c \varrho \qquad (31)$$

ist.

Man kommt zu demselben Ergebnisse, wenn man in Gl. 30 den Bruch oben und unten nach x differentiiert. Führt man außerdem den Hilfswinkel ψ ein nach der Gleichung

$$\frac{b}{a} = \operatorname{tg}\psi\,, \qquad (32)$$

so erhält man

$$\frac{2\cos 2bx}{e^{2ax} + e^{-2ax}}\operatorname{tg}\psi\,. \qquad (33)$$

Für $x = 0$ ergibt dies

$$\operatorname{tg}\varphi_0 = \operatorname{tg}(\beta + \psi) = \frac{\operatorname{tg}\beta + \operatorname{tg}\psi}{1 - \operatorname{tg}\beta\,\operatorname{tg}\psi}\,. \qquad (34)$$

Setzt man hierin für $\operatorname{tg}\beta = \dfrac{n}{m}$ und $\operatorname{tg}\psi$ ihre Werte nach Gl. 17, S. 93, und Gl. 32 ein, so erhält man nach einigen algebraischen Umformungen

$$\operatorname{tg}\varphi_0 = \frac{2abw - (a^2 - b^2)s}{2abs + (a^2 - b^2)w}$$

und unter Benutzung der Gl. 14 und 15, S. 54,

$$\operatorname{tg}\varphi_0 = \frac{\varkappa}{g}\,\frac{w^2 + \varrho^2}{w^2 + \varrho^2} = \frac{\varkappa}{g}\,.$$

Führt man ωc für $\varkappa$ und statt g, welches den reziproken Wert des Isolationswiderstandes ϱ des Kabels pro km bedeutet, die Größe ϱ selbst ein, so erhält man

$$\operatorname{tg}\varphi_0 = \omega c \varrho$$

wie oben in Gl. 31.

Zur Gl. 34 kann man auch auf folgende etwas anschaulichere Weise gelangen: Wir stellen $\mathfrak{L}x$ nach Gl. 12 durch zwei Spiralen dar, wie früher in Fig. 28 a. Im vorliegenden Falle ist die Ausgangslinie beider Spiralen statt um 45° um β gegen die horizontale Richtlinie nach links zu drehen. Wie in Fig. 29 a sind die Stromstärken wiederzugeben durch Sehnen, durch welche man die Endpunkte zweier unter gleichen Winkeln α gegen die Ausgangslinie nach rechts und links geneigter Leitstrahlen beider Spiralen mit einander zu verbinden hat; die Neigungswinkel dieser Sehnen gegen die Richtlinie, nicht gegen die Ausgangslinie, bilden dann die Phasenverschiebungen gegen die Endspannung. Für $\alpha = 0$, d. h. am Ende des Kabels, wird diese Sehne wieder unendlich klein, und ihre Richtung wird die Richtung einer Tangente, welche an die beiden in der Ausgangslinie stetig in einander übergehenden Spiralen im Schnittpunkte mit der Ausgangslinie zu legen ist. Bezogen auf die Ausgangslinie lautet die Gleichung der beiden Spiralen nach Gl. 12 S. 116 und nach S. 99

$$r = \frac{E p_{0,\,\max}}{2}\, \sqrt{m^2 + n^2}\; e^{\pm\frac{a}{b}\alpha} = c\,e^{\pm\frac{a}{b}\alpha}. \tag{35}$$

Den Neigungswinkel δ_l der genannten Tangente gegen die Ausgangslinie erhalten wir für die linksdrehende Spirale

$$r = c\,e^{+\frac{a}{b}\cdot\alpha} \tag{36}$$

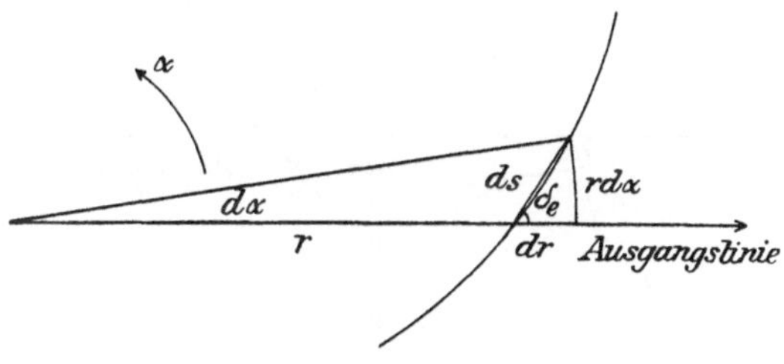

Fig. 38 a.

durch Fig. 38 a, in welcher ds ein unendlich kleines Stück der Spirale an der Ausgangslinie*) und r den dazugehörigen Leitstrahl darstellt. Es ist

$$\operatorname{tg} \delta_l = \frac{r\,d\alpha}{dr}.$$

Da andererseits nach Gl. 36

$$\frac{dr}{d\alpha} = +\frac{a}{b}\,c\,e^{+\frac{a}{b}\alpha} = +\frac{a}{b}\,r$$

ist, so ergibt sich

$$\operatorname{tg} \delta_l = +\frac{b}{a}.$$

---

*) In dieser Hilfsfigur ist die Ausgangslinie der Raumersparnis wegen horizontal gelegt.

Für den Neigungswinkel δ_r der Tangente der rechts drehenden Spirale

$$r = ce^{-\frac{a}{b}\alpha} \tag{37}$$

ergibt Fig. 38 b

$$\operatorname{tg}\delta_l = \frac{r\,d\alpha}{-dr} = -\frac{r\,d\alpha}{dr}.$$

Da nach Gl. 37

$$\frac{dr}{d\alpha} = -\frac{a}{b}\,c\,e^{-\frac{a}{b}\alpha} = -\frac{a}{b}\,r$$

ist, so folgt

$$\operatorname{tg}\delta_l = +\frac{b}{a}.$$

Aus $\operatorname{tg}\delta_l = \dfrac{b}{a} = \operatorname{tg}\delta_r$ und aus den Fig. 38a und 38b geht hervor, daß

$$\delta_r = \delta_l + 180^0$$

ist. Die Tangente, welche an die rechtsdrehende Spirale gelegt ist, bildet demnach die Verlängerung der entgegengesetzt gerichteten Tangente an

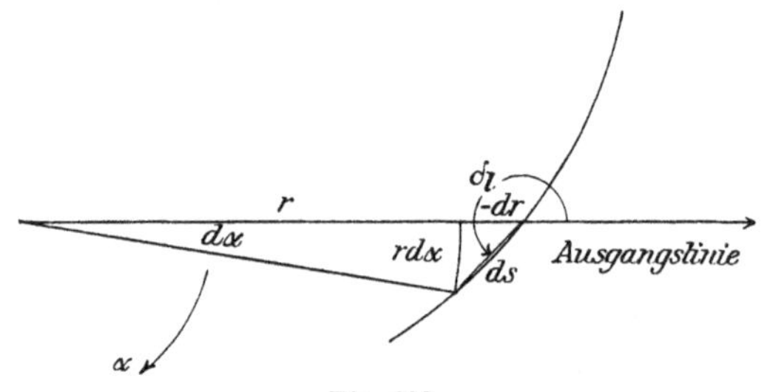

Fig. 38 b.

die linksdrehende Spirale. Beide Tangenten bilden also eine einzige Gerade, deren Richtung im Sinne der Tangente an die linksdrehende Spirale gezählt den Neigungswinkel $\delta_r = \delta$ gegen die Ausgangslinie und den Neigungswinkel $(\delta + \beta)$ gegen die Richtlinie hat. Der Winkel $(\delta + \beta)$ bildet also die Phasenverschiebung des Stromes gegen die Spannung am Kabelende; er stimmt überein mit dem in Gl. 34 gegebenen Winkel $\varphi_0 = \beta + \psi$, denn aus $\operatorname{tg}\psi = \dfrac{b}{a}$ (Gl. 32) **und** aus $\operatorname{tg}\delta = \dfrac{b}{a}$ ergibt sich $\delta = \psi$.

Der Winkel φ_0 der Voreilung am Kabelende nähert sich also um so mehr dem Werte von 90^0, je größer die Kapazität und der Isolationswiderstand des Kabels sind. Bei geringem Isolationswiderstande ist er gering, bei sehr guter Isolation dagegen erreicht er 90^0, wenn die Kapazität nicht sehr gering ist; bei der Kapazität 0 ist er 0. Andere Werte als zwischen 0^0 und 90^0 kann er nicht annehmen;

eine Verzögerung der Stromstärke gegenüber der Spannung ist also nicht möglich. Kupferwiderstand und Selbstinduktion haben auf die Phasenverschiebung keinen Einfluß. Bei praktisch ausgeführten gut isolierten Kabeln ist $\omega c \varrho$ von der Größenordnung Hunderttausend und mehr. φ_0 beträgt also bei allen guten Kabeln gegen 90°.

Je mehr man sich vom Kabelende entfernt, desto mehr steigt der Nenner in Gl. 30 an, und desto näher kommt φ_x dem Werte

$$\varphi_x = \beta,$$

d. h.: Je länger ein offenes Kabel ist, desto mehr nähert sich an seinem **Anfange** die Voreilung der Stromstärke gegenüber der Spannung demjenigen Werte, den sie bei einem unendlich langen Kabel mit gleichen elektrischen Daten nach S. 94 überall hat. Ob

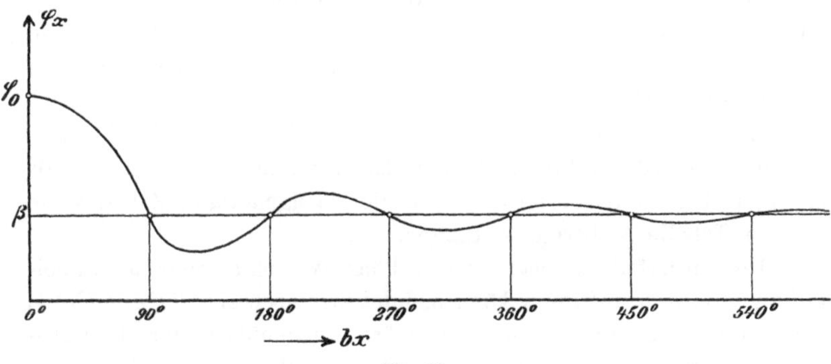

Fig. 39.

die Voreilung am **Ende** des endlichen Kabels größer oder kleiner ist als dieser Winkel, ist dabei gleichgültig.

Die Art, wie φ_x von φ_0 zu diesem Grenzwerte β übergeht, zeigt ein Blick auf Gl. 30. Da der in dieser Gleichung enthaltene Nenner $(e^{2ax} - e^{-2ax})$ mit zunehmendem x beständig ansteigt, so muß der Bruch, dem dieser Nenner angehört, mit seinem Zähler $\sin 2 b x$ zwischen positiven und negativen Werten auf- und niederwogen, dabei aber immer kleinere Werte annehmen. Ist $2 b x$ ein Vielfaches von π, so wird dieser Bruch $= 0$ und $\varphi_x = \beta$.

Faßt man diese Ergebnisse zusammen, so erkennt man folgendes: Die Phasenverschiebung, welche am Ende des endlichen offenen Kabels den Wert φ_0 entsprechend der Gleichung $\operatorname{tg} \varphi_0 = \varkappa \varrho$ hat, nähert sich (Fig. 39) zunächst ohne Schwankung dem Wert $\varphi_x = \beta$

10*

und erreicht diesen bei $2\,bx = \pi$ oder $bx = 90^0$. Hinter $bx = 90^0$ sinkt φ_x wieder unter β, steigt dann aber bis $bx = \pi$ wieder auf β an. Hinter $bx = \pi$ überschreitet φ_x wieder den Winkel β, um bei $bx = \frac{3}{2}\pi$ wieder auf β zu fallen usw. φ_x wogt fortwährend zwischen Werten über und unter β auf und nieder, die Abweichungen von β werden aber immer kleiner, bis φ_x in der Unendlichkeit schließlich mit β zusammenfällt.

Ein ähnliches Ergebnis fanden wir oben für die Stromaufnahme, welche bei einem unendlich kurzen Kabel den Wert Null hat und sich dann mit zunehmender Länge immer mehr dem für das unendlich lange Kabel geltenden Werte nähert, dabei diesen Wert mit immer geringer werdender Abweichung abwechselnd über- und unterschreitend. Während aber bei der Phasenverschiebung der Grenzwert bei $2\,bx = 0^0$, 180^0, 360^0 ... erreicht wird, erhält man ihn bei der Stromaufnahme bei $2\,bx = 90^0$, 270^0, 450^0 ... Die Werte der einen Art liegen also in der Mitte zwischen den Werten der anderen Art.

Der in dem Spezialfalle $b = a$ auftretende Verlauf der Phasenverschiebung ist in Fig. 30b für das Intervall $bx = ax$ von 0^0 bis 180^0 bereits dargestellt. Auch die dazugehörigen Zahlenwerte sind in Tabelle X bereits enthalten.

Um ein Urteil zu geben, welche Phasenverschiebungen am Kabelanfang praktisch auftreten können, folgt hier noch eine Tabelle (XVI) über die Voreilungen der Stromstärke gegenüber der Betriebsspannung, welche am Anfang der oft genannten 10 000 Volt-Kabel und der Lauffen-Frankfurter Freileitung bei verschiedener Länge auftreten würden.

Man sieht, daß bei den heute praktisch vorkommenden geringen Kabellängen die Phasenverschiebung am Anfang der leeren Leitung meist in der Nähe von 90^0 liegen wird; indessen können auch wesentliche Abweichungen vorkommen. So ergibt z. B. Kabel 1 bei 100 km eine Phasenverschiebung von 76^0, bei 150 km von 61^0 und bei 200 km von 49^0. Die Art der Belastung eines Generators, an den ein offenes Kabel angeschlossen ist, hängt also auch in Bezug auf die Phasenverschiebung der von ihm zu liefernden Spannung und Stromstärke nicht nur von dem Kabeltyp sondern auch von der Kabellänge sehr erheblich ab und kann sich bei der Verlängerung eines vorhandenen Kabels sehr beträchtlich ändern.

Tabelle XVI.

Die Voreilungen φ_l der Stromstärke gegenüber der Spannung am Anfang der 10000-Volt-Kabel und der Lauffen-Frankfurter Freileitung für $\nu = 50$ bei verschiedenen Längen und offenem Ende.

$$\varphi_l$$

	Nr.	$l = 50$ km	$l = 100$ km	$l = 150$ km	$l = 200$ km	$l = \infty$
	1	86° 21′ 37″	75° 53′ 36″	61° 16′ 26″	48° 55′ 36″	42° 33′ 19″
	2	87° 29′ 17″	80° 9′ 41″	68° 39′ 16″	56° 3′ 32″	41° 25′ 27″
	3	88° 10′ 8″	82° 47′ 32″	73° 52′ 39″	62° 38′ 50″	40° 3′ 53″
10000-Volt-Kabel	4	88° 34′ 55″	84° 27′ 43″	77° 26′ 6″	67° 52′ 35″	38° 31′ 12″
	5	88° 55′ 25″	85° 49′ 59″	80° 27′ 45″	72° 46′ 4″	36° 24′ 45″
	6	89° 10′ 23″	86° 48′ 35″	82° 40′ 35″	76° 33′ 57″	33° 47′ 33″
	7	89° 20′ 25″	87° 30′ 38″	84° 15′ 59″	79° 23′ 53″	30° 58′ 39″
	8	89° 26′ 58″	87° 57′ 11″	85° 7′ 30″	81° 15′ 26″	28° 27′ 28″
Frei-lei-tung		89° 49′ 47″	89° 17′ 17″	88° 23′ 12″	87° 6′ 21″	36° 32′ 25″

Die Effektaufnahme des Kabels.

Die Arbeitsleistung

$$A_x = \frac{E p_{x,\,\mathrm{max}}\, J_{x,\,\mathrm{max}}}{2}\, \cos \varphi_x,$$

welche an irgend einer Stelle x des Kabels nachgewiesen werden
kann und von dort nach dem Kabelende weitergeleitet wird, erhält
man aus der allgemeinen Leistungsgleichung, wenn man bedenkt,
daß p_e, p_i, q_e und q_i im vorliegenden Falle die in Gl. 29 angegebenen
Werte haben. Es wird nach einigen trigonometrischen Vereinfachungen

$$A_x = \frac{E p_{0,\,\mathrm{max}}{}^2}{8} \sqrt{m^2 + n^2} \left[(e^{2ax} - e^{-2ax}) \cos \beta - 2 \sin 2bx \sin \beta \right]. \tag{38}$$

In dieser Gleichung kommt die Abhängigkeit der Leistung A_x von
dem Orte, an welchem sie betrachtet wird, allein durch den letzten
Faktor zum Ausdruck. Für die weiteren Betrachtungen setzen wir
diesen Faktor

$$(e^{2ax} - e^{-2ax}) \cos \beta - 2 \sin 2bx \sin \beta = N, \tag{39}$$

so daß

$$A_x = \frac{E p_{0,\,\mathrm{max}}{}^2}{8} \sqrt{m^2 + n^2} \cdot N \quad \text{wird.} \tag{40}$$

Von N läßt sich nun nachweisen, daß es mit wachsendem
x gleichmäßig ansteigt, welches auch immer die elektrischen Daten
des Kabels, also die Größen a und b seien. Daß N in der Tat
bei keinem Werte von x abnimmt, erkennt man, wenn man $\dfrac{dN}{dx}$
bildet und nachweist, daß $\dfrac{dN}{dx}$ niemals negative Werte annehmen
kann. Man erhält aus Gl. 39

$$\frac{dN}{dx} = 2a(e^{2ax} + e^{-2ax}) \cos \beta - 4b \cos 2bx \sin \beta\,.$$

Die Behauptung, daß diese Größe niemals negativ ist, kommt
auf die Behauptung hinaus, daß

$$e^{2ax} + e^{-2ax} \geqq \frac{b}{a}\, \mathrm{tg}\, \beta\, (2 \cos 2bx)$$

ist. Da $(+\,2)$ der höchste Wert ist, den $(2 \cos 2bx)$, und der geringste, den $(e^{2ax} + e^{-2ax})$ annehmen kann, so ist diese Ungleichung schon bei den kleinsten Werten von x erfüllt, wenn

$$\frac{b}{a}\,\mathrm{tg}\,\beta \leqq 1$$

ist. Setzt man nach Gl. 28 $\mathrm{tg}\,\beta = \dfrac{n}{m}$ und hierin nach Gl. 17, S. 93, die Werte für m und n ein, so erhält man die Bedingung

$$\frac{b}{a}\,\frac{bw - as}{aw + bs} \leqq 1\,,$$

und unter Benutzung der Gl. 14 und 15, S. 54,

$$g\,(w^2 + s^2) \geqq 0\,.$$

Unabhängig von dem Werte der Kapazität des Kabels ist dieser Ausdruck immer größer als 0, wenn g und w oder g und s endliche Werte haben, also in allen praktisch vorkommenden Fällen.

Im idealen Falle eines vollkommen isolierten Kabels, d. h. bei $g = 0$ wäre

$$g\,(w^2 + s^2) = 0\,,$$

$$\frac{b}{a}\,\mathrm{tg}\,\beta = 1\,,$$

und $\dfrac{dN}{dx}$ hätte den Wert 0 für $x = 0$, aber positive Werte für alle anderen Werte von x. Auch in diesem Falle würde die Kurve für N gleichmäßig ansteigen.

Wie es für N nachgewiesen wurde, so steigt nach Gl. 40 auch A_x mit wachsendem x stetig an. Die elektrische Leistung des Wechselstromes nimmt also vom Kabelanfang nach dem Ende hin stetig ab, bis sie am Ende den Wert Null erreicht. Daß dieses stetige Abnehmen notwendig ist, und ein Fluktuieren, wie es bei Ep_x und J_x eintreten kann, bei A_x den Naturgesetzen widerspräche, erkennt man leicht, wenn man $\dfrac{dA}{dx}$ betrachtet. $\dfrac{dA}{dx}$ bedeutet die Zunahme der Leistung pro Längeneinheit des Kabels vom Kabelende aus oder in der Form $\dfrac{-dA}{-dx} = \dfrac{dA}{dx}$ die Abnahme der Leistung pro Längeneinheit vom Kabelanfang aus. Diese Leistungsabnahme beim Durchfluß des Stromes durch das Kabel kann nur darin ihren Grund haben, daß elektrische Energie in Wärme umgesetzt wird, und zwar in jedem Leiterstück dx und der dazu gehörigen Isolation zusammen die Energie dA. Würde A_x fluktuieren, so würde $\dfrac{dA}{dx}$ an den Stellen negativ werden, wo A_x vom Kabelende aus abnähme oder vom Anfang aus stiege. Hier würde also die Wärme nicht vom Strom im Kabel erzeugt, sondern durch den Strom dem Kabel entzogen werden. Das Kabel würde an diesen Stellen vom Strome also gekühlt statt erhitzt, was nach dem Jouleschen Gesetz nicht möglich ist. Der Wert $\dfrac{dA}{dx}$ muß in Kabeln von vorzüglicher Isolation ($g = 0$) der in den Kupferadern erzeugten Stromwärme $\dfrac{J_{x,\,\mathrm{max}}^2}{2}\, w$ gleich sein, da Selbstinduktion und Kapazität keinen Arbeitsverbrauch zur Folge haben. Man kann sich von der Richtigkeit dieser Behauptung überzeugen, wenn man den Ausdruck $\dfrac{J_{x,\,\mathrm{max}}^2}{2}\, w$ unter Benutzung von Gl. 19, S. 95 und Gl. 15 wirklich ausrechnet und mit dem aus Gl. 38 zu bildenden Werte $\dfrac{dA}{dx}$ vergleicht.

Die bei den 10 000-Volt-Kabeln und der Freileitung auftretenden Werte der Effektaufnahme für die normale Anfangsspannung von $Ep_l = 10\,000$ Volt lassen sich mit Hilfe der Gleichung

$$A_l = Ep_l \cdot J_l \cdot \cos\varphi_l$$

unter Benutzung der Tabelle XIV für J_l und XVI für φ_l leicht berechnen. Die sich ergebenden Werte sind in Tabelle XVII zusammengestellt.

Man findet zunächst das auffällige Ergebnis, daß die Effektaufnahme der dickeren Kabel durchgehends kleiner ist als die der dünneren, während das bei der aufgenommenen Stromstärke (Tabelle XIV) umgekehrt war. Der Unterschied rührt offenbar daher, daß der aufgenommene Effekt hauptsächlich im Kupferleiter bleibt und bei den dickeren Kabeln wegen des kleineren Kupferwiderstandes trotz der größeren Stromstärke kleiner ist. Der Effekt, der in der Isolation verloren geht, läßt sich ohne umständliche Rechnung zwar nur schätzungsweise beurteilen, man kann aber leicht erkennen, daß er viel geringer ist als der im Kupfer verbleibende.

Tabelle XVII.

Effektaufnahmen in Kilowatt der offenen Kabel und der
Freileitung bei verschiedenen Längen
pro 10000 Volt Phasenspannung am Anfang und bei $\nu = 50$.

	Nr.	50 km	100 km	150 km	200 km	∞
	1	12,996	97,362	254,306	365,250	349,292
	2	9,883	76,800	232,616	412,610	472,455
	3	8,169	64,521	210,440	430,709	639,267
10000-Volt-Kabel	4	6,759	53,254	180,183	402,218	794,750
	5	5,488	43,005	148,953	353,892	1000,489
	6	4,490	35,138	123,103	303,713	1241,030
	7	3,782	28,983	102,340	257,817	1497,310
	8	3,263	24,649	87,132	221,900	1709,384
Freileitung		0,0407	0,3416	1,166	2,804	111,823

Beständе die Anfangsspannung Ep_l über die ganze Länge des
Kabels hinweg, so wäre der in die Isolation fließende Strom pro km
$J_i = Ep_l \cdot g$, wobei nach S. 76 $g = 6,67 \cdot 10^{-8}$ ist. Man findet
daher

$$J_i = 10\,000 \cdot 6,67 \cdot 10^{-8} = 6,67 \cdot 10^{-4}$$

und den in der Isolation verbleibenden Effekt:

$$Ep_l \cdot J_i = 6,67 \text{ Watt};$$

also bei 50 km 333 Watt, d. h. $10\,^0/_0$ von dem niedrigsten Werte der
Effektaufnahme, der in Tabelle XVII bei den Kabeln vorkommt.

Mit zunehmender Länge steigt nach Tabelle XVII der Verlust
in allen Leitungen weit schneller als die Länge. Bei langen Kabeln
ist der prozentische Anstieg des Verlustes pro Kilometer kleiner
als bei kurzen. Von 200 km bis zu unendlicher Länge tritt nur
bei Freileitungen und bei den stärkeren Kabeln eine sehr erhebliche Vergrößerung der Effektaufnahme ein, bei den schwächeren
Kabeln aber nur eine geringe. Ja bei Kabel I ist die Effektaufnahme

bei unendlicher Länge kleiner als bei 200 km; hier hat also eine Verlängerung des Kabels eine Verringerung seiner Effektaufnahme zur Folge. Diese mit dem Verhalten der Stromstärke in Einklang stehende seltsame Erscheinung läßt sich aus Gl. 38 leicht erklären.

Gleichung 38 drückt A_x durch die Endspannung $Ep_{0,\,\mathrm{max}}$ aus. Wir bestimmen A_x aus der bei unseren Betrachtungen als konstant angenommenen Anfangsspannung Ep_l unter Berücksichtigung der in Gl. 13, S. 117 angegebenen Beziehung zwischen Ep_0 und Ep_l, welche für $x = l$ lautet:

$$\frac{Ep_l}{Ep_0} = \tfrac{1}{2}\sqrt{e^{2al} + e^{-2al} + 2\cos 2bl}.$$

Unter Berücksichtigung der Beziehung zwischen Effektiv- und Maximalwert

$$Ep_0 = \frac{Ep_{0,\,\mathrm{max}}}{\sqrt{2}}$$

ergibt sich hieraus:

$$A_l = Ep_l^2 \sqrt{m^2 + n^2}\cos\beta \,\frac{e^{2al} - e^{-2al} - 2\sin 2bl\,\mathrm{tg}\,\beta}{e^{2al} + e^{-2al} + 2\cos 2bl}. \qquad (40a)$$

Da in diesem Ausdruck der Bruch

$$f' = \frac{e^{2al} - e^{-2al} - 2\sin 2bl\,\mathrm{tg}\,\beta}{e^{2al} + e^{-2al} + 2\cos 2bl} = \frac{N}{M}$$

die einzige Größe ist, die l enthält, so läßt sich die oben genannte Abnahme des Effektverbrauchs mit zunehmender Kabellänge aus einer Abnahme dieses Faktors erklären.

Die Grenzwerte von f' sind:

$$\text{für}\quad l = 0 \qquad f' = 0$$
$$\text{für}\quad l = \infty \qquad f' = 1.$$

Die oben gefundene Abnahme ist offenbar begründet, wenn bewiesen ist, daß ein höherer Wert als 1 möglich ist; denn, geht l über die dazugehörige Größe hinaus, so muß f' offenbar bis $l = \infty$ wieder abnehmen. Daß $f' > 1$ sein kann, erkennt man aus der Ungleichung:

$$e^{2al} - e^{-2al} - 2\sin 2bl\,\mathrm{tg}\,\beta > e^{2al} + e^{-2al} + 2\cos 2bl,$$

woraus folgt:

$$e^{-2al} + \cos 2bl + \sin 2bl\,\mathrm{tg}\,\beta < 0.$$

Diese Ungleichung ist offenbar erfüllt, wenn

$$2\,bl = n \cdot 2\pi + 180^0$$

und bei größeren Werten von al auch wenn

$$2\,bl = n \cdot 2\pi + 270^0$$

ist, wobei n eine beliebige ganze Zahl bedeutet; sie ist aber auch erfüllt, wenn $2\,bl$ in der Nähe dieser Werte liegt. Werte von A_l, welche größer sind als der Wert für ein unendlich langes Kabel, kehren also mit wachsendem l periodisch wieder. Zwischen den größeren Werten von A_l liegen natürlich auch periodisch wiederkehrende A_l, welche kleiner sind als der genannte Grenzwert. Die kleineren A_l treten auf, wenn

$$2\,bl = n \cdot 2\pi \quad \text{oder} \quad 2\,bl = n \cdot 2\pi + 90^0 \qquad \text{ist.}$$

Wie die Stromstärke und die Phasenverschiebung am Kabelanfang, pendelt also die Effektaufnahme am Kabelanfang bei zunehmender Kabellänge um einen Grenzwert; die Abweichungen von diesem werden auch hier bei zunehmender Länge immer geringer, da in Gl. 40a $e^{2\,al}$ mit wachsendem l die andern Größen immer mehr überwiegt.

Die Werte des Bruches f' für verschiedene Längen gibt Tabelle XVIII für Kabel 1 und 2 wieder. Wir sehen, daß dabei N nach den Betrachtungen auf S. 150 gleichmäßig ansteigt, während M zunächst bis $al = 20^0$ ab- und dann wieder zunimmt. Die zuerst stattfindende Abnahme des Nenners bei gleichzeitiger Zunahme des Zählers hat natürlich eine Zunahme von f' zur Folge, und auch die darauf eintretende Zunahme des Nenners bei gleichzeitiger Zunahme des Zählers läßt eine Zunahme des Bruches zu, da das Anwachsen des Zählers schneller vor sich geht als das des Nenners. Bei demjenigen Werte von $2\,bl$, der 180^0 am nächsten liegt, ist in der Tabelle der höchste Wert von f' verzeichnet, nämlich:

$$\text{bei Kabel 1: bei } 2\,bl = 173^0\ 43{,}68\,,$$
$$\text{bei Kabel 2: bei } 2\,bl = 180^0\ 47{,}04\,.$$

Bei größeren Werten von $2\,bl$ sehen wir f' wieder abnehmen. Nach Tabelle XIV, in der der Zusammenhang zwischen $2\,bl$ und der Länge l in km enthalten ist, gehören zu beiden oben genannten Werten von $2\,bl$ größere Längen als 200 km. In Tabelle XVII steigt also A_l bis 200 km ununterbrochen an. Wäre die Tabelle noch für größere Längen berechnet, so würde bei beiden Kabeln wieder eine Abnahme erfolgen.

Über 1 hinaus geht der Wert von f' in Tabelle XVIII

bei Kabel 1: von $2\,bl = 152^0\ \ 0{,}12'$ an,

bei Kabel 2: von $2\,bl = 158^0\ 11{,}16'$ an.

Das stimmt überein mit Tabelle XVII, in der bei Kabel 1 der erste Wert von A_l, der über den Grenzwert hinaus geht, bei $l = 200$ km entsprechend $2\,bl = 145^0\ 12'$ liegt, und in der bei Kabel 2 bei $l = 200$ km entsprechend $2\,bl = 122^0\ 22'\ 8''\ A_l$ den Grenzwert noch nicht erreicht hat. In der Tat ist bei Kabel 2 selbst bei $2\,bl = 135^0\ 25{,}28'\ f' = 0{,}9922$, wir sehen aber deutlich, daß bei entsprechender Verlängerung von Kabel 2 auch hier A_l über den Grenzwert hinaus gehen würde.

Es möge noch hervorgehoben werden, daß kein Widerspruch zwischen den beiden in diesem Abschnitte gefundenen Ergebnissen besteht: daß einerseits A_x in jedem Kabel vom Anfang nach dem Ende hin ununterbrochen abnimmt, und daß andrerseits mit steigendem l die Werte von A_l nicht gleichmäßig zunehmen, sondern pendelnd ansteigen. Wenn ein Kabel offen an einen Generator angeschlossen und immer mehr verlängert wird, so zeigt das Wattmeter bei konstanter Spannung am Generator zwar keine gleichmäßige Zunahme seines Ausschlages, sondern abwechselnd eine Zu- und Abnahme, bis ein Grenzwert erreicht wird; bei jeder Kabellänge aber würde, wenn man mit dem Wattmeter vom Anfang nach dem Ende hin wanderte, eine Abnahme des Ausschlages beobachtet werden.

Tabelle XVIII.

al	$2\,bl$	Kabel 1			$2\,bl$	Kabel 2		
		N	M	f'		N	M	f'
0°	0°	0	4,0000	0	0°	0	4,0000	0
10°	21° 42,96′	0,03295	3,9811	0,008277	22° 35,88′	0,03425	3,9695	0,008629
20°	43° 25,92′	0,2500	3,9598	0,06313	45° 11,76′	0,2604	3,9166	0,06648
30°	65° 8,88′	0,8326	4,0410	0,2060	67° 47,64′	0,8648	3,9562	0,2186
40°	86° 51,84′	1,9591	4,3970	0,4455	90° 23,52′	2,0276	4,2737	0,4745
50°	108° 34,8′	3,8127	5,2651	0,7241	112° 59,4′	3,9281	5,1213	0,7670
60°	130° 17,76′	6,5969	6,9499	0,9492	135° 35,28′	6,7623	6,8150	0,9922
70°	152° 0,12′	10,5643	9,8339	1,074	158° 11,16′	10,7703	9.7431	1,1055
80°	173° 43,68′	16,0601	14,3963	1,116	180° 47,04′	16,286	14,3845	1,1325
90°	195° 26,64′	23,588	21.2574	1,110	203° 22,92′	23,799	21,3494	1,115

XII. Das belastete Kabel.

Die Grundgleichung.

Nachdem in den vorangehenden Kap. nur offene Kabel betrachtet worden sind, soll jetzt der Fall eines Kabels ins Auge gefaßt werden, aus welchem am Ende bei der Spannung $\mathbf{E}\,\mathbf{p}_0$ der Strom $\mathbf{I}_0$ entnommen wird. $\mathbf{I}_0$ soll dabei von beliebiger Größe und Phase sein.

Zählen wir x vom Kabelende aus, so haben nach der Gl. I, S. 55, Spannung und Strom an irgend einer beliebigen Stelle x die Werte

$$\mathbf{E}\,\mathbf{p}_x = \mathbf{c}_1\, e^{\mathbf{v}x} + \mathbf{c}_2\, e^{-\mathbf{v}x} \tag{1}$$

und

$$\mathbf{I}_x = \frac{\mathbf{v}}{\mathbf{R}}\left(\mathbf{c}_1\, e^{\mathbf{v}x} - \mathbf{c}_2\, e^{-\mathbf{v}x}\right), \tag{2}$$

wobei nach Gl. 13a, S. 54,

$$\mathbf{v} = a + bi = \sqrt{(w + is)(g + i\varkappa)} = \sqrt{\mathbf{R}\,\mathbf{K}} \tag{3}$$

ist. Um die Konstanten $\mathbf{c}_1$ und $\mathbf{c}_2$ zu bestimmen, führen wir die oben aufgestellte Bedingung ein, daß bei $x = 0$

$$\mathbf{E}\,\mathbf{p}_x = \mathbf{E}\,\mathbf{p}_0 \quad \text{und} \quad \mathbf{I}_x = \mathbf{I}_0$$

ist, und erhalten

$$\mathbf{E}\,\mathbf{p}_0 = \mathbf{c}_1 + \mathbf{c}_2$$

und

$$\mathbf{I}_0 = \frac{\mathbf{v}}{\mathbf{R}}\left(\mathbf{c}_1 - \mathbf{c}_2\right),$$

woraus sich ergibt

$$\mathbf{c}_1 = \frac{1}{2}\left[\mathbf{E}\,\mathbf{p}_0 + \frac{\mathbf{R}}{\mathbf{v}}\,\mathbf{I}_0\right]$$

und

$$\mathbf{c}_2 = \frac{1}{2}\left[\mathbf{E}\,\mathbf{p}_0 - \frac{\mathbf{R}}{\mathbf{v}}\,\mathbf{I}_0\right],$$

oder, wenn man der Einfachheit wegen wieder, wie in Gl. 7, S. 108,

$$\frac{R}{v} = \frac{R}{\sqrt{RK}} = \sqrt{\frac{R}{K}} = u \qquad (4)$$

setzt,

$$c_1 = \frac{1}{2}\left(\mathbf{E}\,\mathfrak{p}_0 + u\,\mathbf{I}_0\right)$$

und

$$c_2 = \frac{1}{2}\left(\mathbf{E}\,\mathfrak{p}_0 - u\,\mathbf{I}_0\right).$$

Spannung und Strom an irgend einer Stelle des Kabels werden also

$$\mathbf{E}\,\mathfrak{p}_x = \frac{1}{2}\left[\mathbf{E}\,\mathfrak{p}_0 + u\,\mathbf{I}_0\right]e^{vx} + \frac{1}{2}\left[\mathbf{E}\,\mathfrak{p}_0 - u\,\mathbf{I}_0\right]e^{-vx} \qquad (5)$$

und

$$\mathbf{I}_x = \frac{1}{2\,u}\left[\mathbf{E}\,\mathfrak{p}_0 + u\,\mathbf{I}_0\right]e^{vx} - \frac{1}{2\,u}\left[\mathbf{E}\,\mathfrak{p}_0 - u\,\mathbf{I}_0\right]e^{-vx} \qquad (6)$$

oder, wenn man die Glieder anders ordnet,

$$\mathbf{E}\,\mathfrak{p}_x = \mathbf{E}\,\mathfrak{p}_0\,\frac{1}{2}\left(e^{vx} + e^{-vx}\right) + \mathbf{I}_0\,u\,\frac{1}{2}\left(e^{vx} - e^{-vx}\right) \qquad (7)$$

$$\mathbf{I}_x = \mathbf{I}_0\,\frac{1}{2}\left(e^{vx} + e^{-vx}\right) + \mathbf{E}\,\mathfrak{p}_0\,\frac{1}{u}\cdot\frac{1}{2}\left(e^{vx} - e^{-vx}\right). \qquad (8)$$

Vergleicht man diese Formeln mit der entsprechenden für das offene Kabel (Gl. 4 und 5 auf S. 107), und ersetzt man in den letzteren zur Unterscheidung $\mathbf{E}\,\mathfrak{p}_x$ durch $\mathbf{E}\,\mathfrak{p}_x'$ und $\mathbf{I}_x$ durch $\mathbf{I}_x'$, ferner $E p_{0,\,\mathrm{max}}$, welches bei der Betrachtung des offenen Kabels Ausgangsgröße war, durch $\mathbf{E}\,\mathfrak{p}_0$, so wird

$$\mathbf{E}\,\mathfrak{p}_x' = \mathbf{E}\,\mathfrak{p}_0\,\frac{1}{2}\left(e^{vx} + e^{-vx}\right)$$

$$\mathbf{I}_x' = \frac{1}{u}\,\mathbf{E}\,\mathfrak{p}_0\,\frac{1}{2}\left(e^{vx} - e^{-vx}\right),$$

und

$$\mathbf{E}\,\mathfrak{p}_x = \mathbf{E}\,\mathfrak{p}_x' + \mathbf{I}_0\,u\,\frac{1}{2}\left(e^{vx} - e^{-vx}\right)$$

$$\mathbf{I}_x = \mathbf{I}_x' + \mathbf{I}_0\,\frac{1}{2}\left(e^{vx} + e^{-vx}\right).$$

Wenn also das Kabel an seinem Ende eine bestimmte Spannung und einen bestimmten Strom zu liefern hat, so muß man seinem

Anfang zunächst d i e Spannung und d e n Strom zuführen, die nötig wären, wenn das Kabel am Ende noch offen wäre, dazu aber noch eine Spannung und einen Strom, welche durch den am Ende entnommenen Strom bestimmt und ihm proportional sind.

Bei allen weiteren Betrachtungen soll zunächst wie beim offenen Kabel die Spannung am Kabelende, also die Konsumspannung, als Ausgangsgröße gewählt und in ihrer reellen Form

$$Ep_{0,t} = Ep_{0,\max} \sin \omega t ,$$

in ihrer komplexen Form daher

$$\mathbf{E}\mathbf{p}_0 = Ep_{0,\max}$$

geschrieben werden. Um auszudrücken, daß der Strom am Kabelende jede beliebige Größe und Phase haben kann, setzen wir

$$J_{0,t} = J_{0,\max} \sin(\omega t \pm \varphi_0)$$

oder in der komplexen Form

$$\mathbf{I}_0 = P \pm Qi ,$$

so daß also

$$J_{0,\max} = \sqrt{P^2 + Q^2}$$

und

$$\operatorname{tg} \varphi_0 = \pm \frac{Q}{P} \qquad\qquad \text{ist.}$$

Es ist zunächst interessant und für den Betrieb wichtig, festzustellen, wie sich das Amplitudenverhältnis von Spannung und Strom, und wie sich die Phasenverschiebung längs des Kabels ändert. Ein allgemeines Bild läßt sich aus den komplizierten Gleichungen für $\mathbf{E}\mathbf{p}_x$ und $\mathbf{I}_x$ nicht leicht gewinnen. Man kann aber z. B. leicht erkennen, welche Werte diese Größen bei sehr großen Entfernungen vom Kabelende annehmen. Für sehr große Werte von x verschwinden in Gl. 5 und 6 die beiden Glieder auf den rechten Seiten, welche $e^{-\mathbf{v}x}$ als Faktoren enthalten, und es wird

$$\frac{\mathbf{I}_x}{\mathbf{E}\mathbf{p}_x} = \frac{1}{\mathbf{u}} .$$

Da nach Gl. 16, S. 93, und Gl. 4

$$\frac{1}{\mathbf{u}} = \frac{\mathbf{v}}{\mathbf{R}} = m + ni \qquad\qquad (9)$$

ist, so erhält man

$$\frac{\mathbf{I}_x}{\mathbf{E}\mathbf{p}_x} = m + ni . \qquad\qquad (10)$$

Hieraus ergibt sich für $\mathbf{I}_x$ und $\mathbf{E}\mathfrak{p}_x$ das konstante Amplitudenverhältnis $\sqrt{m^2 + n^2}$ und für die Phasenverschiebung von $\mathbf{I}_x$ gegen $\mathbf{E}\mathfrak{p}_x$ der konstante Wert $\varphi = \operatorname{arctg}\dfrac{n}{m}$, also dieselben Werte, welche für ein unendlich langes am Ende offenes Kabel an allen Stellen (Gl. 19 und 20, S. 95) gefunden wurden. Wie auch immer Strom und Spannung nach Größe und Phase beschaffen sein mögen, die aus dem Ende eines belasteten Kabels entnommen werden: je weiter man sich vom Kabelende entfernt, desto mehr nähern sich das Amplitudenverhältnis und die Phasenverschiebung den Werten, die sie haben würden, wenn das Kabel am Ende nicht belastet, sondern offen wäre. Da in einem unendlich langen offenen Kabel der Strom überall die Voreilung $\beta = \operatorname{arctg}\dfrac{n}{m}$ gegenüber der Spannung hat, so muß sich also die Phasenverschiebung, wenn sie am Kabelende zum Beispiel in einer Verzögerung der Stromstärke gegenüber der Spannung besteht, doch dieser Voreilung immer mehr nähern, je weiter man sich vom Ende entfernt. Die Verzögerung muß also vom Kabelende an nach dem Anfang hin abnehmen, was für den Betrieb der Generatoren sehr günstig ist.

Der Verlauf der Werte von $\mathbf{E}\mathfrak{p}_x$ und $\mathbf{I}_x$, zwischen den soeben betrachteten Grenzwerten $x = 0$ und $x = \infty$, läßt sich aus den Gl. 5 und 6 wegen des sehr verwickelten Baues nicht übersehen. Auch die ziffernmäßige Berechnung von $\mathbf{E}\mathfrak{p}_x$ und $\mathbf{I}_x$ bei praktischen Zahlenbeispielen ist wegen der Länge der Formeln so außerordentlich verwickelt, mühselig und zeitraubend, daß ihre Verwendung in der Technik ganz ausgeschlossen ist. Nur um ein Urteil über die Komplikation solcher Rechnungen zu gewinnen, wollen wir kurz den Rechnungsgang betrachten, welcher einzuschlagen wäre, wenn zum Beispiel der Verlauf von $\mathbf{E}\mathfrak{p}_x$ für die Endspannung $\mathbf{E}\mathfrak{p}_0 = Ep_{0,\,\text{max}}$ und den Endstrom $\mathbf{I}_0 = P + iQ$ bestimmt werden sollte.

Die Aufgabe wäre dabei offenbar, $\mathbf{E}\mathfrak{p}_x$ aus der Form der Gl. 5 auf die Form $p + iq$ oder $A \cdot e^{i\alpha}$ zu bringen. Zu diesem Zwecke müssen nacheinander die Größen

$$\mathfrak{u} = \sqrt{\dfrac{\mathbf{R}}{\mathbf{K}}} = \sqrt{\dfrac{w + is}{g + i\varkappa}} \qquad (11)$$

und die ganzen Ausdrücke $(\mathbf{E}\mathfrak{p}_0 + \mathfrak{u}\mathbf{I}_0)$ und $(\mathbf{E}\mathfrak{p}_0 - \mathfrak{u}\mathbf{I}_0)$ auf die

Nebenform $(p + iq)$ gebracht werden. Erhält man dadurch die Ausdrücke

$$\frac{1}{2}\left(\mathbf{E}\,\mathbf{p}_0 + \mathbf{u}\,\mathbf{I}_0\right) = y' + z'i \qquad (12)$$

und

$$\frac{1}{2}\left(\mathbf{E}\,\mathbf{p}_0 - \mathbf{u}\,\mathbf{I}_0\right) = y'' + z''i\,, \qquad (13)$$

so wird nach Gl. 5, wenn

$$e^{\pm\mathbf{v}x} = e^{\pm(a+bi)x}$$

nach der Moivreschen Formel zerlegt wird

$$\mathbf{E}\,\mathbf{p}_x = \left[(y'\cos bx - z'\sin bx)\,e^{ax} + (y''\cos bx + z''\sin bx)\,e^{-ax}\right] \quad (14)$$

$$+\, i\left[(z'\cos bx + y'\sin bx)\,e^{ax} + (z''\cos bx - y''\sin bx)\,e^{-ax}\right].$$

Eine Berechnung von $\mathbf{E}\,\mathbf{p}_x$ nach dieser Formel ist offenbar schon für einen Wert von x eine außerordentlich langwierige Aufgabe; sie vervielfacht sich aber noch, wenn man die Verteilung von $\mathbf{E}\,\mathbf{p}_x$ über alle Werte von x übersehen will. Die Lösung dieser Aufgabe wird aber wesentlich einfacher, wenn man die Rechnung durch die graphische Darstellung ersetzt und dabei das schon beim offenen Kabel verwendete Verfahren der Zeichnung von logarithmischen Spiralen benutzt.

Die Methode der logarithmischen Spiralen.

Bringt man $\frac{1}{2}\left(\mathbf{E}\,\mathbf{p}_0 + \mathbf{u}\,\mathbf{I}_0\right)$ und $\frac{1}{2}\left(\mathbf{E}\,\mathbf{p}_0 - \mathbf{u}\,\mathbf{I}_0\right)$, nicht wie oben in Gl. 12 und 13 auf die Nebenformen, sondern auf die Hauptformen

$$\frac{1}{2}\left(\mathbf{E}\,\mathbf{p}_0 + \mathbf{u}\,\mathbf{I}_0\right) = Be^{i\beta}$$

und

$$\frac{1}{2}\left(\mathbf{E}\,\mathbf{p}_0 - \mathbf{u}\,\mathbf{I}_0\right) = Ce^{i\gamma},$$

so wird nach Gl. 5

$$\mathbf{E}\,\mathbf{p}_x = Be^{ax}\,e^{i(bx+\beta)} + Ce^{-ax}\,e^{i(-bx+\gamma)}\,. \qquad (15)$$

Ähnlich erhält man auch $\mathbf{I}_x$, wenn man in Gl. 6 die Substitution

$$\frac{1}{2\,\mathbf{u}}\left(\mathbf{E}\,\mathbf{p}_0 + \mathbf{u}\,\mathbf{I}_0\right) = B'e^{i\beta'}$$

und

$$\frac{1}{2\,\mathbf{u}}\,(\mathbf{E}\mathbf{p}_0 - \mathbf{u}\,\mathbf{I}_0) = C' e^{i\gamma'}$$

ausführt. Es wird dann

$$\mathbf{I}_x = B' e^{ax}\, e^{i(bx+\beta')} - C' e^{-ax}\, e^{i(-bx+\gamma')}\,. \tag{16}$$

Die beiden Summanden von $\mathbf{E}\mathbf{p}_x$ und $\mathbf{I}_x$ können also durch logarithmische Spiralen dargestellt werden. Die ersten Glieder beider Größen, welche $(+\,ax)$ und $(+\,bx)$ enthalten, sind nach S. 102 linksgängige Spiralen mit steigender, die beiden letzten rechtsgängige mit abnehmenden Leitstrahlenlänge. Die Winkel β, β', γ und γ' bilden die Neigungswinkel der Ausgangslinien dieser Spiralen gegen die gemeinsame Richtlinie und sind je nach ihrem Vorzeichen nach rechts oder links an die Richtlinie anzutragen. Da $\mathbf{I}_x$ als Differenz der Leitstrahlen auftritt, so sind die Werte von $\mathbf{I}_x$, wie beim offenen Kabel (Fig. 28), einfach durch Verbindung der Endpunkte der Spiralstrahlen zu gewinnen; bei $\mathbf{E}\mathbf{p}_x$ dagegen, welches als Summe seiner Spiralstrahlen erscheint, muß, wie beim offenen Kabel (Fig. 29), von der zweiten Spirale die Gegenkurve gezeichnet werden. Das bedeutet, daß $\mathbf{E}\mathbf{p}_x$ auf die Differenzform

$$\mathbf{E}\mathbf{p}_x = B e^{ax}\, e^{i(bx+\beta)} - C\, e^{-ax}\, e^{i(-bx+\gamma-180^0)} \tag{17}$$

gebracht wird, und die beiden Spiralen dann durch Verbindung der Enden ihrer Leitstrahlen subtrahiert werden. Ein Zahlenbeispiel soll sogleich die Verwendung dieser Methode zeigen.

Wir betrachten zu diesem Zwecke das schon auf S. 43, 96 und 113 als Beispiel herangezogene Kabel, für welches $w = 0{,}455$ Ohm, $c = 0{,}17$ M. F. und $g = L = 0$ war. Hierfür ergab sich (S. 96) $\varkappa = 2\pi\nu c = 53{,}4 \cdot 10^{-6}$ und $a = b = 0{,}0034857$. Wie auf S. 43, wo wir dasselbe Kabel als „künstliches Kabel" betrachteten, wollen wir wieder voraussetzen, daß am Ende eine Spannung von

$$\mathbf{E}\mathbf{p}_0 = 1000 \text{ Volt}$$

und ein Strom von

$$\mathbf{I}_0 = 10 - 20i$$

entnommen wird. Dieser Strom hat also einen effektiven Wert von

$$J_0 = \sqrt{10^2 + 20^2} = 22{,}36 \text{ Amp.},$$

eine Phasenverzögerung gegen die Spannung von

$$\varphi = \operatorname{arctg}\frac{20}{10} = 63^0\,26'$$

und einen Leistungsfaktor von

$$F = \cos 63^0\,26' = 0{,}447\,.$$

Es soll die Verteilung der Spannung und Stromstärke längs des Kabels nach Größe und Phase wieder bestimmt werden. ·Nachdem dasselbe Beispiel schon in Fig. 14 (Tafel I) graphisch untersucht worden ist, bietet sich jetzt die Möglichkeit einer gegenseitigen Kontrolle beider Methoden.

Wir erhalten zunächst nach Gl. 11 und unter Benutzung der in Abschnitt IV gegebenen Regeln über die Umwandlung der Haupt- und Nebenformen der komplexen Größen

$$\mathbf{u} = \sqrt{\frac{w}{i\varkappa}} = \sqrt{\frac{w}{2\varkappa}} - i\sqrt{\frac{w}{2\varkappa}} = \sqrt{\frac{0{,}455}{2\cdot 53{,}4\cdot 10^{-6}}}$$

$$- i\sqrt{\frac{0{,}455}{2\cdot 53{,}4\cdot 10^{-6}}} \qquad (18)$$

$$= 65{,}27 - 65{,}27\,i = 92{,}31\,e^{-45^0 i},$$

ferner

$$\mathbf{u\,I_0} = (65{,}27 - 65{,}27\,i)(10 - 20\,i) = -652{,}7 - 1958{,}1\,i,$$

also

$$\frac{1}{2}(\mathbf{E\,p_0} + \mathbf{u\,I_0}) = 173{,}6 - 979{,}0\,i = 994\,e^{-79^0\,54'\,i} = B\,e^{i\beta}$$

$$\frac{1}{2}(\mathbf{E\,p_0} - \mathbf{u\,I_0}) = 826{,}4 + 979{,}0\,i = 1281\,e^{+49^0\,50'\,i} = C\,e^{i\gamma}$$

$$\frac{1}{2\mathbf{u}}(\mathbf{E\,p_0} + \mathbf{u\,I_0}) = 994\,e^{-79^0\,54'\,i} : 92{,}31\,e^{-45^0 i}$$

$$= 10{,}77\,e^{-34^0\,54'\,i} = B'\,e^{i\beta'}$$

$$\frac{1}{2\mathbf{u}}(\mathbf{E\,p_0} - \mathbf{u\,I_0}) = 1281\,e^{+49^0\,50'\,i} : 92{,}31\,e^{-45^0 i}$$

$$= 13{,}88\,e^{+94^0\,50'} = C'\,e^{i\gamma'}\,.$$

Nach Gl. 16 und Gl. 17 wird also

$$\mathbf{E\,p_x} = 994\,e^{ax}\,e^{i(ax - 79^0\,54')} - 1281\,e^{-ax}\,e^{i(-ax - 130^0\,10')}$$

und

$$\mathbf{I_x} = 10{,}77\,e^{ax}\,e^{i(ax - 34^0\,54')} - 13{,}88\,e^{-ax}\,e^{i(-ax + 94^0\,50')}\,.$$

Die beiden Spiralen von $\mathbf{E\,p_x}$ sind in Fig. 40a (Tafel VI) dargestellt; die große Spirale mit der Strahlenlänge $994\,e^{ax}$ linksgängig, ihre Ausgangslinie $\overline{OA}$ (nicht besonders gezeichnet) um $79^0\,54' \sim 80^0$

gegen die horizontale Richtlinie nach rechts gedreht; die kleine Spirale mit der Strahlenlänge $1281\,e^{-ax}$ rechtsgängig, ihre Ausgangslinie $\overline{OB}$ (nicht besonders gezeichnet) gegen die horizontale Richtlinie um $130^0\,10' \sim 130^0$ nach rechts gedreht. Die Vektoren beider Spiralen sind, wie bei Fig. 28 und 29, wieder nicht eingetragen; nur ihre Enden, die Spiralpunkte, sind gezeichnet. Die von diesen Punkten aus gezogenen Kreisradien bilden die Verlängerungen der Vektoren, die ihnen beigeschriebenen Winkel sind bei der großen Spirale $(ax - 80^0)$, bei der kleineren $(- ax - 130^0)$. Die Verbindungslinie $\overline{AB}$ der Anfangspunkte beider Spiralen gibt die Spannung $\mathbf{E}\,\mathbf{p}_0$, sie liegt genau horizontal, parallel mit der Richtlinie, was sich ergeben muß, da $\mathbf{E}\,\mathbf{p}_0$ als Ausgang für die Phasenzählung gewählt wurde. Die Verbindungslinien anderer Spiralpunkte, mit unter sich gleichen Werten von (ax) geben dann die Werte $\mathbf{E}\,\mathbf{p}_x$ nach Größe und Phase wieder. Um die Übersicht zu erleichtern, sind die genannten Verbindungslinien als Strahlen von einem gemeinsamen Anfangspunkte 0 aus in Fig. 40b (Tafel VI) parallel mit ihrer durch Fig. 40a gefundenen Lage noch einmal gezeichnet. Die den einzelnen Punkten dieser Kurve beigefügten Zahlen bedeuten die Werte von (ax).

Fig. 41a (Tafel VII) gibt die Konstruktion von $\mathbf{I}_x$. Die große Spirale mit der Strahlenlänge $10{,}77\,e^{ax}$ ist linksgängig, und ihre Ausgangslinie $\overline{OA}$ ist gegen die horizontale Richtlinie um $34^0\,54' \sim 35^0$ nach rechts gedreht, die den Kreisradien beigeschriebenen Winkel geben die Werte $(ax - 34^0\,54')$ an. Die kleinere Spirale mit der Strahlenlänge $13{,}88\,e^{-ax}$ ist rechtsgängig, und ihre Ausgangslinie $\overline{OB}$ ist gegen die horizontale Richtlinie um $94^0\,50' \sim 95^0$ nach links gedreht. Die Verbindungslinie der Anfangspunkte beider Spiralen gibt den Strom $\mathbf{I}_0$, die Verbindungslinie anderer Spiralpunkte mit unter sich gleichen Werten von (ax) die Stromstärken für diese Werte (ax). In Fig. 41b (Tafel VII) sind die in Fig. 41a gefundenen Verbindungslinien noch einmal in gleicher Richtung und Größe von einem gemeinsamen Punkte 0 aus gezeichnet und durch eine Kurve verbunden. Die neben den Punkten dieser Kurve geschriebenen Zahlen geben die Werte von (ax) an.

Da im vorliegenden Falle $a = 0{,}0034857$ ist, so ergibt sich pro Grad von (ax), also für

$$a\,x = \frac{\pi}{180}$$

ein Wert $x = 5$ km; der Abstand von 10^0, den die Kurvenpunkte in Fig. 40 b und 41 b voneinander haben, entspricht also einer Entfernung von 50 km. Diese Tatsache gibt die Möglichkeit eines sehr einfachen Vergleichs mit Fig. 14 c und 14 d, welche für dasselbe Beispiel die Verteilung von Spannung und Stromstärke darstellen, denn bei diesen Figuren ist der Abstand zweier Kabelpunkte 5 km, also gerade der zehnte Teil.

Der Vergleich ergibt genügende Übereinstimmung, wenn man bedenkt, daß bei der punktweise ausgeführten Konstruktion der Figuren 14 c und 14 d alle Ungenauigkeiten sich leicht addieren können, und daß diese Figuren aus endlichen, statt aus unendlich kleinen Sehnen zusammengesetzt sind. Die Kurve, in welcher die Spannungsstrahlen endigen, wird in Fig. 14 c etwa bei Punkt 31 vom Spannungsstrahl tangiert, in Fig. 40 b etwa bei $ax = 30^0$*). Fig. 40 b zeigt ferner den über 41^0 hinausgehenden Verlauf, der in Fig. 14 c nicht mehr gezeichnet ist. In ebenso guter Übereinstimmung sind auch die Fig. 14 d und 41 b. Man sieht in beiden Fällen die Stromstärke I_0 erst ab- und dann wieder zunehmen. Der Minimalwert findet statt in Fig. 14 d bei Punkt 31, in Fig. 41 b auch etwa bei $ax = 31^0$*). Darauf nimmt die Stromstärke in beiden Figuren wieder zu. Fig. 41 b gibt den in Fig. 14 d nicht mehr gezeichneten, über $ax = 40^0$ hinausgehenden Verlauf.

Zur Erleichterung der Übersicht sind in Fig. 42 a die Werte von J_x und Ep_x nach den Strahlenlängen von Fig. 40 b und 41 b als Funktion von (ax) noch einmal in Orthogonalkoordinaten aufgetragen. In Fig. 42 b sind auch die Phasenverschiebungen in orthogonalen Koordinaten als Funktionen von (ax) dargestellt. Die Phasenverschiebung von J_x gegen Ep_0, $\sphericalangle (J_x, Ep_0)$, und von Ep_x gegen Ep_0, $\sphericalangle (Ep_x, Ep_0)$, sind dabei direkt aus den Winkeln der Strahlen gegen die horizontale Richtungslinie in Fig. 40 b und 41 b entnommen. Die Phasenverschiebung von J_x gegen Ep_x, $\sphericalangle (J_x, Ep_x)$, also die Phasenverschiebung zwischen Strom und Spannung an jedem Kabelpunkte, ist als Differenz der Ordinaten von Kurve $\sphericalangle (J_x, Ep_0)$ und Kurve $\sphericalangle (Ep_x, Ep_0)$ für jeden Wert von ax bestimmt. Bei allen drei Kurven bedeuten positive Werte Voreilung, negative Verzögerung der bei der Bezeichnung der Kurve angegebenen ersten

---

*) Bei der Verkleinerung der Originalfigur in das Format des Buches hat diese Kontrolle leider an Schärfe verloren.

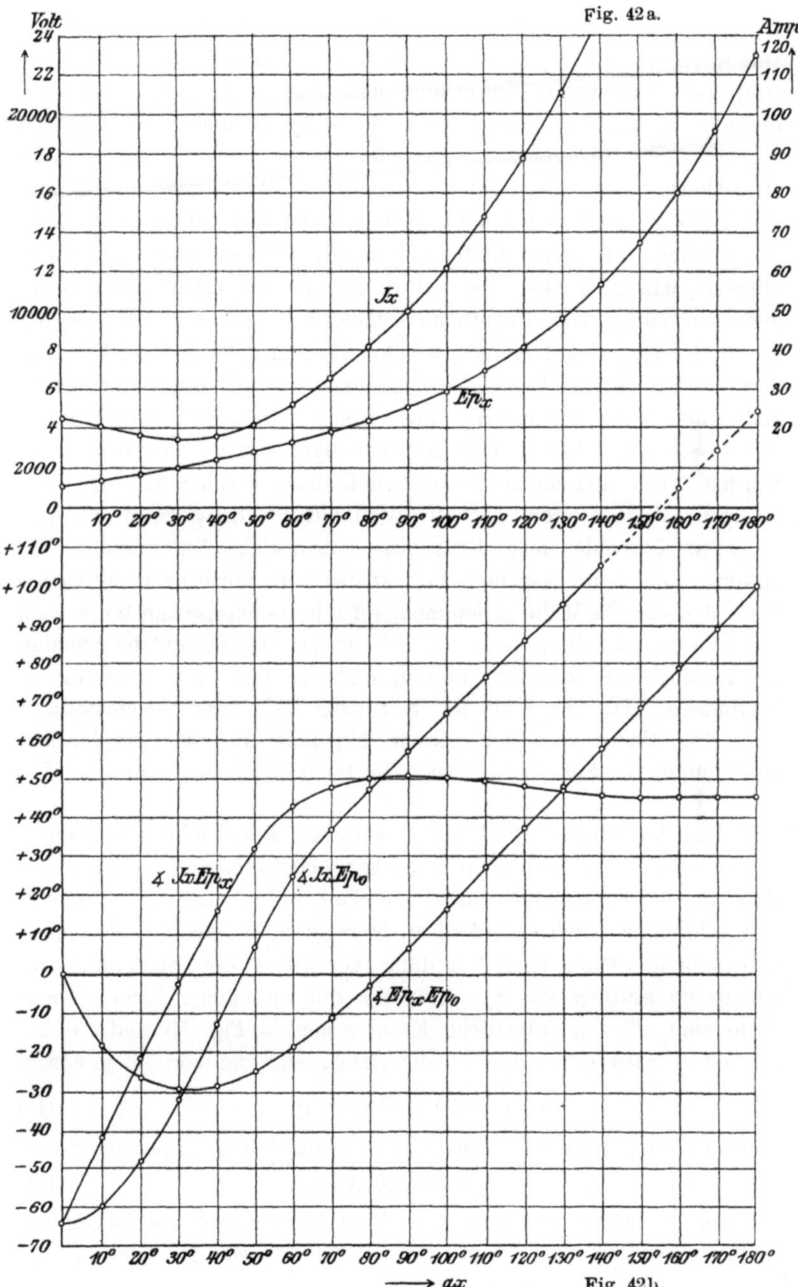
Volt
Fig. 42a.
Amp
Jx
Epx
+110°
+100°
+90°
+80°
+70°
+60°
+50°
+40°
+30°
+20°
+10°
0
-10
-20
-30
-40
-50
-60
-70
∢ JxEpx
∢ JxEp0
∢ EpxEp0
ax
Fig. 42b.

Größe gegen die zweite. Man sieht deutlich, wie die Phasenverzögerung von J_x gegen Ep_x, welche am Kabelende $63^0\,26'$ betrug, mit wachsender Entfernung vom Kabelende immer mehr abnimmt, bei $ax \sim 31^0$ Null wird und dann in eine Voreilung von J_x gegen Ep_x übergeht, um sich dem Werte von 45^0 immer mehr zu nähern. Über den zuletzt genannten Wert geht die Kurve $\not< (J_x, Ep_x)$ zuerst sogar noch hinaus, dann aber unterschreitet sie ihn wieder, wie man deutlich erkennt. Es ist nach der Figur offenbar, daß auch hier, wie auf S. 147 für das offene Kabel nachgewiesen wurde, eine allmähliche Annäherung der Phasenverschiebung an einen Grenzwinkel eintritt, der in unserem Falle 45^0 beträgt; wie dort wird auch der Verschiebungswinkel von 45^0 mit zunehmender Entfernung vom Kabelanfang abwechselnd überschritten und unterschritten, derart aber, daß die Abweichungen von 45^0 immer geringer werden. Der allgemeine Beweis, daß diese Erscheinung bei allen belasteten Kabeln stets auftritt, wird auf S. 182 gegeben werden.

Zur Kontrolle dieser Ergebnisse haben einige Zuhörer des Verfassers vor dem Bestehen der später zu erörternden einfachen Methoden sich die Mühe genommen, auf rein rechnerischem Wege nach der sehr verwickelten Formel Gl. 14 für $\mathbf{E\,p}_x$ und der entsprechenden für $\mathbf{I}_x$ die Werte von Ep_x und J_x und der Phasenverschiebung zu bestimmen. Das Ergebnis ist in Tabelle XIX zusammengestellt.

Man findet zwischen diesem Ergebnis und der graphischen Bestimmung in Fig. 42 die zu erwartende Übereinstimmung.

Um den Einfluß der Betriebsweise am Kabelende zu erkennen, ist es interessant, neben dem soeben betrachteten Fall induktiver Belastung am Kabelende auch den Fall induktionsloser Belastung und schließlich auch den Fall zu betrachten, wo der am Kabelende entnommene Strom eine Voreilung gegenüber der Spannung hat, wie es im Betriebe von Synchron-Motoren vorkommen kann. Diese Fälle sind für das künstliche Kabel schon in Fig. 15 und 16 behandelt worden unter der Voraussetzung, daß der voreilende Strom den Wert hat

$$I_0 = 10 + 20\,i \ \text{Amp.,} \tag{II}$$

und daß der mit der Spannung $Ep_0 = 1000$ Volt gleichphasige Strom

$$I_0 = 22{,}36 \ \text{Amp.} \tag{III}$$

ist; bei II betrug also jene Voreilung $63^0\,26'$ wie die soeben betrachtete Verzögerung, und die Amplitude war in allen Fällen

Tabelle XIX.

x km	Ep_x	J_x	φ_x
0	1000	22,36	$- 63^0$ 26'
50	1302,7	20,034	$- 39^0$ 11'
100	1677	18,11	$- 20^0$ 20'
150	2067	17,17	$- 1^0$ 50'
200	2458	17,98	$+ 16^0$ 33'
250	2856	20,94	$+ 31^0$ 47'
300	3276	26,22	$+ 43^0$ 23'
350	3744	32,57	$+ 47^0$ 19'
400	4292	40,59	$+ 49^0$ 34'
450	4955	50,02	$+ 49^0$ 55'
500	5772	60,90	$+ 49^0$ 14'
550	6779	73,50	$+ 48^0$ 10'
600	8021	88,13	$+ 47^0$ 6'
650	9524	113,90	$+ 46^0$ 25'
700	11345	125,10	$+ 45^0$ 29'
750	13531	148,70	$+ 45^0$ 8'
800	16144	176,70	$+ 44^0$ 54'
850	19265	210,00	$+ 44^0$ 49'
900	22962	249,70	$+ 44^0$ 47'
950	27367	297,00	$+ 44^0$ 49'
1000	32604	353,40	$+ 44^0$ 52'
1050	38834	420,70	$+ 44^0$ 59'
1100	46240	500,80	$+ 44^0$ 57'
1150	55056	596,40	$+ 44^0$ 59'
1200	65554	710,10	$+ 45^0$ —
1250	78046	845,60	$+ 45^0$ —
1300	92920	1007,00	$+ 45^0$ —
1350	110633	1199,00	$+ 45^0$ —
1400	131400	1428,40	$+ 45^0$ —
1450	156811	1700,00	$+ 45^0$ —
1500	186742	2024,20	$+ 45^0$ —
1550	222353	2355,10	$+ 45^0$ —
1600	264753	2869,80	$+ 45^0$ —
1650	315246	3417,10	$+ 45^0$ —
1700	375355	4068,50	$+ 45^0$ —
1750	440930	4844,30	$+ 45^0$ —
1800	532143	5768,10	$+ 45^0$ —

22,36 Amp. Auch diese beiden Fälle sind von dem Verfasser mittels logarithmischer Spiralen untersucht worden; die Ergebnisse stimmen mit den früher gefundenen, soweit diese reichen, überein. Für $\mathbf{E}\mathbf{p}_x$ und $\mathbf{I}_x$ ergeben sich die Gleichungen:

$$\mathbf{E}\mathbf{p}_x = 1429{,}9\, e^{ax}\, e^{i(ax-30^0\,41')} - 765\, e^{-ax}\, e^{i(-ax-72^0\,31')}$$
$$\mathbf{I}_x = 15{,}49\, e^{ax}\, e^{i(ax+14^0\,19')} - 8{,}287\, e^{-ax}\, e^{i(-ax+152^0\,28')}, \tag{II}$$

$$\mathbf{E}\mathbf{p}_x = 1514{,}6\, e^{ax}\, e^{i(ax+12^0\,27')} - 579{,}6\, e^{-ax}\, e^{i(-ax+34^0\,16')}$$
$$\mathbf{I}_x = 16{,}41\, e^{ax}\, e^{i(ax+57^0\,27')} - 6{,}279\, e^{-ax}\, e^{i(-ax+259^0\,16')}. \tag{III}$$

Nach diesen Gleichungen hat der Verfasser Spiralen gezeichnet, und aus diesen die Werte J_x und Ep_x und die Phasenverschiebung von J_x gegen Ep_x entnommen, wie oben. Die Ergebnisse sind für alle drei Fälle in Fig. 43 zusammengestellt; sie sind außerordentlich lehrreich.

Man erkennt zunächst, daß nur bei induktiver Belastung ($\varphi_0 < 0$) der Strom J_x vom Kabelende aus abnimmt, um nach einem Minimalwert wieder zuzunehmen, daß J_x dagegen, bei induktionsloser Belastung und bei Belastung mit Voreilung von J_0 gegen Ep_0, vom Kabelende an dauernd ansteigt. Die Ströme sind in allen drei Fällen sehr wesentlich voneinander verschieden. Den höchsten Wert hat J_x bei Voreilung ($\varphi_0 > 0$), den bei weitem geringsten bei Verzögerung am Kabelende, und zwischen beiden, aber der voreilenden Stromstärke weit näher, liegt die Stromstärke bei induktionsloser Belastung. Die Spannung steigt in allen drei Fällen gleichmäßig an, am schnellsten bei Voreilung, am langsamsten bei Verzögerung des Stromes; wie der Strom selbst, ist also auch der Spannungsabfall bei der Verzögerung am geringsten.

Sehr interessant ist der Vergleich der Phasenverschiebungen. Sämtlich streben diese dem Werte $\varphi_x = +45^0$ zu, wie auch φ_0 am Kabelende sein möge. In allen Fällen zeigt sich dabei, daß das aufsteigende φ_x diesen Wert erst über- und das abfallende ihn erst unterschreitet, daß also φ_x auf dem einmal erreichten Werte von 45^0 nicht stehen bleibt. φ_x wogt, wie sich auch auf S. 169 ergeben hatte, um den Winkel 45^0 mit immer kleineren Abweichungen von diesem Werte auf und nieder. Doch kommt dies für praktische Kabellängen kaum in Betracht. Für praktisch ausgeführte Kabel genügt das wichtige Ergebnis, daß φ_x vom Kabelende nach dem Anfange hin sich dem Werte von 45^0 überhaupt zu nähern sucht.

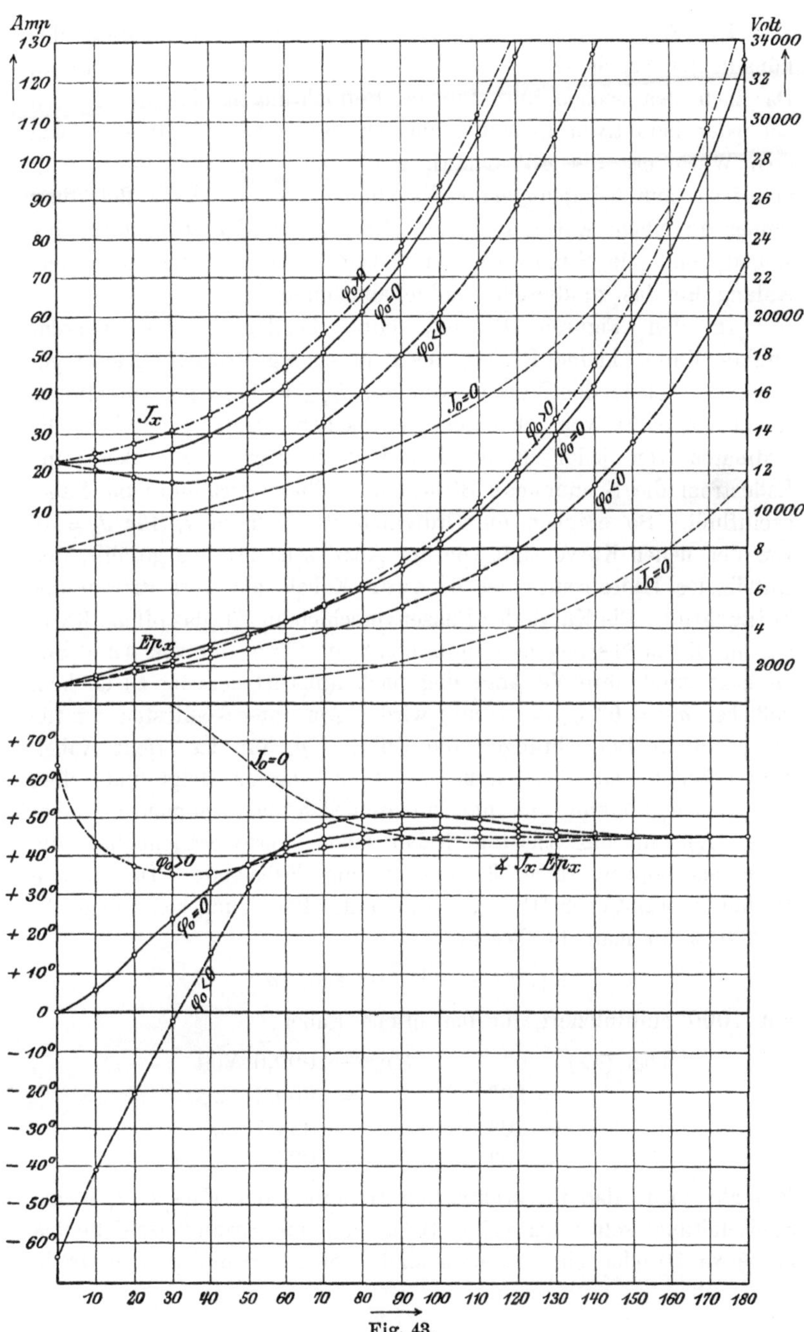

Fig. 43.

Die Figuren zeigen deutlich, was schon bei Betrachtung des künstlichen Kabels betont worden ist, daß J_{min} bei $\varphi_x = 0$ auftritt. Da nach den soeben ausgeführten Betrachtungen über die Phasen bei jeder induktiven Belastung das am Kabelende negative φ_x sich dem Werte $\varphi_x = + 45^0$ nähern muß und daher stets durch Null geht, so muß bei genügender Kabellänge bei induktiver Belastung immer an einem Kabelpunkte ein Minimalwert der Stromstärke bestehen, und die Stromstärke muß vom Kabelende aus nach dem Anfang hin bis zu diesem Punkte abnehmen.

In den Figuren 43 ist, ohne Festlegung der Kurvenpunkte durch kleine Kreise, noch je eine gestrichelte Kurve gezeichnet, welche den Verlauf von J_x, Ep_x und φ_x für ein offenes Kabel ($J_0 = 0$) von gleichen elektrischen Daten darstellt. Die Ordinaten von jeder dieser drei Kurven zeigen, wie der reine Ladestrom die Spannungs-, Strom- und Phasenverteilung im Kabel beeinflußt. So ergeben die Ordinaten der Kurven J_x für $J_0 = 0$, von der neuen Kurve statt von der Abszissenachse aus gezählt, den Anteil des Ladestromes des offenen Kabels am Gesamtstrom des belasteten. Die Kurve der Phasenverschiebung für das offene Kabel ist, um die darüberliegende Figur nicht zu stören, nur von $ax = 30^0$ an gezeichnet, ihre Verlängerung nach links ist derartig zu denken, daß bei $ax = 0^0$ $\varphi_x = + 90^0$ wird. Am interessantesten ist für die weiteren Betrachtungen die Kurve Ep_x für das offene Kabel. Man erkennt, daß diese außerordentlich langsam steigt und selbst an solchen Punkten ax nur unwesentlich zugenommen hat, bei denen Ep_x für das belastete Kabel schon Werte erreicht hat, die mehr als doppelt so groß sind als am Kabelende. Die genaue Rechnung ergibt nach Gl. 13, S. 117, unter Benutzung von Tabelle X, S. 120 wenn man die Werte

$$\tfrac{1}{2} \sqrt{e^{2\,ax} + e^{-2\,ax} + 2 \cos 2\,ax}$$

mit 1000 multipliziert, für das offene Kabel

$$
\begin{aligned}
\text{bei } (ax) &= 0^0 & Ep_x &= 1000{,}0 \text{ Volt} \\
&= 10^0 & &= 1000{,}3 \quad \text{„} \\
&= 20^0 & &= 1004{,}7 \quad \text{„} \\
&= 30^0 & &= 1024{,}8 \quad \text{„}
\end{aligned}
$$

Bedenkt man, daß im praktischen Gebrauch des Kabels, z. B. als Speiseleitung, selbst bei voller Belastung, nur Spannungsabfälle bis auf etwa 10 oder 15 % zulässig sind, wobei (ax) nur wenige Grade beträgt*), so erkennt man, daß dabei der Spannungsabfall des offenen Kabels praktisch völlig zu vernachlässigen ist. Dies gilt allerdings zunächst nur für das selbstinduktionslose Kabel, für das wirkliche, mit Selbstinduktion behaftete, gelten für das offene Kabel die Betrachtungen auf S. 134 bis 138.

Widerstand des offenen und des kurz geschlossenen Kabels.

Ist die Methode der logarithmischen Spiralen auch einfacher als die Methode der rein rechnerischen Untersuchung der Kabelerscheinungen, so ist sie doch für die Verwendung bei technischen Aufgaben weitaus noch nicht einfach genug. Es gelingt aber leicht, ein graphisches Verfahren abzuleiten, das nicht verwickelter ist als die Methoden, welche man bei der Behandlung aller übrigen Wechselstromprobleme, beispielsweise bei Transformatoruntersuchungen, benutzt. Man geht dabei aus von zwei für jedes Kabel charakteristischen Größen, nämlich von dem Widerstande des offenen und dem des kurz geschlossenen Kabels, und versteht darunter das Verhältnis der Größen $\mathbf{E}\mathbf{p}_x$ und $\mathbf{I}_x$, welche am Kabelanfang gleichzeitig auftreten, wenn das Kabel am Ende offen oder durch einen unendlich kleinen Widerstand geschlossen ist. Wir bezeichnen diese Widerstände mit $\mathbf{W}^0$ und $\mathbf{W}^k$; von ihnen ist leicht nachzuweisen, daß sie vollständig durch die Kabeldaten w, L, c und g bestimmt sind, und daß sie diese Daten bei allen Kabelproblemen in vereinfachender Weise vertreten können.

Der Widerstand $\mathbf{W}^0$ ist am Kabelanfang vorhanden, wenn das Kabelende offen, also wenn $\mathbf{I}_0 = 0$ ist, der Widerstand $\mathbf{W}^k$ wird am Anfang gefunden, wenn die Enden der Hin- und Rückleitung des Kabels durch einen Leiter vom Widerstande Null verbunden sind, also $\mathbf{E}\mathbf{p}_0 = 0$ ist. Setzt man diese beiden Bedingungen nacheinander in Gl. 7 und 8 ein, und nennt man die Kabellänge l, so daß für den Anfang $x = l$ wird, so erhält man

$$\mathbf{W}^0 = \frac{\mathbf{E}\mathbf{p}_l}{\mathbf{I}_l} = \mathbf{u}\,\frac{e^{\mathbf{v}\,l} + e^{-\mathbf{v}\,l}}{e^{\mathbf{v}\,l} - e^{-\mathbf{v}\,l}} \tag{19}$$

und

$$\mathbf{W}^k = \frac{\mathbf{E}\mathbf{p}_l}{\mathbf{I}_l} = \mathbf{u}\,\frac{e^{\mathbf{v}\,l} - e^{-\mathbf{v}\,l}}{e^{\mathbf{v}\,l} + e^{-\mathbf{v}\,l}}. \tag{20}$$

---

*) Nach Fig. 15 herrscht in dem belasteten Kabel, mit $\varphi_0 > 0$, wobei der Spannungsabfall am größten ist, eine Abnahme von 10% bei $ax = 2^0$.

Durch diese Gleichungen sind $\mathbf{W}^0$ und $\mathbf{W}^k$ als Funktionen der elektrischen Daten des Kabels w, L, c und g ausgedrückt, da $\mathbf{u}$ und $\mathbf{v}$ durch Gl. 11 und Gl. 3 als Funktionen dieser Kabeldaten bestimmt sind. Wie $\mathbf{u}$ und $\mathbf{v}$, so sind also auch $\mathbf{W}^0$ und $\mathbf{W}^k$ komplexe Größen. Wir bezeichnen $\mathbf{W}^0$ von jetzt an als den Leerlaufswiderstand, $\mathbf{W}^k$ als den Kurzschlußwiderstand des Kabels in komplexer Form. Denken wir uns $\mathbf{E}\mathfrak{p}_l$ und $\mathbf{I}_l$ allgemein gegeben in den Hauptformen

$$\mathbf{E}\mathfrak{p}_l = A e^{i\alpha}$$

und

$$\mathbf{I}_l = B e^{i\beta},$$

so präsentieren sich $\mathbf{W}^0$ und $\mathbf{W}^k$ in der Form

$$\mathbf{W} = \frac{A}{B} e^{i(\alpha - \beta)} = W e^{i\xi}. \tag{21}$$

Ein positiver Winkel ξ bedeutet dabei, daß $\alpha > \beta$, also eine Voreilung der Spannung gegenüber der Stromstärke vorhanden ist.

An einem gegebenen Kabel lassen sich $\mathbf{W}^0$ und $\mathbf{W}^k$ natürlich leicht auch durch Messung bestimmen. Das Verhältnis $W = \dfrac{A}{B}$ ist als Amplitudenverhältnis von Spannung und Strom gleichzeitig auch das Verhältnis der effektiven Werte. Es kann also festgestellt werden mit einem einfachen Volt- und Amperemeter. $(\alpha - \beta)$ ist die Phasenverschiebung zwischen Spannung und Strom; sie ist zu messen, indem man außer dem Volt- und Amperemeter an den Anfang auch ein Wattmeter legt; das Verhältnis aus der vom Wattmeter gemessenen wahren Leistung und der, als Produkt der Volt- und Ampereangabe berechneten, scheinbaren Leistung ist dann der Kosinus der Phasenverschiebung.

Ist die genannte Messung von $\mathbf{W}^0$ und $\mathbf{W}^k$ geschehen, so kann man daraus mit Hilfe von Gl. 19 und 20 die Kabeldaten w, L, c und g auch rückwärts berechnen. Man erhält durch Multiplikation

$$\mathbf{u} = \sqrt{\mathbf{W}^0 \mathbf{W}^k}, \tag{22}$$

und durch Division, wenn man vorübergehend

$$\sqrt{\frac{\mathbf{W}^k}{\mathbf{W}^0}} = \mathbf{z}$$

setzt,

$$\mathbf{z} = \frac{e^{\mathbf{v}l} - e^{-\mathbf{v}l}}{e^{\mathbf{v}l} + e^{-\mathbf{v}l}} = \frac{e^{2\mathbf{v}l} - 1}{e^{2\mathbf{v}l} + 1};$$

hieraus ergibt sich

$$e^{2\mathbf{v}l} = \frac{1+\mathbf{Z}}{1-\mathbf{Z}}$$

und

$$\mathbf{v} = \frac{1}{2\,l}\ln\frac{\sqrt{\mathbf{W}^0}+\sqrt{\mathbf{W}^k}}{\sqrt{\mathbf{W}^0}-\sqrt{\mathbf{W}^k}}. \tag{23}$$

Aus den Gleichungen

$$\mathbf{v} = \sqrt{\mathbf{R}\mathbf{K}} \qquad \text{und} \qquad \mathbf{u} = \sqrt{\frac{\mathbf{R}}{\mathbf{K}}}$$

entnimmt man dann

$$\mathbf{R} = \mathbf{u}\cdot\mathbf{v} \qquad \text{und} \qquad \mathbf{K} = \frac{\mathbf{v}}{\mathbf{u}}.$$

Bringt man darauf $\mathbf{u}\cdot\mathbf{v}$ und $\dfrac{\mathbf{u}}{\mathbf{v}}$ auf die komplexen Nebenformen

$$\mathbf{R} = w + i\omega L \qquad \text{und} \qquad \mathbf{K} = g + i\omega c,$$

so erhält man schließlich durch Trennung der reellen und imaginären Teile die gesuchten Größen w, L, c und g. Eine Bestimmung nach dieser Methode gibt eine Kontrolle der Berechnung aus den Kabeldimensionen nach den früher für w, L, g und c gegebenen Formeln.

Auch das umgekehrte Verfahren, die rechnerische Bestimmung von $\mathbf{W}^0$ und $\mathbf{W}^k$ aus den Kabeldaten, ist auf den schon gewonnenen Grundlagen einfach. Wenn Selbstinduktion und Isolationsstrom nicht zu berücksichtigen sind, also $b = a$ ist, so können für beliebige Werte von (ax) die Werte von $(e^{\mathbf{v}l} + e^{-\mathbf{v}l})$ und von $(e^{\mathbf{v}l} - e^{-\mathbf{v}l})$ aus Tabelle XII entnommen werden. Da der Faktor $\mathbf{u}$ in Gl. 19 und 20 in diesem Spezialfalle den Wert hat:

$$\mathbf{u} = \frac{\mathbf{R}}{\mathbf{v}} = \frac{w+i\omega L}{a+bi} = \frac{w}{a}\,\frac{1}{1+i} = \sqrt{\frac{2w}{\varkappa}}\,\frac{1}{1+i}$$
$$= \sqrt{\frac{w}{2\varkappa}}\,(1-i) = \sqrt{\frac{w}{\varkappa}}\,e^{-i45^0}, \tag{24}$$

so sind $\mathbf{W}^0$ und $\mathbf{W}^k$ unter Benutzung der Tabelle XII für beliebige Werte von w und $\varkappa$ leicht auszurechnen. Tabelle XX enthält die so gewonnenen Werte von $\mathbf{W}^0$ und $\mathbf{W}^k$, bis auf den Faktor $\sqrt{\dfrac{w}{\varkappa}}$. Dabei ist W^0 auf die Form gebracht

$$\mathbf{W}^0 = W^0\,e^{i\varphi_x^0},$$

und $\mathbf{W}^k$ auf die Form

$$\mathbf{W}^k = W^k\,e^{i\varphi_x^k}.$$

Tabelle XX.

Nr.	ax	$\mathbf{W}^0 = W^0 e^{i\varphi_x^0}$		$\mathbf{W}^k = W^k e^{i\varphi_x^k}$	
		$W^0 \sqrt{\dfrac{\varkappa}{w}}$	φ_x^0	$W^k \sqrt{\dfrac{\varkappa}{w}}$	φ_x^k
0	0^0	∞	$-\ 90^0\ \ 0'\ \ 0''$	0,00000	$0^0\ \ 0'\ \ 0''$
1	10^0	4,05300	$-\ 88^0\ 50'\ 18''$	0,24673	$-\ \ 1^0\ \ 9'\ 42''$
2	20^0	2,03690	$-\ 85^0\ 21'\ 51''$	0,49094	$-\ \ 4^0\ 38'\ \ 9''$
3	30^0	1,38162	$-\ 79^0\ 42'\ 58''$	0,72378	$-\ 10^0\ 17'\ \ 2''$
4	40^0	1,08455	$-\ 72^0\ 19'\ 13''$	0,92204	$-\ 17^0\ 40'\ 47''$
5	50^0	0,94282	$-\ 64^0\ 21'\ 25''$	1,06063	$-\ 25^0\ 38'\ 35''$
6	60^0	0,88524	$-\ 57^0\ 13'\ 12''$	1,12964	$-\ 32^0\ 46'\ 48''$
7	70^0	0,87560	$-\ 51^0\ 25'\ 17''$	1,14205	$-\ 38^0\ 34'\ 43''$
8	80^0	0,89116	$-\ 47^0\ 24'\ 35''$	1,12213	$-\ 42^0\ 35'\ 25''$
9	90^0	0,91715	$-\ 45^0\ \ 0'\ \ 0''$	1,09033	$-\ 45^0\ \ 0'\ \ 0''$
10	100^0	0,94430	$-\ 43^0\ 48'\ 10''$	1,05900	$-\ 46^0\ 11'\ 50''$
11	110^0	0,96760	$-\ 43^0\ 25'\ 18''$	1,03350	$-\ 46^0\ 34'\ 42''$
12	120^0	0,98496	$-\ 43^0\ 29'\ 10''$	1,01526	$-\ 46^0\ 30'\ 50''$
13	130^0	0,99630	$-\ 43^0\ 47'\ 51''$	1,00372	$-\ 46^0\ 12'\ \ 9''$
14	140^0	1,00261	$-\ 44^0\ \ 8'\ 25''$	0,99740	$-\ 45^0\ 51'\ 35''$
15	150^0	1,00533	$-\ 44^0\ 28'\ \ 8''$	0,99470	$-\ 45^0\ 31'\ 52''$
16	160^0	1,00579	$-\ 44^0\ 43'\ 40''$	0,99424	$-\ 45^0\ 16'\ 20''$
17	170^0	1,00500	$-\ 44^0\ 53'\ 54''$	0,99503	$-\ 45^0\ \ 6'\ \ 6''$
18	180^0	1.00377	$-\ 45^0\ \ 0'\ \ 0''$	0,99625	$-\ 45^0\ \ 0'\ \ 0''$

Die Verwendung der Tabelle XX ist einleuchtend. Für das auf S. 163 betrachtete vorzüglich isolierte, selbstinduktionslose Kabel, bei dem $\sqrt{\dfrac{w}{\varkappa}} = 92{,}31$ ist, ergibt sich z. B. für $(ax) = 10^0$

und
$$\mathbf{W}^0 = 92{,}31 \cdot 4{,}053 \cdot e^{-i\,88^0\,50'\,18''} = 374{,}1 \cdot e^{-i\,88^0\,50'\,18''}$$
$$\mathbf{W}^k = 92{,}31 \cdot 0{,}2467 \cdot e^{-i\,1^0\,9'\,42''} = 22{,}77 \cdot e^{-i\,1^0\,9'\,42''}.$$

In Fig. 44a und 44b sind $\mathbf{W}^0$ und $\mathbf{W}^k$ graphisch dargestellt, die Strahlenlängen geben dabei die Amplituden W^0_{max} und W^k_{max}, ihre Neigungswinkel gegen die Horizontale die Phasenwinkel φ^0_x und φ^k_x wieder. Die einzelnen Punkte der Kurven sind wie die Zahlenwerte in der Tabelle numeriert.

Die Betrachtung der Tabelle XX und der Kurven Fig. 44a und 44b wird besonders fruchtbar, wenn man von einer Beziehung ausgeht, welche sich leicht aus Gl. 19 und 20 ergibt. Setzt man hierin

$$\frac{e^{\mathbf{v}l} + e^{-\mathbf{v}l}}{e^{\mathbf{v}l} - e^{-\mathbf{v}l}} = A e^{i\alpha},$$

so ist unter Berücksichtigung der Gl. 24 für $\mathbf{u}$

$$\mathbf{W}^0 = \sqrt{\frac{w}{\varkappa}}\, A\, e^{i\alpha - i\,45^0}$$

und

$$\mathbf{W}^k = \sqrt{\frac{w}{\varkappa}}\, \frac{1}{A}\, e^{-i\alpha - i\,45^0}.$$

Die Amplituden ohne den Faktor $\sqrt{\dfrac{w}{\varkappa}}$ sind also reziproke Werte, und die Phasenwinkel $(\alpha - 45^0)$ und $(-\alpha - 45^0)$ ergänzen sich zu -90^0, wie es bei den Winkeln φ^0_x und φ^k_x in Tabelle XX in der Tat auch der Fall ist. Für das Verhalten von $\mathbf{W}^k$ gibt diese einfache Beziehung zu $\mathbf{W}^0$ in der leichtesten Weise Aufschluß, da die Eigenschaften von $\mathbf{W}^0$ aus dem Abschnitt über das offene Kabel direkt entnommen werden können. Wir blicken deshalb jetzt auf das Verhalten des offenen Kabels zurück.

Von der Phasenverschiebung, welche im offenen Kabel der Strom gegen die Spannung hat, ist auf S. 147 bewiesen worden, daß sie sich dem Winkel $+ 45^0$ immer mehr nähert, am Kabelende mit $+ 90^0$ beginnend und dann den Winkel 45^0 mit immer kleineren Abweichungen abwechselnd unter- und überschreitend. Der Phasenwinkel φ_x in den Widerständen $\mathbf{W}^0$ und $\mathbf{W}^k$ gibt die Verschiebung der Spannung gegen den Strom, da $\mathbf{E}\,\mathbf{p}_x$ durch $\mathbf{I}_x$ dividiert ist. Der Phasenwinkel von $\mathbf{W}^0$ hat also den negativen Wert der soeben erwähnten Phasenverschiebung von Strom gegen Spannung des offenen Kabels. In der Tat sieht man für $\mathbf{W}^0$ in Tabelle XX, daß φ_x^0 von -90^0 zunächst unter -45^0

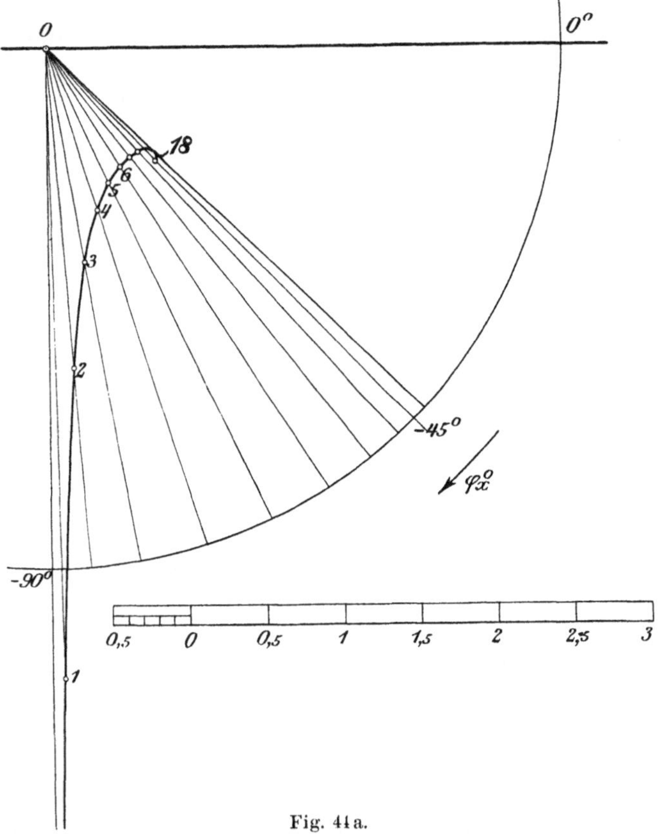

Fig. 44a.

herabgeht und dann wieder über -45^0 aufsteigt, wodurch in Fig. 44a der Haken entsteht. Bei weiterer Fortsetzung würde sich an den Haken eine Spirale anschließen, deren von 0 ausgezogene Tangenten um den um 45^0 gegen die Horizontale geneigten Strahl hin und her wogten und sich diesem Strahle immer mehr näherten. Da sich die Phasenverschiebungen für entsprechende Punkte von $\mathbf{W}^0$

und $\mathbf{W}^k$ immer zu -90^0 ergänzen, so erkennen wir jetzt, daß auch $\mathbf{W}^k$ sich spiralig fortsetzen und die Tangente an die Spirale sich in gleicher Weise dem um 45^0 geneigten Strahl nähern muß.

Sind außer Widerstand und Kapazität auch noch Selbstinduktion und Isolationswiderstand in Betracht zu ziehen, so ist nach Gl. 9

$$\mathbf{u} = \frac{1}{m+ni} = \frac{1}{\sqrt{m^2+n^2}}\, e^{-i\,\mathrm{arc\,tg}\frac{n}{m}} = \frac{1}{\sqrt{m^2+n^2}}\, e^{-i\beta},$$

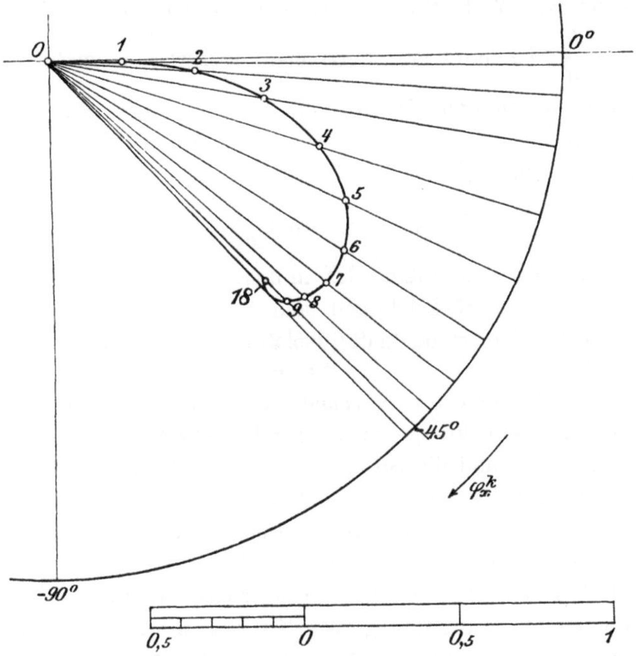

Fig. 44 b.

wenn man entsprechend Gl. 20, S. 95,

$$\mathrm{arc\,tg}\frac{n}{m} = \beta$$

setzt, und es ergeben sich daher bei gleicher Bezeichnungsweise wie oben:

$$\mathbf{W}^0 = \frac{1}{\sqrt{m^2+n^2}}\, A e^{+i\alpha-i\beta} = W^0 e^{+i\alpha-i\beta} \qquad (25)$$

$$\mathbf{W}^k = \frac{1}{\sqrt{m^2+n^2}}\, \frac{1}{A}\, e^{-i\alpha-i\beta} = W^k e^{-i\alpha-i\beta}. \qquad (26)$$

Diese Gleichungen besagen, daß in jedem Kabelpunkt die Phasenwinkel von $\mathbf{W}^0$ und $\mathbf{W}^k$ sich zu (-2β) ergänzen. Da nach Gl. 34, S. 144, am Kabelende $\mathbf{W}^0$ den Phasenwinkel $\varphi_0^0 = -(\psi + \beta)$ hat*), so hat also $\mathbf{W}^k$ den Phasenwinkel $\varphi_0^k = \psi - \beta$. Der Phasenwinkel von $\mathbf{W}^0$ hat dabei nach S. 144, den Wert

$$\varphi_0^0 = -\operatorname{arctg}\frac{\varkappa}{g}, \qquad (27)$$

wie aus der Gl. 17, S. 93, für $\operatorname{tg}\beta$ und aus Gl. 14 und 15, S. 54 für $\operatorname{tg}\psi = \dfrac{b}{a}$ abgeleitet ist. Setzt man die durch die letztgenannten Gleichungen bestimmten Werte von $\operatorname{tg}\beta$ und $\operatorname{tg}\psi$ auch in die Gleichung $\varphi_0^k = \psi - \beta$ ein, so erhält man für $\mathbf{W}^k$ am Kabelende die Phasenverschiebung

$$\varphi_0^k = +\operatorname{arctg}\frac{s}{w}.$$

Während sich also nach Tabelle XX in dem Falle, daß nur Widerstand und Kapazität zu berücksichtigen sind, $\varphi_0^0 = -90^0$ und $\varphi_0^k = 0^0$ ergeben, zieht eine mangelhafte Isolation beim offenen Kabel am Ende die Voreilung $(-\varphi_0^0)$ des Stromes gegenüber der Spannung unter 90^0 herab, und das Vorhandensein von Selbstinduktion hat zur Folge, daß beim kurzgeschlossenen Kabel am Ende die Phasengleichheit aufhört, und die Stromstärke eine Verzögerung gegenüber der Spannung erhält. Kapazität und Ableitung wirken dagegen auf den Zustand des kurzgeschlossenen Endes nicht ein, Widerstand und Selbstinduktion nicht auf den des offenen.

In Fig. 45a und 45b stellt die horizontale Richtlinie die Phase der Spannung am Kabelanfang, wo W^0 und W^k gemessen werden, als Ausgangslinie der Phasenzählung dar. Die Lage von $\overline{OA}$ gibt die Phase von $\mathbf{W}^0$, $\overline{OB}$ die Phase von $\mathbf{W}^k$ am Kabelende wieder, und zwar in Fig. 45a unter der Voraussetzung, daß $g = 0$ und $s = 0$ ist, in Fig. 45b dagegen, daß Ableitung und Selbstinduktion vorhanden sind.

Für einen vom Kabelende sehr weit entfernten Punkt, also etwa für den Anfang eines sehr langen offenen Kabels ist auf S. 147

---

*) In Gl. 34, S. 144, ist eigentlich $\varphi_0 = +(\psi + \beta)$ angegeben, doch ist dabei entsprechend einer vorangehenden Bemerkung eine Voreilung der Stromstärke gegenüber der Spannung als positiv bezeichnet, während im vorliegenden Falle nach der Ableitung der Gleichung $\mathbf{W} = We^{i\xi}$ auf S. 174 eine Voreilung der Spannung gegenüber der Stromstärke als positiv zu bezeichnen ist.

nachgewiesen worden, daß $\varphi_x^0 = -\beta$*) ist, also der Strom eine Voreilung von β gegenüber der Spannung annimmt. Da sich die
Phasenwinkel von $\mathbf{W}^0$ und $\mathbf{W}^k$ zu (-2β) ergänzen, so ist also auch

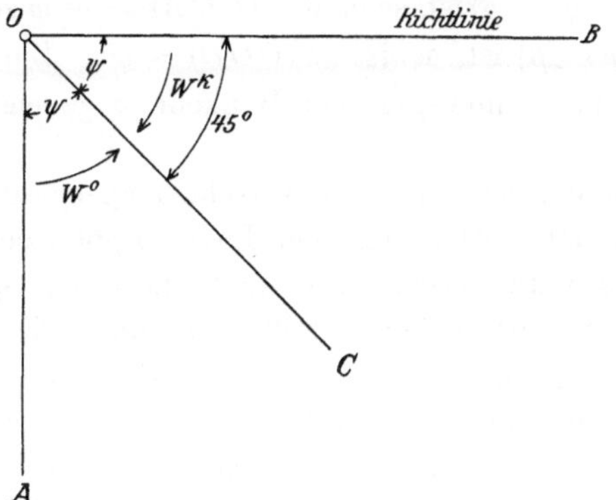

Fig. 45 a.

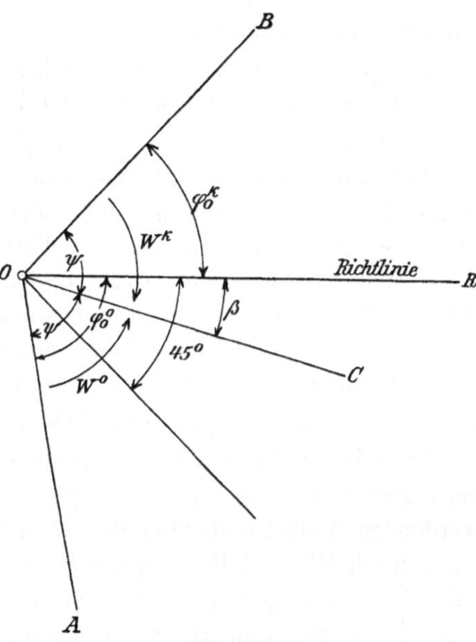

Fig. 45 b.

bei einem am Ende kurz geschlossenen sehr langen Kabel am Anfang
$\varphi_x^k = -\beta$. In Fig. 45b ist der Strahl $\overline{OC}$, unter dem Winkel $(-\beta)$

*) Siehe Anmerkung auf S. 180.

geneigt, an die Richtlinie angetragen; die Lage von $\overline{OC}$ gibt also sowohl für das offene wie auch für das kurz geschlossene Kabel die Stromphase am Anfang an. Da $\sphericalangle (ROC) = (-\beta)$ und $\sphericalangle (ROA) = -(\psi + \beta)$ ist, so muß $\sphericalangle (COA) = -\psi$ sein. Da ferner $\sphericalangle (ROB) = (\psi - \beta)$ ist, so ist $\sphericalangle (COB) = \psi$. Die Strahlen $\overline{OA}$ und $\overline{OB}$ sind also, unter gleichen Winkeln ψ geneigt, an $\overline{OC}$ angetragen.

Für die Änderung der Phasenverschiebung zwischen Spannung und Strom mit der Entfernung vom Ende ergibt sich also für das offene und das kurz geschlossene Kabel nach Fig. 45b folgendes Bild: Beim kurz geschlossenen Kabel hat am Ende die Spannung eine Voreilung gegenüber der Stromstärke $(\overline{OB})$, die nur beim vollkommen isolierten induktionslosen Kabel Null ist; mit wachsender Entfernung nimmt die Voreilung der Spannung immer mehr ab und verwandelt sich in eine Voreilung der Stromstärke, welche schließlich den Wert β erreicht $(\overline{OC})$, der in dem genannten Spezialfalle 45^0 beträgt. Beim offenen Kabel dagegen ist am Ende eine Voreilung der Stromstärke, $(\overline{OA})$, vorhanden, die fast, völlig aber nur bei $g = 0$ und $s = 0$, 90^0 beträgt und mit wachsender Entfernung vom Ende immer mehr abnimmt, bis auch sie den Wert β $(\overline{OC})$ erreicht. Bei zunehmender Kabellänge drehen sich also beide Vektoren $\overline{OB}$ und $\overline{OA}$ der Lage des Vektors $\overline{OC}$ zu. Da früher (auf S. 148) für das offene Kabel nachgewiesen wurde, daß der Wert β nicht direkt erreicht wird, sondern in Schwingungen, d. h. so, daß β um immer mehr abnehmende Beträge über- und dann unterschritten wird, so gilt das auch für das kurz geschlossene Kabel, dessen Phasenverschiebung die des offenen an jeder Stelle zu (-2β) ergänzt. Bei der Annäherung an $\overline{OC}$ pendeln also die beiden Vektoren $\overline{OA}$ und $\overline{OB}$ um $\overline{OC}$ herum, wobei beide im gleichen Augenblicke um gleiche Winkel im entgegengesetzten Sinne gegen $\overline{OC}$ geneigt sind, bis diese immer kleiner werdenden Winkel schließlich den Wert Null erreichen.

Da die beiden durch W^0 und W^k gegebenen Grenzzustände des Kabelbetriebes als Spezialzustände des belasteten Kabels betrachtet werden können und für letzteres auf S. 160 nachgewiesen wird, daß auch hier bei genügendem Abstande vom Ende die Phasenverschiebung β erzielt wird, so ist klar, daß auch beim beliebig belasteten Kabel eine Annäherung der Phasenverschiebung an β in Schwingungen vor sich geht.

Auch über den Wert des Grenzwinkels β gibt Fig. 45 b ein Urteil. Nach der Gl. 27, $\varphi_0^0 = -\operatorname{arctg} \dfrac{x}{g}$, ist φ_0^0 bei nicht ganz vollkommener Isolation immer $-\,(< 90^0)$. Da $\varphi_0^0 = -(\psi + \beta)$ und bei modernen, gut isolierten Kabeln, entsprechend Tab. VII, immer $b > a$, also $\psi = \operatorname{arctg} \dfrac{b}{a} > 45^0$ ist, so ist immer $\beta < 45^0$.

Zur Bestätigung der obigen Betrachtungen über den Einfluß der Selbstinduktion möge hier noch ein Zahlenbeispiel folgen. Das oben auf S. 177 ins Auge gefaßte Kabel mit $w = 0,455$ Ohm, $c = 0,17$ M. F. und $L = g = 0$ hat bei $\nu = 50$ P. p. Sec. bei einer Länge von 200 km die Widerstände

$$\mathbf{W}^0 = 114,27\, e^{-i\,77^0 0' 2''} \quad \text{und} \quad \mathbf{W}^k = 74,55\, e^{-i\,12^0 59' 58''}.$$

Hat dagegen L nicht den Wert Null, sondern den Wert $L = 4,076 \cdot 10^{-4}$ Henry, so wird

$$\mathbf{W}^0 = 107,35\, e^{-i\,75^0 45' 51'} \quad \text{und} \quad \mathbf{W}^k = 82,45\, e^{+i\,1^0 29' 59''}.$$

Um ein Bild von den praktisch vorkommenden Grenzen zu geben, sind in den Tabellen XXI und XXII die Werte von $\mathbf{W}^0$ und $\mathbf{W}^k$ für die 10 000 Volt-Kabel und die Freileitung bei verschiedener Länge angegeben.

Die Widerstände $\mathbf{W}^0$ geben den Betriebszustand des offenen Kabels in allen technisch wichtigen Einzelheiten an. Nach dem Begriffe von $\mathbf{W}^0$ nimmt das offene Kabel bei einer Anfangsspannung $E p_l$ einen Anfangsstrom

$$\mathbf{I}_l = \frac{E p_l}{\mathbf{W}^0} = \frac{E p_l}{W^0}\, e^{-i\varphi_l^0}$$

auf; die Werte $\dfrac{E p_l}{W^0}$ und $-\varphi_l^0$ sind deshalb die Strom- und Phasenwerte, welche in Tab. XIV und XVI schon angegeben sind.

$\mathbf{W}^k$ bietet deswegen besonderes Interesse, weil es als scheinbarer Widerstand des Kabels schlechthin betrachtet werden kann in voller Analogie mit dem Widerstande einer Gleichstromleitrrg, der auch als Quotient der Spannung und Stromstärke am Anfang angesehen werden kann, wenn die Leitung am Ende kurz geschlossen ist. An diesem scheinbaren Widerstande des Kabels fällt zunächst auf, daß er nicht der Länge proportional wächst, wie bei einer allein mit Ohmschem Widerstand und Selbstinduktion behafteten

Tabelle XXI.

W^0 für die 10000-Volt-Kabel und die Lauffen-Frankfurter Freileitung bei verschiedenen Längen und $\nu = 50$.

W^0

	Nr.	$l = 50$ km	$l = 100$ km	$l = 150$ km	$l = 200$ km
10000-Volt-Kabel	1	$488{,}50 \cdot e^{-i \cdot 86^0\,21'\,37''}$	$250{,}33 \cdot e^{-i \cdot 75^0\,53'\,36''}$	$188{,}99 \cdot e^{-i \cdot 61^0\,16'\,26''}$	$179{,}88 \cdot e^{-i \cdot 48^0\,55'\,36''}$
	2	$443{,}46 \cdot e^{-i \cdot 87^0\,29'\,17''}$	$222{,}49 \cdot e^{-i \cdot 80^0\,9'\,41''}$	$156{,}48 \cdot e^{-i \cdot 68^0\,39'\,16''}$	$135{,}32 \cdot e^{-i \cdot 56^0\,3'\,32''}$
	3	$391{,}17 \cdot e^{-i \cdot 88^0\,10'\,8''}$	$194{,}46 \cdot e^{-i \cdot 82^0\,47'\,32''}$	$131{,}96 \cdot e^{-i \cdot 73^0\,52'\,39''}$	$106{,}68 \cdot e^{-i \cdot 62^0\,38'\,50''}$
	4	$366{,}15 \cdot e^{-i \cdot 88^0\,34'\,55''}$	$181{,}22 \cdot e^{-i \cdot 84^0\,27'\,43''}$	$120{,}74 \cdot e^{-i \cdot 77^0\,26'\,6''}$	$93{,}628 \cdot e^{-i \cdot 67^0\,52'\,35''}$
	5	$342{,}32 \cdot e^{-i \cdot 88^0\,55'\,25''}$	$168{,}96 \cdot e^{-i \cdot 85^0\,49'\,59''}$	$111{,}24 \cdot e^{-i \cdot 80^0\,27'\,45''}$	$83{,}706 \cdot e^{-i \cdot 72^0\,46'\,4''}$
	6	$321{,}42 \cdot e^{-i \cdot 89^0\,10'\,23''}$	$158{,}38 \cdot e^{-i \cdot 86^0\,48'\,35''}$	$103{,}55 \cdot e^{-i \cdot 82^0\,40'\,35''}$	$76{,}497 \cdot e^{-i \cdot 76^0\,33'\,57''}$
	7	$304{,}42 \cdot e^{-i \cdot 89^0\,20'\,25''}$	$149{,}87 \cdot e^{-i \cdot 87^0\,30'\,38''}$	$97{,}62 \cdot e^{-i \cdot 84^0\,15'\,59''}$	$71{,}363 \cdot e^{-i \cdot 79^0\,23'\,53''}$
	8	$294{,}46 \cdot e^{-i \cdot 89^0\,26'\,58''}$	$144{,}91 \cdot e^{-i \cdot 87^0\,57'\,11''}$	$94{,}21 \cdot e^{-i \cdot 85^0\,17'\,30''}$	$68{,}497 \cdot e^{-i \cdot 81^0\,15'\,26''}$
Frei-leitung		$7294{,}3 \cdot e^{-i \cdot 89^0\,49'\,47''}$	$3637{,}1 \cdot e^{-i \cdot 89^0\,17'\,17''}$	$2414{,}3 \cdot e^{-i \cdot 88^0\,23'\,12''}$	$1800{,}8 \cdot e^{-i \cdot 87^0\,6'\,21''}$

Tabelle XXII.

W^k für die 10000-Volt-Kabel und die Lauffen-Frankfurter Freileitung bei verschiedenen Längen und $\nu = 50$*).

	Nr.	$l = 50$ km	$l = 100$ km	$l = 150$ km	$l = 200$ km	arctg $\dfrac{s}{w}$
10000-Volt-Kabel	1	$91{,}046 \cdot e^{i \cdot 1^0\,14'\,59''}$ $(90{,}50)\ [90{,}820]$	$177{,}67 \cdot e^{-i \cdot 9^0\,13'\,2''}$ $(181{,}00)\ [181{,}640]$	$235{,}33 \cdot e^{-i \cdot 23^0\,50'\,12''}$ $(271{,}50)\ [272{,}460]$	$247{,}25 \cdot e^{-i \cdot 36^0\,11'\,2''}$ $(362{,}00)\ [363{,}28]$	$4^0\ 48'\ 7''$
	2	$56{,}806 \cdot e^{i \cdot 4^0\,38'\,23''}$ $(56{,}15)\ [56{,}580]$	$113{,}22 \cdot e^{-i \cdot 2^0\,41'\,13''}$ $(112{,}30)\ [113{,}160]$	$160{,}98 \cdot e^{-i \cdot 14^0\,11'\,38''}$ $(168{,}45)\ [169{,}740]$	$186{,}16 \cdot e^{-i \cdot 26^0\,47'\,22''}$ $(224{,}6)\ [226{,}32]$	$7^0\ 3'\ 52''$
	3	$36{,}639 \cdot e^{i \cdot 8^0\,2'\,22''}$ $(35{,}94)\ [36{,}472]$	$73{,}702 \cdot e^{i \cdot 2^0\,39'\,46''}$ $(71{,}88)\ [72{,}943]$	$108{,}62 \cdot e^{-i \cdot 6^0\,15'\,7''}$ $(107{,}82)\ [109{,}416]$	$134{,}35 \cdot e^{-i \cdot 17^0\,28'\,56''}$ $(143{,}76)\ [145{,}89]$	$9^0\ 47'\ 42''$
	4	$26{,}471 \cdot e^{i \cdot 11^0\,32'\,31''}$ $(25{,}675)\ [26{,}339]$	$53{,}483 \cdot e^{i \cdot 7^0\,25'\,19''}$ $(51{,}35)\ [52{,}678]$	$80{,}275 \cdot e^{-i \cdot 0^0\,23'\,42''}$ $(77{,}03)\ [79{,}017]$	$103{,}52 \cdot e^{-i \cdot 9^0\,9'\,49''}$ $(102{,}70)\ [105{,}36]$	$12^0\ 53'\ 18''$
	5	$18{,}900 \cdot e^{i \cdot 16^0\,5'\,55''}$ $(17{,}97)\ [18{,}802]$	$38{,}292 \cdot e^{i \cdot 13^0\,0'\,29''}$ $(35{,}94)\ [37{,}604]$	$58{,}163 \cdot e^{i \cdot 7^0\,38'\,15''}$ $(53{,}91)\ [56{,}406]$	$77{,}293 \cdot e^{-i \cdot 0^0\,3'\,26''}$ $(71{,}88)\ [75{,}21]$	$17^0\ 6'\ 9''$
	6	$13{,}953 \cdot e^{i \cdot 21^0\,35'\,17''}$ $(12{,}835)\ [13{,}878]$	$28{,}318 \cdot e^{i \cdot 19^0\,13'\,29''}$ $(25{,}67)\ [27{,}756]$	$43{,}312 \cdot e^{i \cdot 15^0\,5'\,29''}$ $(38{,}51)\ [41{,}634]$	$58{,}630 \cdot e^{i \cdot 8^0\,58'\,51''}$ $(51{,}34)\ [55{,}51]$	$22^0\ 21'\ 10''$
	7	$10{,}771 \cdot e^{i \cdot 27^0\,23'\,7''}$ $(9{,}46)\ [10{,}713]$	$21{,}879 \cdot e^{i \cdot 25^0\,33'\,20''}$ $(18{,}92)\ [21{,}426]$	$33{,}588 \cdot e^{i \cdot 22^0\,18'\,41''}$ $(28{,}38)\ [32{,}139]$	$45{,}946 \cdot e^{i \cdot 17^0\,26'\,35''}$ $(37{,}84)\ [42{,}85]$	$27^0\ 59'\ 2''$
	8	$8{,}983 \cdot e^{i \cdot 32^0\,32'\,2''}$ $(7{,}49)\ [8{,}934]$	$18{,}255 \cdot e^{i \cdot 31^0\,2'\,15''}$ $(14{,}98)\ 17{,}868]$	$28{,}078 \cdot e^{i \cdot 28^0\,22'\,34''}$ $(22{,}47)\ [26{,}802]$	$38{,}618 \cdot e^{i \cdot 24^0\,20'\,30''}$ $(29{,}96)\ [35{,}74]$	$33^0\ 1'\ 45''$
Frei-leitung		$70{,}770 \cdot e^{i \cdot 16^0\,44'\,57''}$ $67{,}65)\ [70{,}712]$	$141{,}94 \cdot e^{i \cdot 16^0\,12'\,27''}$ $(135{,}30)\ [141{,}424]$	$213{,}82 \cdot e^{i \cdot 15^0\,18'\,22''}$ $(202{,}95)\ [212{,}136]$	$286{,}66 \cdot e^{i \cdot 14^0\,1'\,31''}$ $(270{,}6)\ [282{,}848]$	$16^0\ 55'\ 7$

*) Über die in Tabelle XXII enthaltenen klein gedruckten Zahlen s. S. 187.

Leitung. Da die Ableitung bei dem modernen Kabel keine Rolle spielt, so kann nur die gleichmäßig verteilte Kapazität die Ursache sein; bei Kabel 1 nimmt z. B. bei einer Verlängerung von 50 auf 100 km W^k von 91,046 auf 177,67, also fast auf das Doppelte zu, bei einer Verlängerung von 100 km auf 200 km aber nur noch von 177,67 auf 247,25, also nur noch um etwa 40% statt um 100%. Nach welchem Gesetze sich W^k mit der Länge verändert, erkennt man leicht, wenn man in Gl. 19 und 20 für u, $(e^{vl} + e^{-vl})$ und $(e^{vl} - e^{-vl})$ die Amplituden aus Gl. 8, S. 108, Gl. 17, S. 117, und Gl. 19, S. 118, einsetzt. Man erhält dann

$$W^k = \frac{1}{\sqrt{m^2 + n^2}} \sqrt{\frac{e^{2ax} + e^{-2ax} - 2\cos 2bx}{e^{2ax} + e^{-2ax} + 2\cos 2bx}}$$

und entsprechend

$$W^0 = \frac{1}{\sqrt{m^2 + n^2}} \sqrt{\frac{e^{2ax} + e^{-2ax} + 2\cos 2bx}{e^{2ax} + e^{-2ax} - 2\cos 2bx}}.$$

Der Bruch, welcher in dem Ausdruck für W^k die Abhängigkeit dieser Größe von x darstellt, ist derselbe, welcher uns auf S. 139 als bestimmend für die Stromaufnahme des offenen Kabels entgegentrat und dort mit f bezeichnet wurde. An jener Stelle wurde nachgewiesen, daß f mit steigendem x von 0 aus ansteigend sich dem Grenzwert 1 pendelnd nähert, d. h. so, daß dieser Wert abwechselnd über- und unterschritten wird, die Abweichungen aber immer mehr abnehmen. W^k steigt also mit zunehmender Kabellänge durchaus nicht gleichmäßig an, sondern nimmt abwechselnd zu und ab und nähert sich pendelnd dem Grenzwert $\dfrac{1}{\sqrt{m^2 + n^2}}$, analog seinem Phasenwinkel φ^k, welcher sich pendelnd dem Werte β nähert.

In W^0 steht als Faktor, welcher die Abhängigkeit von der Kabellänge bestimmt, der reziproke Wert von f, der sich natürlich auch pendelnd dem Grenzwert 1 nähert. Der Grenzwert zu W^0 ist deshalb $\dfrac{1}{\sqrt{m^2 + n^2}}$, wie derjenige von W^k und wie nach S. 160 der Grenzwert des Widerstandes für jedes beliebig belastete Kabel.

Dieser einer unendlichen Länge angehörige Grenzwert ist nach Gl. 8, S. 108, die Amplitude von u, und findet sich in Tabelle VII unter u angegeben. Für das offene Kabel wäre zu erwarten, daß der Widerstand bei endlicher Länge größer sei als dieser Grenzwert,

weil man annehmen sollte, daß das kürzere Kabel offen bei gleicher
Anfangsspannung weniger Strom aufnehme; beim kurz geschlossenen
Kabel dagegen ist anzunehmen, daß er kleiner sei, weil das kürzere
Kabel, kurz geschlossen, einen kleineren Widerstand habe als
das längere. Bei geringen Kabellängen finden wir diese Erwartungen
durch die Tabelle bestätigt; bei zunehmender Länge aber kehren die
Pendelungen den Sinn der Abweichung um; so bei Kabel 1 und 2
schon bei 150 km, bei Kabel 3 und 4 aber erst bei 200 km; bei
weiter steigender Kabellänge würde sich die Abweichung in gleich-
mäßigen Intervallen weiter umkehren. Das hier für W^0 Nach-
gewiesene ist in den Betrachtungen von J_l beim offenen Kabel
(S. 139 bis 149) schon implizite enthalten.

Sehr interessant ist der direkte Vergleich des scheinbaren
Widerstandes W^k des Kabels mit demjenigen Werte, welcher auf-
träte, wenn nur Ohmscher Widerstand oder nur Widerstand und
Selbstinduktion vorhanden wäre, denn dieser Vergleich muß die
Einwirkung der gleichmäßig verteilten Kapazität unmittelbar zum Aus-
druck bringen. Bei einer Länge l ist der Ohmsche Widerstand allein

$$w\,l$$

und der unter dem Einfluß von Ohmschem Widerstand und Selbstinduktion auftretende scheinbare Widerstand

$$l\,\sqrt{w^2 + s^2}\,.$$

Diese Werte sind in der Tabelle XXII bei W^k in kleinem Druck noch
mit angegeben, der erstere in runden Klammern, der letztere in
eckigen Klammern.

Man sieht, daß sich $w\,l$ und $l\,\sqrt{w^2 + s^2}$ nur wenig von einander
unterscheiden, nicht nur bei den Kabeln sondern auch bei der Freileitung, wo die Selbstinduktion größer ist. Der Einfluß der gleichmäßig verteilten Kapazität ist aber, bei längeren Kabeln wenigstens,
sehr bedeutend. Der Widerstand wird dadurch im allgemeinen
vergrößert, nur bei Kabel 1 finden wir ihn von 100 km an, bei
Kabel 2 und 3 von 150 km an und bei Kabel 4 und den noch stärkeren
von 200 km an verkleinert. Diese Änderung des Abweichungssinnes
hängt natürlich mit dem Auf- und Niederwogen von W^k zusammen.

Auch die Phasenverschiebung zwischen Spannung und Strom,
welche bei kurz geschlossenen Leitungen mit Widerstand und Selbst-
induktion für alle Längen $\operatorname{arctg}\dfrac{s}{w}$ ist, findet sich in Tabelle XXII an-

gegeben; sie ist wichtig, weil sie gleichzeitig auch die Phasenverschiebung des Spannungsabfalles und der Stromstärke bei der belasteten Leitung ist, und nach Fig. 6a ($\sphericalangle\, CAB$) bei der Berechnung der Anfangsspannung aus der Endspannung und umgekehrt benutzt wird. Die Abweichungen von φ^k und $\operatorname{arctg}\dfrac{s}{w}$ sind bei der Freileitung nur gering, bei den Kabeln aber, bei den größeren Längen wenigstens, sehr bedeutend und liegen z. T. sogar schon im Vorzeichen, da bei zunehmender Kabellänge die Phasenverschiebung, wie wir wissen, einer Voreilung der Stromstärke gegenüber der Spannung zustrebt, während bei der kapazitätslosen Leitung der Strom stets in der Phase zurück ist. Bei den schwächeren Kabeln sind deshalb auch schon bei geringer Länge wesentliche Abweichungen vorhanden. Um den scheinbaren Widerstand der Kabel bei vernachlässigter Kapazität auf die gleiche Form zu bringen, wie $\mathbf{W}^k = W^k e^{i\varphi^k}$, wäre für jeden Fall der in eine eckige Klammer gesetzte Wert des Widerstandes statt W^k und $\operatorname{arctg}\dfrac{s}{w}$ statt φ^k zu schreiben. So wäre z. B. der scheinbare Widerstand bei vernachlässigter Kapazität

bei Kabel 1 und 50 km
$$.90{,}820\, e^{+i\,4^0\,48'\,7''} \qquad \text{gegen} \qquad \mathbf{W}^k = 91{,}046\, e^{+i\,1^0\,14'\,59''},$$

bei Kabel 2 und 150 km
$$169{,}740\, e^{+i\,7^0\,3'\,52''} \qquad \text{gegen} \qquad \mathbf{W}^k = 160{,}98\, e^{-i\,14^0\,11'\,38''}.$$

Bei solcher Gegenüberstellung kann man am leichtesten den Einfluß der Kapazität auf den scheinbaren Widerstand übersehen.

Wir stellen schließlich noch die Effektaufnahmen des offenen und des kurz geschlossenen Kabels fest und benutzen dazu Gl. 22, S. 8. Für das kurz geschlossene Kabel ist nach Gl. 19

$$\mathbf{E}\mathfrak{p}_l = \mathbf{I}_l^k\,\mathbf{W}^k.$$

Wählt man $\mathbf{I}_l^k$ als Ausgangsgröße, so daß $\mathbf{I}_l^k = J_l^k$ ist, und setzt man

so wird
$$\mathbf{W}^k = y_k + i z_k,$$
$$\mathbf{E}\mathfrak{p}_l = J_l^k y_k + i J_l^k z_k.$$

Damit sind $\mathbf{I}_l^k$ und $\mathbf{E}\mathfrak{p}_l$ auf die Form der Gl. 16 u. 17, S. 7, gebracht, und p_e, q_e, p_i und q_i ergeben sich unmittelbar. Setzt man diese Größen in Gl. 22, S. 8, ein, so erhält man als Effektaufnahme des **kurz geschlossenen** Kabels

$$A_l^k = J_l^{k\,2}\,y_k\,.$$

Für die Effektaufnahme des **offenen** Kabels erhält man, wenn man

$$\frac{1}{\mathbf{W}^0} = y_0 + i\,x_0$$

setzt, in ganz entsprechender Weise

$$A_l^0 = E p_l^2\,y_0\,.$$

Die Berechnung des Zustandes am Kabelanfang bei gegebener Belastung am Kabelende.

Wenn das Kabel eine Verbrauchsstelle mit einer Spannung $\mathbf{E}p_0$ und einer Stromstärke $\mathbf{I}_0$ bei einem Leistungsfaktor $\cos(Ep_0,\,J_0)$ zu speisen hat, so liegt die Aufgabe vor, die gleichen Größen für den Kabelanfang zu berechnen, da diese die von den Generatoren zu liefernden elektrischen Größen bilden. Die vorliegende Aufgabe ist in völliger äußerer Analogie mit der Berechnung des primären Verhaltens eines Transformators, wenn das sekundäre gegeben ist; denn in beiden Fällen haben alle drei zu berechnenden Größen andere Werte als die gegebenen. Wir werden sogleich sehen, daß beim Kabel die Benutzung der soeben betrachteten Werte $\mathbf{W}^0$ und $\mathbf{W}^k$ es möglich macht, für die Lösung ähnlich einfache Wege einzuschlagen wie beim Transformator.

Wir formen zunächst die Gl. 7 u. 8 für $\mathbf{E}p_x$ und $\mathbf{I}_x$ in geeigneter Weise um, indem wir $\frac{1}{2}\,(e^{\mathbf{v}x} + e^{-\mathbf{v}x})$ herausziehen, und erhalten unter Berücksichtigung der Gl. 19 u. 20, indem wir für den Kabelanfang $x = l$ setzen

$$\mathbf{E}\,\mathbf{p}_l = (\mathbf{E}\,\mathbf{p}_0 + \mathbf{I}_0\,\mathbf{W}^k)\,\frac{1}{2}\,(e^{\mathbf{v}l} + e^{-\mathbf{v}l}) \tag{28}$$

und

$$\mathbf{I}_l = \left(\mathbf{I}_0 + \frac{\mathbf{E}\,\mathbf{p}_0}{\mathbf{W}^0}\right)\frac{1}{2}\,(e^{\mathbf{v}l} + e^{-\mathbf{v}l})\,. \tag{29}$$

Der beiden Ausdrücken gemeinsame Faktor

$$\frac{1}{2}\,(e^{\mathbf{v}l} + e^{-\mathbf{v}l}) = \mathbf{C} = c\,e^{i\gamma} \tag{30}$$

ist auf S. 134 bis 136 bereits ausführlich diskutiert worden. Zur Vereinfachung der Betrachtungen wollen wir ihn zunächst nicht berücksichtigen und erst später als Korrekturgröße wieder einführen. Die noch mit dem genannten Faktor zu korrigierenden Größen $\mathbf{E}\mathfrak{p}_l$ und $\mathbf{I}_l$ mögen durch den Index c charakterisiert werden; dann ist also

$$\mathbf{E}\mathfrak{p}_i^c = \mathbf{E}\mathfrak{p}_0 + \mathbf{I}_0\,\mathbf{W}^k \tag{31}$$

und

$$\mathbf{I}_i^c = \mathbf{I}_0 + \frac{\mathbf{E}\mathfrak{p}_0}{\mathbf{W}^0}, \tag{32}$$

und die genauen Werte sind

$$\mathbf{E}\mathfrak{p}_l = \mathbf{E}\mathfrak{p}_i^c\,\frac{1}{2}\,(e^{\mathbf{v}l} + e^{-\mathbf{v}l}) = \mathbf{C}\,\mathbf{E}\mathfrak{p}_i^c \tag{33}$$

und

$$\mathbf{I}_l = \mathbf{I}_i^c\,\frac{1}{2}\,(e^{\mathbf{v}l} + e^{-\mathbf{v}l}) = \mathbf{C}\,\mathbf{I}_i^c. \tag{34}$$

Wir betrachten nun nach einander $\mathbf{E}\mathfrak{p}_i^c$ und $\mathbf{I}_i^c$.

Die Gl. 31 hat ganz die Form des Ohmschen Gesetzes für Gleichstrom und kann zu einer sehr einfachen Darstellung von $\mathbf{E}\mathfrak{p}_i^c$ benutzt werden. Setzt man z. B.

$$\left.\begin{aligned}
\mathbf{I}_0 &= J_0, \\
\mathbf{E}\mathfrak{p}_0 &= Ep_0\,e^{i\varphi_0} \\
\mathbf{E}\mathfrak{p}_i^c &= Ep_i^c\,e^{i\delta},
\end{aligned}\right\} \tag{35}$$

und

so giebt Figur 46 die graphische Darstellung für das auf S. 163 bis 167 betrachtete Zahlenbeispiel, und zwar speziell für eine Kabellänge, bei der $ax = 10^0$ ist. Für dieses Beispiel war $\mathbf{E}\mathfrak{p}_0 = 1000$, $\mathbf{I}_0 = 10-20\,i = 22{,}36\,e^{-i63^0\,26'}$, und für $ax = 10^0$ ist nach S. 177 $\mathbf{W}^k = 22{,}77\,e^{-i\,1^0\,9{,}7'}$. Bei der vorliegenden Betrachtung, bei der nach Gl. 35 $\mathbf{I}_0$ als Ausgangslinie gewählt ist, ist also $\mathbf{I}_0 = J_0 = 22{,}36$ zu setzen, und $\mathbf{E}\mathfrak{p}_0$, welches eine Voreilung von $\varphi_0 = 63^0\,26'$ gegen $\mathbf{I}_0$ hat, wird $\mathbf{E}\mathfrak{p}_0 = 1000\,e^{i\,63^0\,26'}$; demnach erhält man nach Gl. 31

$$\begin{aligned}
Ep_i^c\,e^{i\delta} &= 1000\,e^{i\,63^0\,26'} + 22{,}36 \cdot 22{,}77\,e^{-i\,1^0\,9{,}7'} \\
&= 1000\,e^{i\,63^0\,26'} + 509{,}1 \cdot e^{-i\,1^0\,9{,}7'}.
\end{aligned} \tag{36}$$

Wir tragen also (Fig. 46) J_0 horizontal als Richtlinie auf, daran $J_0\,W^k = 509{,}1$ unter $1^0\,9{,}7'$ nach rechts geneigt, hieran $Ep_0 = 1000$ unter $63^0\,26'$ nach links gegen die Richtlinie, oder um $63^0\,26' + 1^0\,9{,}7' = 64^0\,35{,}7'$ gegen die Linie $J_0\,W^k$. Die Schlußlinie ergibt dann $Ep_i^c = 1302{,}4$ Volt, und $\sphericalangle\,\delta$ hat den Wert $42^0\,45'\,25''$. Der

letztere Winkel hat als Phasenverschiebung von Ep_i^c gegen J_0, also
der Spannung am Kabelanfang gegen die Stromstärke am Kabelende, zwar keine sachliche Bedeutung, die Übereinstimmung von
$Ep_i^c = 1302,4$ Volt mit dem in Tabelle XIX durch Gl. 14 gewonnenen Werte $Ep_i^c = 1302,7$ Volt für $(ax) = 10^0$ d. i. $x = 50$ km
zeigt aber den Wert dieses sehr einfachen graphischen Verfahrens
gegenüber dem außerordentlich komplizierten Rechnungsverfahren.

Der genaue Wert $Ep_i^c = 1302,4$ ist aus Fig. 46 natürlich durch
Rechnung gewonnen, die Ausführung der Rechnung unter Benutzung
der Gl. 36 ist aber auch nicht langwieriger als die Aufzeichnung
einer exakten Figur.

Fig. 46 zeigt deutlich den Einfluß der Kapazität. Wäre keine
Kapazität vorhanden, so bedeutete $\mathbf{W}^k$ den einfachen Ohmschen

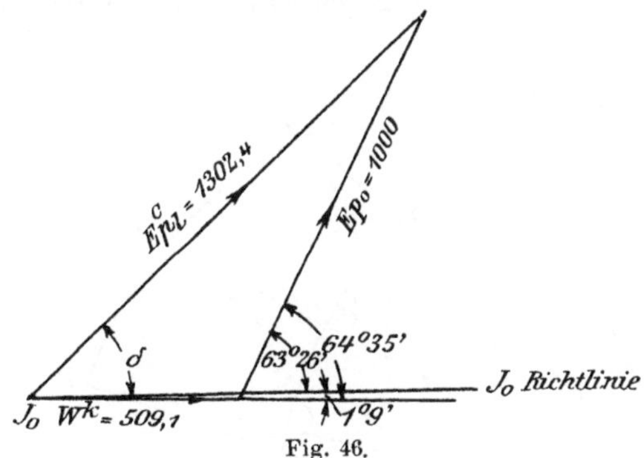

Fig. 46.

Widerstand der Hin- und Rückleitung des Kabels. $J_0\,W^{rk}$ wäre also
der Ohmsche Spannungsabfall und fiele mit der horizontalen Richtlinie zusammen, während $J_0\,W^{rk}$ in der Figur um $1^0\,9,7'$ nach rechts
dagegen geneigt ist. Ist das mit Kapazität begabte Kabel länger
und die Stromentnahme entsprechend kleiner, so daß $J_0\,W^{rk}$ denselben Wert behält, so ist dieser Neigungswinkel größer, weil φ^k größer
wird. Man erkennt, daß dadurch der obere Endpunkt des an
$J_0\,W^k$ anzuschließenden Ep_0 tiefer zu liegen kommt, und daher Ep_i^c,
also der Spannungsabfall im Kabel, geringer wird. Umgekehrt hat
Selbstinduktion im Kabel eine Linksdrehung der Linie $J_0\,W^k$, also
eine Vergrößerung des Spannungsabfalls zur Folge. Eine Vergrößerung
der Stromstärke ohne Änderung der Kabellänge würde in beiden
Fällen eine Verlängerung von $J_0\,W^{rk}$ in gleicher Richtung, also eine
Vergrößerung des Spannungsabfalls nach sich ziehen.

Sehr interessant ist auch der Einfluß der Phasenverschiebung
der an das Kabelende angeschlossenen Verbrauchsstelle auf den
Spannungsabfall und dessen Abhängigkeit von den Kabeleigenschaften.
Wir betrachten dies an Fig. 47.

Hat das Kabel nur Ohmschen Widerstand, so ist der Spannungsabfall $J_0 W^k$ von gleicher Phase wie die Stromstärke. Fig. 47a gibt
diesen Fall wieder. $J_0 W^k$ ist horizontal gezeichnet und durch $\overline{OA}$ dargestellt. Bringt die Eigenart der Verbrauchsstellen auch Phasengleichheit zwischen Spannung und Stromstärke am Kabelende mit
sich, so ist $Ep_0 = \overline{AB}$ einfach als Verlängerung von $\overline{OA}$ zu zeichnen.
Erhält Ep_0 dagegen, wie bei induktiver Belastung, eine Voreilung
von steigender Größe gegen den entnommenen Strom, so dreht sich
$\overline{AB}$ immer mehr nach links gegen $\overline{OA}$, und die Punkte B liegen

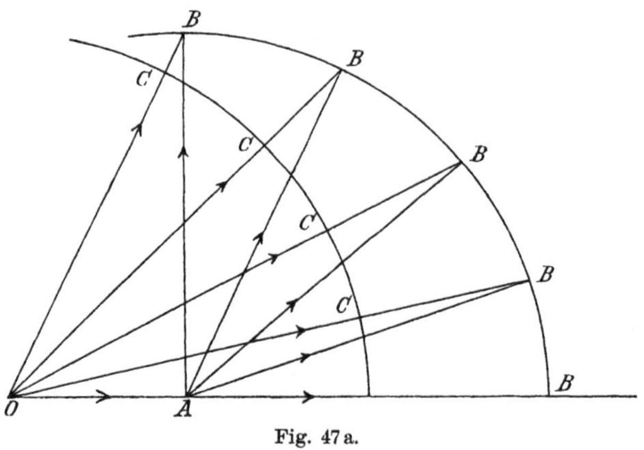

Fig. 47a.

auf einem Kreise mit dem Mittelpunkte A; die dazugehörigen Anfangsspannungen Ep_i^c sind die Strahlen $\overline{OB}$. Schlägt man auch um
O einen Kreisbogen mit dem Radius Ep_0, so gewinnt man auf den
Strahlen $\overline{OB}$ die Schnittpunkte C und in Gestalt der Strecken $\overline{CB}$
die Spannungsabfälle. Diese nehmen also mit zunehmender Vor-
eilung von Ep_0 gegen J_0 ab.

Hat das Kabel außer dem Ohmschen Widerstande auch Kapazität,
so gilt Fig. 47b. $\overline{OA} = J_0 W^k$ ist gegen die Richtlinie J_0 nach rechts
unten geneigt zu zeichnen. Die Strahlen $\overline{AB} = Ep_0$ geben wieder
die Endspannungen, die Strahlen $\overline{OB} = Ep_i^c$ die Anfangsspannungen

an. Schlägt man auch um O wieder einen Kreis mit dem Radius $\overline{OC} = Ep_0$, so bilden die Strecken $\overline{CB}$ wieder die Spannungsabfälle. Auch diese nehmen mit wachsender Induktivität der Belastung ab,

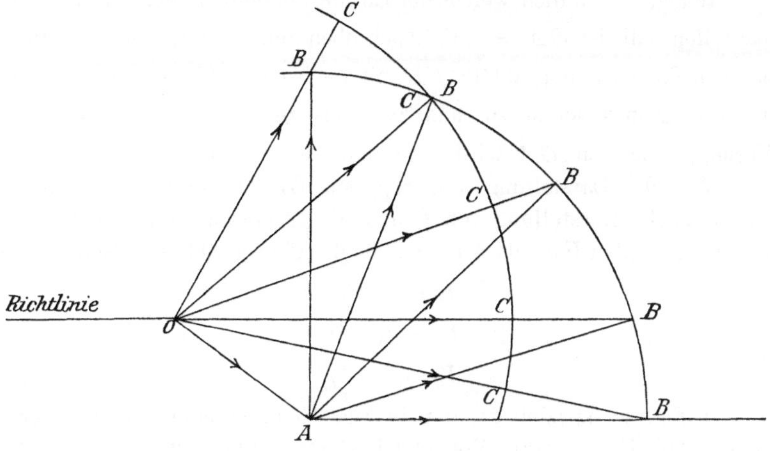

Fig. 47 b.

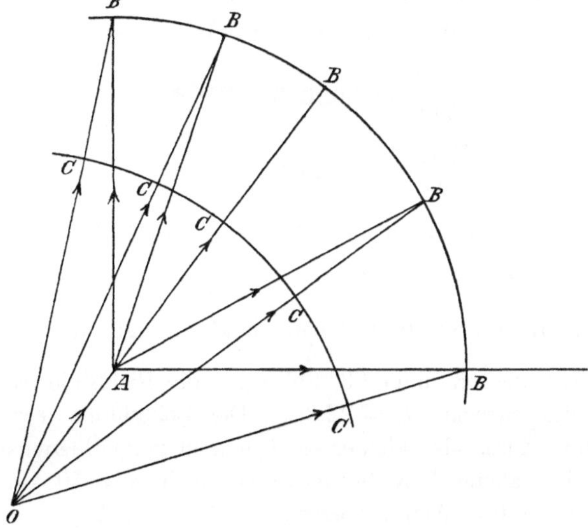

Fig. 47 c.

ja sie erreichen hier bei einer bestimmten Voreilung der Spannung den Wert Null, entsprechend dem Punkte der Figur, wo sich beide Kreise schneiden, und werden bei noch größerer Phasenvoreilung negativ. Bei sehr großer Phasenverzögerung des entnommenen Stromes kann der Spannungsabfall im Kabel negativ, die Endspannung also höher werden als die Anfangsspannung.

In Fig. 47 c endlich, welche den Einfluß der Selbstinduktion im Kabel darstellen soll, ist $\overline{OA} = J_0 W^k$ nach oben geneigt zu zeichnen. Hier nehmen die Spannungsabfälle $\overline{CB}$ mit wachsender Phasenverzögerung des Endstromes zuerst zu, und zwar bis zu der Lage, wo $\overline{AB}$ die Verlängerung von $\overline{OA}$ wird, und dann wieder ab.

Wie die Darstellung von $\mathbf{E}\mathfrak{p}_i^c$ aus Gl. 31, so läßt sich auch eine einfache Darstellung von $\mathbf{I}_i^c$ aus Gl. 32 entwickeln. Am besten wählt man dabei $\mathbf{E}\mathfrak{p}_0$ als Ausgang für die Phasenzählung. Setzt man

$$\mathbf{E}\mathfrak{p}_0 = E p_0$$
$$\mathbf{I}_0 = J_0 \, e^{-i\varphi}$$

und

$$\mathbf{I}_i^c = J_i^c \, e^{i\varepsilon}, \tag{37}$$

so gilt Fig. 48 speziell für den in Fig. 46 untersuchten Fall, wobei $(ax) = 10^0$, $\mathbf{E}\mathfrak{p}_0 = 1000$ Volt und $\mathbf{I}_0 = 10 - 20\,i = 22{,}36 \cdot e^{-i\,63^0\,26'}$ war. Da nach S. 177 für dieses Beispiel

$$\mathbf{W}^0 = 374{,}1\, e^{-i\,88^0\,50'\,18''}$$

ist, so wird

$$\frac{1}{\mathbf{W}^0} = 0{,}002673\; e^{i\,88^0\,15'\,18''}$$

und

$$\frac{\mathbf{E}\mathfrak{p}_0}{\mathbf{W}^0} = 2{,}673\; e^{i\,88^0\,50'\,18''}.$$

Also ist

$$\mathbf{I}_i^c = +\, 22{,}36 \cdot e^{-i\,63^0\,26'} + 2{,}673\; e^{i\,88^0\,50'\,18''}.$$

Wir tragen demnach (Fig. 48) Ep_0 horizontal als Richtlinie auf, daran, unter $88^0\,50'\,18''$ nach links geneigt, die Strecke $\dfrac{Ep_0}{W^0}$ und an diese wieder, unter $63^0\,26'$ gegen die Richtlinie nach rechts geneigt, die Strecke $J_0 = 22{,}36$. Die Schlußlinie ergibt dann $J_i^c = 20{,}034$ Amp., also kleiner als J_0 und in guter Übereinstimmung mit dem in Tabelle XIX für $ax = 10^0$ d. h. x = 50 km angegebenen Wert 20,034 Amp.; ε beträgt $-\,59^0\,52'\,37''$.

Fig. 48 zeigt wieder deutlich den Einfluß der Kapazität. Wäre eine solche nicht vorhanden, so wäre $W^0 = \infty$, die Gerade $\dfrac{Ep_0}{W^0}$ hätte den Wert Null, und $\mathbf{I}_i^c$ fiele mit $\mathbf{I}_0$ zusammen. Das Auftreten der nach oben gerichteten Geraden $\dfrac{Ep_0}{W^0}$ ist es, welches $\mathbf{I}_i^c$ gegen $\mathbf{I}_0$ verkleinert; da nach Gl. 31, S. 144 φ_0^0 mit wachsendem g abnimmt, die Gerade $\dfrac{Ep_0}{W^0}$ also weniger steil nach oben gerichtet wird, so wird also die stromvermindernde Wirkung der Kapazität durch mangelhafte Isolation herabgedrückt. In gleicher Weise wirkt auch die Selbstinduktion des Kabels, da auch diese nach der Betrachtung in Fig. 45 b den Neigungswinkel von W^0 gegen die Richtlinie Ep_0 unter 90^0 herabzieht.

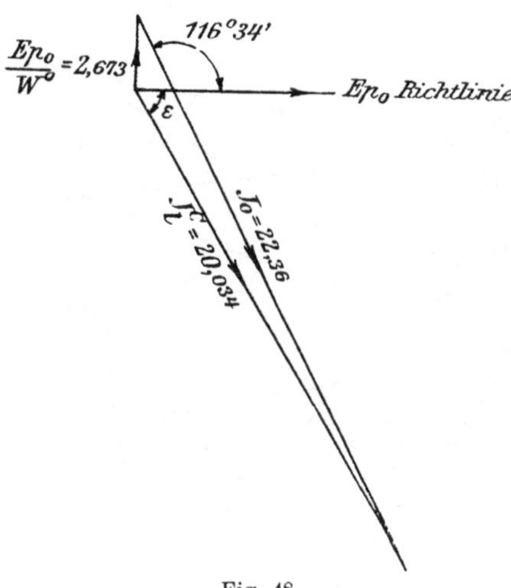

Fig. 48.

Von Wichtigkeit ist auch hier wieder der Einfluß der Phasenverschiebung zwischen dem aus dem Kabel entnommenen Strome und der Endspannung auf die Verteilung der Stromstärke im Kabel. Um diesen zu überblicken, ist in Fig. 49 $\overline{OA} = \dfrac{Ep_0}{W^0}$ gemacht, und in A sind unter verschiedenen Neigungswinkeln gegen die Richtlinie Ep_0 entsprechend verschiedenen Phasenverschiebungen zwischen Ep_0 und J_0, die Strahlen $\overline{AB} = J_0$ angetragen. Die Strahlen $\overline{OB}$ geben dann die Größen der Anfangsströme J_i^c an. Um $\overline{AB}$ mit $\overline{OB}$ unmittelbar vergleichen zu können, ist um O noch der Kreisbogen C, C, C mit dem Radius AB geschlagen. Die Strecken $\overline{CB} = \overline{OB}$

$- \overline{AB} = J_i^c - J_0$ stellen also den Unterschied der Stromstärke zwischen Kabelende und Anfang dar. Oberhalb des Schnittpunktes der beiden Kreise ist $J_i^c > J_0$, unterhalb ist umgekehrt $J_i^c < J_0$. Bei Voreilung des entnommenen Stromes gegenüber der Endspannung, bei Phasengleichheit und bis zu einem bestimmten Werte der Verzögerung nimmt also die Stromstärke vom Kabelende nach dem Anfang hin zu; bei noch größerer Verzögerung aber ist die Stromstärke am Anfang geringer als am Ende.

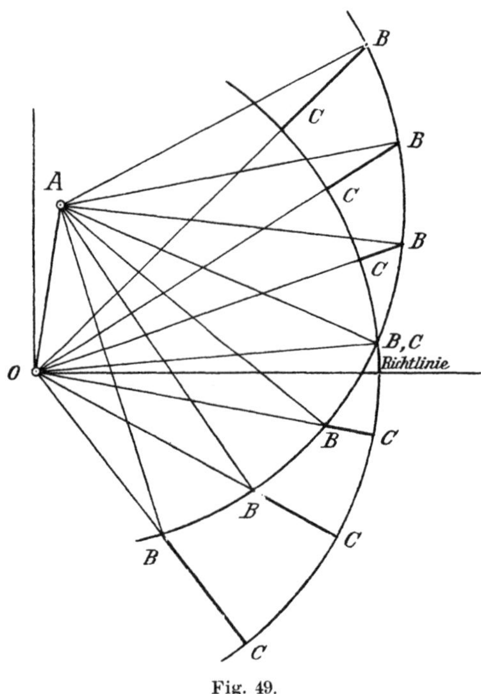

Fig. 49.

Ebenso wie der durch das Spannungsdiagramm (Fig. 46) gewonnene Winkel δ zwischen der Resultierenden Ep_i^c und der Ausgangslinie J_0, hat auch der durch das Stromdiagramm (Fig. 48) gewonnene Winkel ε zwischen der Resultierenden J_i^c und der Ausgangslinie Ep_0 keine sachliche Bedeutung. Interessant ist aber die gemeinsame Betrachtung beider, weil sie, wie sogleich gezeigt werden soll, den wichtigen Winkel Ep_i^c, J_i^c der Phasenverschiebung zwischen Spannung und Strom am Kabelanfang berechnen lehrt. Um dies zu erkennen, ist in Fig. 50 J_0 als Richtlinie horizontal gezeichnet, und Ep_0 und Ep_i^c sind daran unter denselben Winkeln φ_0 und δ angetragen, unter denen sie in Fig. 46 dagegen geneigt sind. An Ep_0 wiederum ist J_i^c unter demselben Winkel ε nach rechts angetragen, den es in Fig. 48 mit Ep_0 einschließt. Die Neigungswinkel der vier Geraden in Fig. 50 stellen also die Phasenverschiebungswinkel der entsprechenden Größen untereinander richtig dar.

Aus Fig. 50 entnimmt man sogleich die Beziehung

$$\sphericalangle Ep_i^c,\, J_i^c = \sphericalangle Ep_i^c,\, J_0 + \sphericalangle Ep_0,\, J_i^c - \sphericalangle Ep_0,\, J_0\,.$$

Setzt man hierin die oben für die Verbrauchsstelle angenommenen Phasenverschiebung $\sphericalangle Ep_0,\, J_0 = \varphi_0 = 63^0\,26'$ und für die beiden anderen Winkel die oben berechneten Werte $\sphericalangle Ep_i^c,\, J_0 = \delta = 42^0\,45'\,25''$

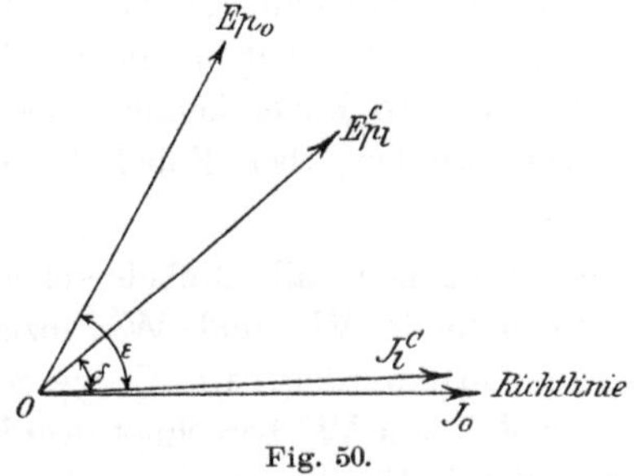

Fig. 50.

und $\sphericalangle Ep_0,\, J_i^c = \varepsilon = 59^0\,52'\,37''$ ein, so erhält man

$$\sphericalangle Ep_i^c,\, J_i^c = \varphi_i^c = 39^0\,12'$$

in genauer Übereinstimmung mit Tabelle XIX, welche für $(ax) = 10^0$, d. i. für x = 50 km eine Voreilung der Spannung gegen die Stromstärke von $39^0\,12'$ ergibt.

Bei gegebenen Verhältnissen der Verbrauchsstelle am Kabelende läßt sich also das ganze elektrische Verhalten des Kabels am Anfang, sowohl die effektiven Werte der Spannung und Stromstärke wie deren Phasenverschiebung und demnach die Effektaufnahme und der Wirkungsgrad durch die beiden einfachen Figuren 46 u. 48 bestimmen.

Für die Effektabgabe des Kabels ergibt sich in diesem Falle

$$Ep_0\, J_0\, \cos\varphi_0 = 1000 \cdot 22,36\, \cos 63^0\,26' = 10\,000 \text{ Watt},$$

und für die Effektaufnahme

$$Ep_i^c\, J_i^c\, \cos\varphi_i^c = 1302,4 \cdot 20,04\, \cos 39^0\,12' = 20\,226 \text{ Watt},$$

also für den Wirkungsgrad

$$\eta = 0,4944 \, .$$

Es bleibt nur noch das Korrekturglied

$$\tfrac{1}{2}\left(e^{\mathbf{v} l} + e^{-\mathbf{v} l}\right) = \mathbf{C} = c\,e^{i\gamma}$$

zu berücksichtigen.

Die praktisch möglichen Werte von $\mathbf{C}$, d. i. von c und γ, sind auf S. 134 bis 138 schon einer ausführlichen Betrachtung unterzogen worden; $\mathbf{C}$ hat danach die Bedeutung des Verhältnisses von Anfangs- und Endspannung beim offenen Kabel. Für c fanden wir in Tabelle XIII bei mäßiger Kabellänge, bis etwa 50 km, die heutzutage kaum überschritten werden, und auch bei längeren Freileitungen nur sehr geringe Abweichungen von 1, welche für technische Rechnungen kaum in Betracht kommen, da sie durchweg unter 1% liegen. Für längere Kabel können diese Abweichungen indes sehr beträchtlich werden; bei Kabel 1 ergeben sich für 200 km fast 50%.

Soll das einfache Vorgehen, alle Kabelerscheinungen nur aus der Messung der Widerstände $\mathbf{W}^0$ und $\mathbf{W}^k$ abzuleiten, auch in solchen Fällen durchgeführt werden, wo $\mathbf{C}$ wesentlich von 1 abweicht, so muß $\mathbf{C}$ aus $\mathbf{W}^0$ und $\mathbf{W}^k$ berechnet werden. Die Grundlage hierfür ist schon durch Gl. 23 gegeben. Bezeichnet man den darin unter dem Logarithmus stehenden complexen Bruch mit $\mathbf{Z}$, so erkennt man leicht, daß

$$\mathbf{C} = \tfrac{1}{2}\left(e^{\mathbf{v} l} + e^{-\mathbf{v} l}\right) = \tfrac{1}{2}\left(\sqrt{\mathbf{Z}} + \frac{1}{\sqrt{\mathbf{Z}}}\right) = \sqrt{\frac{\mathbf{W}^0}{\mathbf{W}^0 - \mathbf{W}^k}} \qquad (38)$$

ist. Denken wir uns diesen Ausdruck auf die Hauptform gebracht und damit c und γ bestimmt, so würden also in Fig. 46, 48 und 50 die Vektoren $\mathbf{E}\mathbf{p}_i^c$ und $\mathbf{I}_i^c$ mit c zu multiplizieren und um γ nach links zu drehen sein. Da $\mathbf{E}\mathbf{p}_i^c$ und $\mathbf{I}_i^c$, beide, um denselben Winkel gedreht werden müssen, so ändert sich ihre früher berechnete Phasenverschiebung nicht. Der aus den Gl. 31 und 32 berechnete Winkel der Phasenverschiebung bedarf also keiner Korrektur; die Berechnung von γ kann darum ganz erspart werden. Zu berechnen bleibt nur c für die Korrektur der Amplituden oder effektiven Werte Ep_i^c und J_i^c.

Wenn wir in Gl. 38 $\mathbf{W}^0 = W^0 e^{i\varphi^0}$ und $\mathbf{W}^k = W^k e^{i\varphi^k}$ einsetzen, so ergibt sich die Amplitude

$$c = \frac{1}{\sqrt{1 + \left(\dfrac{W^k}{W^0}\right)^2 - 2\dfrac{W^k}{W^0}\cos(\varphi^k - \varphi^0)}}.$$

Der Wert $\dfrac{1}{c}$ läßt sich also graphisch leicht ermitteln als dritte Seite $\overline{BC}$ eines Dreiecks (Fig. 51) mit den beiden Seiten $\overline{AB} = 1$ und $\overline{AC} = \dfrac{W^k}{W^0}$, die unter dem Winkel $(\varphi^k - \varphi^0)$ gegeneinander geneigt sind. Den Wert c selbst erhält man, indem man $\overline{CB'} = 1$ auf $\overline{CB}$ abträgt, dann $\overline{B'A'} \parallel \overline{BA}$ zieht, in Gestalt von $\overline{B'A'}$.

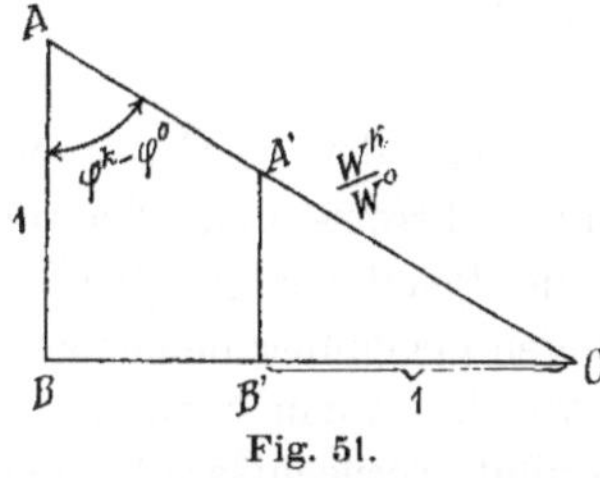

Fig. 51.

Durch diese Korrektur wird die durch Fig. 46 und 48 gegebene einfache Darstellungsweise von Ep_l^c und J_l^c etwas verwickelter, immerhin ist die Korrektur selbst einfach und leicht durchführbar. Da in den meisten praktischen Fällen c in der Nähe von 1 liegt, so ist für die Einfachheit der Methode schon etwas gewonnen, wenn es gelingt, einen Einblick in die Größenordnung der Korrektur zu gewinnen, ehe diese selbst ausgeführt wird. Beim Aufsuchen eines solchen Kriteriums kann man ausgehen von dem Gedanken, daß die Abweichung der Größe c von 1 eine von den Formen ist, in denen die Wirkung der Selbstinduktion und der gleichmäßig verteilten Kapazität zum Ausdruck kommt, und daß es wohl gelingen mag, diese Abweichung an einer der anderen Formen zu messen, in denen sich dieselben Erscheinungen äußern.

Betrachten wir z. B. Gl. 31, und denken wir uns die Eigenschaft der Selbstinduktion und der Kapazität von der Leitung plötzlich abgestreift, so muß das Ohmsche Gesetz Gültigkeit bekommen und daher

$$Ep_l = Ep_0 + J_0 W$$

werden, wobei W der einfache Ohmsche Widerstand der Leitung ist. Die Entfernung der Selbstinduktion und der Kapazität hat also zur Folge, daß

$$c = 1 \qquad \text{und} \qquad \mathbf{W}^k = W$$

wird. Dem obigen Gedankengange entsprechend, soll jetzt untersucht werden, ob etwa die Abweichung der Größe c von 1 als erste Folgeerscheinung der Wirkung von Selbstinduktion und Kapazität an der Abweichung der Größe $\mathbf{W}^k$ von W als einer zweiten Folgeerscheinung gemessen werden kann. Da W^k direkt gemessen wird, und W aus dem Kupferquerschnitt leicht berechnet oder ebenfalls gemessen werden kann, so wäre durch einen solchen Zusammenhang für die Beurteilung von c in der Tat etwas gewonnen.

Der Verfasser hat nach Tabelle V für die Hochspannungskabel $W = w\,l$ für die verschiedenen Längen bis 200 km ausgerechnet und die prozentische Abweichung von W^k nach Tabelle XXII bestimmt. In Tabelle XXIII sind diese Werte mit der Bezeichnung $\triangle W$ eingetragen und den prozentischen Abweichungen der Größe c von 1, welche mit $\triangle c$ bezeichnet sind, gegenübergestellt; auch die entsprechenden Werte für die Freileitung sind angegeben.

Die Erwartung, daß $\triangle W$ als Maßstab für die Beurteilung von $\triangle c$ dienen könne, erfüllt sich nach Tabelle XXIII nicht; ein anderer Maßstab aber wird sich kaum finden lassen.

Nach dieser Aufstellung der exakten Methoden für die Berechnung der Spannungs-, Strom- und Phasenverteilung im Kabel interessiert vor allem die Beantwortung der Frage, wie weit diese Methoden zu Abweichungen gegenüber denjenigen Ergebnissen führen, welche man erhalten würde, wenn man die Wirkung der gleichmäßig verteilten Kapazität vernachlässigte und nur den Kupferwiderstand des Kabels nach dem einfachen Ohmschen Gesetze oder nur den Widerstand und die Selbstinduktion berücksichtigte. Um dies zu erkennen, wollen wir zunächst ein extremes Beispiel betrachten:

Kabel 1 möge in einer Länge von 200 km verlegt sein und mit einer verketteten Endspannung von 10000 Volt, also einer Phasenspannung von 5773 Volt betrieben werden. Dabei soll ein Spannungsabfall von etwa $11^0/_0$ zulässig sein. Da das Kabel nach Tabelle V einen Widerstand von $1{,}81 \cdot 200 = 362$ Ohm hat, so ergibt eine Stromentnahme von 1,732 Amp. ohne Phasenverschiebung gegen die Endspannung nach dem Ohmschen Gesetz einen Spannungsabfall von $362 \cdot 1{,}732 = 627{,}0$ Volt, so daß die Phasenspannung am Anfang 6400 Volt und die verkettete Spannung 11085 Volt wäre, entsprechend einem Spannungsabfall von $10{,}9^0/_0$. Die Endleistung des Kabels ist dabei pro Phase $A_0 = 5773 \cdot 1{,}732 = 10$ K.W.; es berechnet sich unter Berücksichtigung des Ohmschen Gesetzes die Effektaufnahme am Anfang zu $A_l = 6400 \cdot 1{,}732 = 11{,}08$ K.W. und der Wirkungsgrad zu $89^0/_0$. Der Verfasser hat

Tabelle XXIII.

Die Werte von $\triangle W$ und $\triangle c$ bei den 10000-Volt-Kabeln und der Lauffen-Frankfurter Freileitung bei verschiedenen Längen und $\nu = 50$.

Nr.	50 km		100 km		150 km		200 km	
	$\triangle c$	$\triangle W$	$\triangle c$	$\triangle W$	$\triangle c$	$\triangle W$	$\triangle c$	$\triangle W$
1	— 0,472%	— 0,5997%	+ 1,51%	+ 1,874%	+ 14,93%	+ 15,37%	+ 48,11%	+ 46,41%
2	— 0,634%	— 1,155%	— 0,93%	— 0,8126%	+ 3,78%	+ 4,640%	+ 19,38%	+ 20,65%
3	— 0,716%	— 1,908%	— 1,985%	— 2,472%	— 1,23%	— 0,7366%	+ 5,40%	+ 7,004%
4	— 0,750%	— 3,007%	— 2,496%	— 3,988%	— 3,677%	— 4,042%	— 1,77%	— 0,7921%
5	— 0,775%	— 4,921%	— 2,815%	— 6,142%	— 5,210%	— 7,312%	— 6,414%	— 7,003%
6	— 0,800%	— 8,012%	— 3,022%	— 9,351%	— 6,132%	— 11,09%	— 9,157%	— 12,43%
7	— 0,805%	— 12,17%	— 3,134%	— 13,52%	— 6,612%	— 15,51%	— 10,632%	— 17,64%
8	— 0,810%	— 16,62%	— 3,180%	— 17,94%	— 6,848%	— 19,97%	— 11,374%	— 22,42%
Frei-lei-tung	— 0,140%	— 4,409%	— 0,550%	— 4,678%	— 1,206%	— 5,084%	— 2,057%	— 5,603%

(10000-Volt-Kabel)

für die Stromentnahme die unrunde Zahl von 1,732 Amp. gewählt, weil er mit diesem Werte auch andere Rechnungen angestellt hat, aus denen die Resultate des vorliegenden Beispieles entnommen werden konnten.

Berücksichtigt man außer dem Widerstande auch die Selbstinduktion, so erkennt man, daß diese im vorliegenden Falle weder den Spannungsabfall merklich erhöht, noch eine merkbare Phasenverschiebung (knapp 40′) zwischen Spannung und Strom am Kabelanfang hervorbringt. Dem 200 km langen Kabel brauchte demnach, falls diese einfache Berechnungsmethode Gültigkeit hätte, am Anfang nur eine Spannung von etwa 11 100 Volt und ein phasengleicher Strom von 1,732 Amp. zugeführt zu werden, wenn am Ende dieselbe Stromstärke von 1,732 Amp. bei 10 000 Volt phasengleich entnommen werden sollte. Der Wirkungsgrad würde dabei, wie das Spannungsverhältnis, etwa 89% betragen.

Wie sich bei dem gut isolierten Kabel 1 die Verhältnisse bei dieser Belastung in Wirklichkeit gestalten, zeigt Fig. 52, in der sämtliche elektrischen Größen des Kabels als Funktionen von ax aufgetragen sind, und der Wert von ax, welcher 200 km entspricht, bei ungefähr 67° besonders markiert ist. Statt etwa 11 100 Volt muß man also in Wirklichkeit dem Anfange etwa 15 700 Volt zuführen, wenn man am Ende 10 000 Volt erhalten will. Die Stromstärke, welche das Kabel am Anfang verzehrt, ist etwa 49 Amp., wenn am Ende nur 1,73 Amp. entnommen werden sollen, die Effektaufnahme beträgt 293 K.W. statt 11 K.W. und der Wirkungsgrad nur etwa $3\frac{1}{2}$% statt 89%. Die Berücksichtigung von Widerstand und Selbstinduktion allein gibt also von dem Verhalten des Kabels 1 bei der vorliegenden Übertragung ein absolut falsches Bild. Das Kabel müßte außerordentlich viel stärker dimensioniert werden, als es die einfache Rechnung ohne Berücksichtigung der Kapazität ergibt. Wollte man das betrachtete Kabel nur mit 11% Spannungsabfall benutzen, so könnte man ihm nur eine Länge von etwa 120 km entsprechend $ax = 40°$ geben, dabei wäre aber der Anfangsstrom schon 29 Amp. und der Wirkungsgrad nur 15%. Das Kabel darf also bei der vorliegenden Übertragung auch bei Benutzung der exakten Rechnung nicht allein mit Rücksicht auf den Spannungsabfall dimensioniert werden; es muß auch der Abfall der Stromstärke, der

Wirkungsgrad und die Verteilung der Phasenverschie-
bung φ_x mitberechnet werden. φ_x zeigt in uuserem Beispiel
einen besonders interessanten Verlauf. Vom Kabelende, wo $\varphi_x = 0$
ist, steigt es sehr schnell an und klimmt empor bis auf etwa 78°,

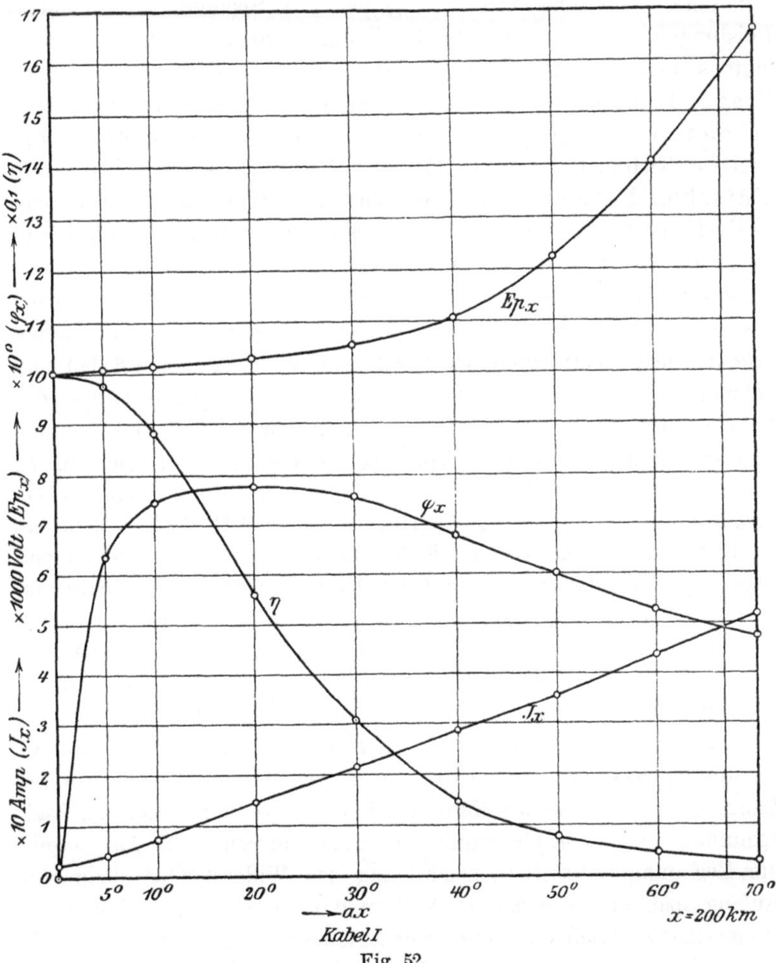

Fig. 52.

fällt dann wieder ab, erreicht bei 200 km einen Wert von 49° und
pendelt darauf in bekannter Weise um einen Grenzwert.

Auch in das Verhalten bei sehr mäßigen Längen gibt Fig. 52
Einblick. Bei einer Kabellänge von z. B. 15 km (entsprechend

$ax = 5^0$) ergäbe sich ein Spannungsabfall von weniger als 1% und ein Wirkungsgrad von etwa $97^1/_2\%$, aber das Kabel, das am Ende einen Strom von 1,732 Amp. und gleicher Phase wie die Spannung zu liefern hat, beansprucht von der Maschine einen Strom von 4,04 Amp. mit einer Voreilung von 64^0 gegen die Spannung, also einem Leistungsfaktor von etwa 0,44. Infolge dieses eigenartigen Verhaltens müssen also auch Kabel von mäßigen, heute in Frage kommenden Längen unter Berücksichtigung der besonderen Eigentümlichkeiten der gleichmäßig verteilten Kapazität sorgfältig durchgerechnet werden. Die einfachen Methoden, welche nur den Widerstand und die Selbstinduktion, nicht aber die Kapazität berücksichtigen, reichen nicht aus. Es möge hier besonders betont werden, daß nicht etwa der in die Isolation abfließende Strom den Anfangsstrom des Kabels so sehr erhöht und den Wirkungsgrad so sehr herabdrückt, denn, betrachten wir jetzt wieder das 200 km-Kabel und nehmen wir an, es bestände selbst über die ganze Länge des Kabels hinweg die verkettete Spannung von 15700 Volt und die Phasenspannung von 9064 Volt, so ergäbe sich, da nach S. 76 $g = 0{,}0667 \cdot 10^{-6}$ ist, über die Länge von 200 km hinweg ein Strom von $\sim 9000 \cdot 0{,}0667 \cdot 10^{-6} \cdot 200 = 0{,}12$ Amp., d. h. ein Verlust von $9 \cdot 0{,}12 = 1{,}12$ K.W. Es stehen also einander gegenüber: ein Isolationsstrom von 0,12 Amp. und eine gesamte Stromerhöhung von $49 - 1{,}73 = 47$ Amp., ferner ein Energieverlust in der Isolation von 1,1 K.W. und ein gesamter Verlust von $293 - 10 = 283$ K.W., ein Beweis dafür, daß fast ausschließlich die Kapazität die Veranlassung zu den geschilderten Erscheinungen ist.

Weniger stark, aber doch auch noch sehr erheblich ist der Einfluß der Kapazität bei der Freileitung, wenn man diese bei 200 km Länge ebenso belastet wie Kabel 1. Bei 10000 Volt verketteter Endspannung und einem phasengleichen Endstrom von 1,732 Amp. ergibt die Rechnung unter Berücksichtigung des Widerstandes allein eine Anfangsspannung von 10812 Volt, und unter Berücksichtigung von Widerstand und Selbstinduktion eine Anfangsspannung von 10814 Volt. Die wirkliche, unter Berücksichtigung der Kapazität notwendige Anfangsspannung ist dagegen 10613 Volt, also kleiner, und der Endstrom von 1,732 Amp. verlangt einen Anfangsstrom von 3,64 Amp. Aus der Phasenverschiebung 0 am Ende wird eine solche von $58^0\,18'$ am Anfang, und der Wirkungsgrad wird statt $10000 : 10814 = 92\%$

nur 83%. Auch die Freileitung würde also bei der Vorausberechnung ihres Verhaltens durchaus die Berücksichtigung der Kapazität verlangen.

Das in Fig. 52 dargestellte eigentümliche Verhalten der Phasenverschiebung φ_x zieht ein besonderes Interesse auf sich. Die Berechnung von φ_x läßt sich zwar auf Grund der Gl. 31 und 32 ausführen, wie auf S. 197 erörtert wurde, doch gewährt diese Methode, da sich φ_x dabei als Differenz zweier anderer, sehr veränderlicher Phasenverschiebungen ergibt, keinen guten Überblick, von welchen Faktoren φ_x abhängt. Eine direkte Berechnung und graphische Darstellung von φ_x kann man auf folgendem Wege erreichen.

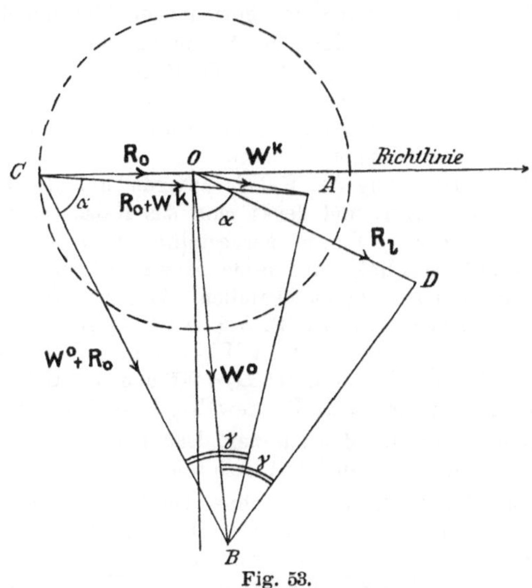

Fig. 53.

Dividiert man Gl. 31 durch Gl. 32 und setzt man

$$\frac{\mathbf{E}\,\mathbf{p}_l}{\mathbf{I}_l} = \mathbf{R}_l = R_l\,e^{i\varphi_l} \quad \text{und} \quad \frac{\mathbf{E}\,\mathbf{p}_0}{\mathbf{I}_0} = \mathbf{R}_0 = R_0\,e^{i\varphi_0}, \tag{39}$$

so erhält man

$$\frac{\mathbf{R}_l}{\mathbf{W}^0} = \frac{\mathbf{R}_0 + \mathbf{W}^k}{\mathbf{R}_0 + \mathbf{W}^0}. \tag{40}$$

Diese Gleichung bestimmt $\mathbf{R}_l = R_l\,e^{i\varphi_l}$, also φ_l, die Phasenverschiebung am Kabelanfang, eindeutig, wenn die elektrischen Daten des Kabels und damit $\mathbf{W}^k$ und $\mathbf{W}^0$ und die Eigenart der Verbrauchsstelle am Kabelende in Gestalt von R_0 und φ_0 gegeben sind. Ein positives φ_l bedeutet eine Voreilung der Spannung gegenüber der Stromstärke.

Gleichung 40 kann man leicht graphisch darstellen. In Fig. 53 sind $\overline{OA} = \mathbf{W}^k$ und $\overline{OB} = \mathbf{W}^0$ entsprechend den Erörterungen an der

Fig. 45b gezeichnet; die nach rechts gehende Horizontale bildet dabei die Richtlinie. Unter der auch für Fig. 52 gemachten Voraussetzung, daß der Strom am Kabelende gleiche Phase mit der Spannung hat, also $\varphi_0 = 0$ ist, ist in Fig. 53 $\overline{CO} = R_0$ in die Richtlinie zu legen. Dann ist $\overline{CA} = \mathbf{W}^k + \mathbf{R}_0$ und $\overline{CB} = \mathbf{W}^0 + \mathbf{R}_0$. Die Proportion Gl. 39, bedeutet nach Satz 5, S. 29, daß, wenn man zwei Dreiecke bildet, von denen das eine $\overline{CA}$ und $\overline{CB}$, das andere $\mathbf{R}_l$ und $\mathbf{W}^0$ enthält, diese Dreiecke einander ähnlich sein müssen. $\mathbf{R}_l$ muß deshalb in Fig. 53 um $\alpha = \sphericalangle ACB$ gegen $\mathbf{W}^0$ geneigt liegen. Die Länge von $\mathbf{R}_l$ erhält man, indem man $\sphericalangle ABC = \gamma$ an $\mathbf{W}^0$ anträgt; der freie Schenkel schneidet dann $\mathbf{R}_l = \overline{OD}$ ab, und die Dreiecke ABC und DBO sind der Proportion entsprechend ähnlich. Die Neigung des gewonnenen $\mathbf{R}_l$ gegen die Richtlinie bedeutet natürlich φ_l, die Voreilung der Spannung gegen die Stromstärke; da $\mathbf{R}_l$ hier nach rechts gedreht ist gegen die Richtlinie, so ist φ_l negativ, d. h. der Strom hat am Kabelanfang eine Voreilung gegen die Spannung, wie auch bei Phasengleichheit am Ende zu erwarten ist. Aus Fig. 53 kann man leicht folgende Beziehungen ableiten.

Läßt man die Belastung des Kabels unverändert, also R_0 in unveränderlicher Größe und Lage, und denkt man das Kabel immer mehr verlängert, entsprechend dem in Fig. 52 dargestellten Falle, so dreht sich $\mathbf{W}^k$ nach rechts und $\mathbf{W}^0$ nach links, und beide nähern sich in Lage und Größe einander immer mehr, bis sie zusammenfallen. Wie sich $\mathbf{W}^k$ und $\mathbf{W}^0$ nach Lage und Größe verändern, wenn z. B. $b = a$ ist, zeigten Fig. 44a u. 44b. Bei unendlich kurzem Kabel ($ax = 0$) ist $W^0 = \infty$ und $\varphi^0 = -90^0$, $W^k = 0$ und $\varphi^k = 0$ und daher in Fig. 53 $\sphericalangle OCB = 90^0$ und $\sphericalangle OCA = 0^0$; bei zunehmender Kabellänge nimmt dann W^0 gewaltig ab und W^k nimmt zu, ohne daß sie sich zunächst wesentlich dabei drehen. Dadurch dreht sich in Fig. 53 $\overline{CB}$ sehr schnell nach links, während CA sich nur wenig nach rechts dreht. α muß sich also schnell verkleinern, ohne daß $\overline{OB}$ sich dabei wesentlich dreht, und $\mathbf{R}_l$ muß daher eine schnelle Drehung nach rechts machen, während es am Anfang, wo $\alpha = 90^0$ war, mit der horizontalen Richtlinie zusammengefallen war. Die schnelle Drehung von $\mathbf{R}_l$ nach rechts bedeutet aber eine plötzliche starke Voreilung der Stromstärke am Kabelanfang gegen die Spannung, während die Phasenverschiebung beim unendlich kurzen Kabel noch Null gewesen war. Ist das Kabel länger, so kommt bei weiterer Verlängerung außer der Größenveränderung von $\mathbf{W}^0$ auch die Drehung in Betracht, α wird zwar kleiner, um so mehr als sich auch $\mathbf{W}^k$ dreht, die Linksdrehung von $\mathbf{W}^0$ als derjenigen Linie, an welche α anzutragen ist, hat aber zur Folge, daß $\mathbf{R}_l$ sich nicht mehr mit der Schnelligkeit nach links weiter dreht wie vorher, φ_x nimmt also, wie in Fig. 52, zunächst langsamer zu und schließlich wieder ab.

Einen weiteren Einblick in die Verhältnisse erhält man, wenn man unter Voraussetzung des gleichen, aus dem einfachen Ohmschen Gesetze sich ergebenden Spannungsabfalles von 11% Kabel 1 auch bei anderen Längen betrachtet. Damit der Spannungsabfall, nach dem Ohmschen Gesetz berechnet, immer denselben Wert erhält, sind die Stromstärken umgekehrt proportional den Längen zu setzen und werden daher bei 200, 150, 100, 50 km entsprechend $1 \cdot 1{,}732$, $^4/_3 \cdot 1{,}732$, $2 \cdot 1{,}732$, $4 \cdot 1{,}732$ Amp. Wenn die Endspannung wieder konstant zu 10 000 Volt und die Phasenverschiebung zu 0 angenommen wird, so werden auch die am Ende entnommenen Leistungen A_0 den Längen umgekehrt proportional. In Tabelle XXIV sind für Kabel 1 und die Freileitung einige Größen zusammengestellt, welche sich für diesen Fall zunächst unter Vernachlässigung der Kapazität ergeben: Ep_{l_1} ist nach dem einfachen Ohmschen Gesetz gewonnen, Ep_{l_2} ist dagegen so berechnet, daß zu dem Ohmschen Spannungsabfall der durch Selbstinduktion hervorgerufene einfach algebraisch addiert ist, Ep_{l_3} endlich ist durch exakte geometrische Addition beider Abfälle festgestellt; η_3 ist der sich in letzterem Falle ergebende Wirkungsgrad und φ_3 die durch die Selbstinduktion der Leitung an ihrem Anfang hervorgerufene Phasenverschiebung. Da die nach dem Ohmschen Gesetze berechneten Anfangsspannungen Ep_{l1} bei den verschiedenen Längen einander gleich sind, so müssen es auch die unter Berücksichtigung der Selbstinduktion gewonnenen Spannungen Ep_{l2} und Ep_{l3} sein; das gleiche gilt für die Wirkungsgrade und Phasenverschiebungen. Die Tabelle lehrt ferner, daß die Selbstinduktion den Spannungsabfall nur sehr wenig beeinflußt und auch nur eine sehr geringe Phasenverschiebung hervorzubringen vermag.

Tabelle XXV gibt die elektrischen Größen, wie sie bei Berücksichtigung auch der Kapazität und Ableitung, also in Wirklichkeit, auftreten. Man sieht, daß unter dem Einflusse der Kapazität bei den verschiedenen Längen nicht mehr gleiche, sondern ganz verschiedene Anfangsspannungen gefunden werden. Der Spannungsabfall nimmt beim Kabel 1 mit der Leitungslänge ab. Während bei 200 km die Anfangsspannung 15 711 Volt ist, wird sie bei 50 km nur 11 099 Volt, also fast genau so groß, als wenn keine Kapazität vorhanden wäre, wie ein Vergleich mit Ep_{l_3} in Tabelle XXIV lehrt. Auch auf alle anderen Größen ist der Einfluß der Kapazität bei dem kürzesten Kabel außerordentlich viel geringer, als bei dem längsten. So ist das Verhältnis des Anfangsstromes zum Endstrom bei 200 km $49 : 1{,}7 = 29$, bei 50 km aber nur $13{,}4 : 6{,}9 = 2$. Der Wirkungsgrad, der bei dem kapazitätlosen Kabel bei allen Längen (vgl. Tabelle XXIV) 0,90 ist,

Tabelle XXIV.

Anfangszustand des Kabels 1 und der Freileitung bei gegebenem Endzustand unter Vernachlässigung der Kapazitätswirkung.

	Länge km	Ep_0	J_0	Ep_{l_1}	Ep_{l_2}	Ep_{l_3}	η_3	φ_3
Kabel Nr. 1	50 100 150 200	10000	$6{,}928 = 4 \cdot 1{,}732$ $3{,}464 = 2 \cdot 1{,}732$ $2{,}309 = \frac{4}{3} \cdot 1{,}732$ $1{,}732 = 1 \cdot 1{,}732$	11086	11090	11087	0,90196	$- 0^0$ 28,3'
Frei-leitung	50 100 150 200	10000	$6{,}928 = 4 \cdot 1{,}732$ $3{,}464 = 2 \cdot 1{,}732$ $2{,}309 = \frac{4}{3} \cdot 1{,}732$ $1{,}732 = 1 \cdot 1{,}732$	10812	10849	10814	0,92472	$- 1^0$ 18,5'

Tabelle XXV.

Anfangszustand des Kabels 1 und der Freileitung bei gegebenem Endzustand.

	km	Ep_0 verkettet	J_0	φ_0	A_0 in K.W.	Ep_l verkettet	J_l	φ_l	A_l in K.W.	η
Kabel Nr. 1	50	10000	$6{,}928 = 4 \cdot 1{,}732$	0	40	11039	13,416	57^0 3' 33"	46,473	0,86028
	100		$3{,}464 = 2 \cdot 1{,}732$		20	11221	24,509	68^0 46' 48"	57,470	0,34801
	150		$2{,}309 = \frac{4}{3} \cdot 1{,}732$		$13\frac{1}{3}$	12490	36,461	59^0 37' 9"	132,97	0,10027
	200		$1{,}732 = 1 \cdot 1{,}732$		10	15711	49,262	49^0 2' 33"	292,91	0,03414
Freileitung	50	10000	$6{,}928 = 4 \cdot 1{,}732$	0	40	10801	6,9657	5^0 13' 8"	43,257	0,92472
	100		$3{,}464 = 2 \cdot 1{,}732$		20	10761	3,8075	23^0 14' 11"	21,737	0,92010
	150		$2{,}309 = \frac{4}{3} \cdot 1{,}732$		$13\frac{1}{3}$	10697	3,3303	43^0 58' 12"	14,803	0,90074
	200		$1{,}732 = 1 \cdot 1{,}732$		10	10613	3,6436	58^0 17' 36"	11,734	0,82894

Tabelle XXVII.

Verhalten des Kabels Nr. 8 bei gegebenem Endzustand bei $\varphi_0 = 0$.

km	Ep_0 verkettet	J_0	A_0 in KW	Ep_l verkettet	J_l	φ_l	A_l in KW	η
50	10 000	120	692,82	11 523	120,79	4^0 19′ 24″	801,36	0,86455
100	10 000	60	346,41	11 295	70,870	28^0 8′ 36″	407,54	0,85000
150	10 000	40	230,94	10 943	70,686	49^0 5′ 15″	292,49	0,78955
200	10 000	30	173,21	10 508	83,010	58^0 48′ 6″	260,88	0,66396

Tabelle XXIX.

Verhalten des Kabels Nr. 8 bei 200 km Länge und verschiedenen Belastungen für $\varphi_0 = 0$ und $\nu = 50$.

km	Ep_0 verkettet	J_0	A_0 in KW	Ep_l verkettet	J_l	φ_l	A_l in KW	η	$\eta\Omega$
200	10 000	30	173,21	10508	83,010	58^0 48′ 6″	260,88	0,66396	0,86530
200	10 000	40	230,94	11066	87,420	52^0 33′ 40″	339,53	0,68017	0,82812
200	10 000	60	346,41	12192	98,060	41^0 56′ 27″	513,43	0,67470	0,76257
200	10 000	120	692,82	15622	138,95	21^0 16′ 54″	1167,7	0,59331	0,61626
200	10 000	150	866,02	17355	162,02	14^0 54′ 27″	1569,4	0,55181	0,56230
200	10 000	180	1039,2	19099	186,15	10^0 3′ 17″	2021,0	0,51421	0,51707
200	10 000	210	1212,4	20846	210,82	6^0 15′ 5″	2522,2	0,48071	0,47853
200	10 000	240	1385,6	22599	235,91	3^0 11′ 59″	3073,2	0,45088	0,44535
200	10 000	270	1558,8	24357	261,29	0^0 41′ 55″	3674,3	0,42427	0,41646
200	10 000	300	1732,0	26116	286,89	-1^0 23′ 13″	4324,4	0,40053	0,39112

wird bei dem längsten, mit Kapazität behafteten Kabel nur 0,034, bei dem kürzesten aber 0,86. Nur auf die Phasenverschiebung ist der Einfluß der Kapazität bei 50 km Kabel größer, als bei 200 km; φ_l beträgt bei 50 km 57°, bei 200 km 49°, und zwischen beiden liegt ein Maximum entsprechend der Kurve φ_x in Figur 52.

Die Verminderung der Kapazitätswirkung mit der Länge erklärt sich in Tabelle XXV nicht nur durch die Verringerung der Länge selbst, sondern auch durch die größere Belastung der kürzeren Kabel mit Strom. Während der entnommene Nutzstrom bei dem kürzesten Kabel viermal so groß ist, wie bei dem längsten, ist umgekehrt die durch die Kapazitätswirkung allein auftretende Stromaufnahme des offenen Kabels bei dem längsten nach Tabelle XIV fast dreimal (55,591 : 20,471) so groß, wie bei dem kürzesten; der Ladestrom tritt also bei dem kürzesten Kabel sowohl wegen dessen geringerer Länge, wie auch wegen der größeren Belastung erheblich mehr zurück, gegenüber dem Nutzstrom. Der Einfluß der Kapazität auf die verschiedenen elektrischen Größen ist aber auch bei dem kürzesten Kabel ganz verschieden. Während dabei die Berechnung des Spannungsabfalles schon unter Vernachlässigung der Kapazität geschehen kann, sind der Anfangsstrom und die Phasenverschiebung am Anfang von dem am Ende herrschenden Zustande so abweichend, daß für die Berechnung dieser Größen die Berücksichtigung der Kapazität absolut notwendig ist.

Bei der Freileitung liegen die Verhältnisse wesentlich günstiger. Bei 50 km wird nach Tabelle XXIV und XXV bei Vernachlässigung der Kapazität sowohl die Anfangsspannung, wie auch der Wirkungsgrad richtig berechnet, nur die Anfangsstromstärke ist ganz unerheblich größer, als die Endstromstärke, weil sie eine geringe Voreilung gegenüber der Spannung hat.

Die erhebliche Wirkung, die bei Kabel 1 die Kapazität auch bei 50 km noch hat, erklärt sich daraus, daß der Ladestrom, wenn er auch gegenüber dem Nutzstrom wesentlich kleiner ist als bei den längsten Kabeln, doch auch bei 50 km noch sehr große Werte hat. Für die vier oben betrachteten Längen sind die Ladeströme aus Tabelle XIV für 10 000 Volt Phasenspannung zu entnehmen; die Werte sind für die in Tabelle XXV enthaltenen Anfangsspannungen Ep_l in Tabelle XXVI angegeben und dem Nutzstrom gegenüber gestellt. Sie sind beim kürzesten Kabel noch fast doppelt so groß, bei dem längsten aber fast zwanzigmal so groß, wie die Nutzströme.

Tabelle XXVI.

Kabellänge	Nutzstrom	Ladestrom
50 km	6,93 Amp.	13,12 Amp.
100 „	3,46 „	25,88 „
150 „	2,31 „	38,16 „
200 „	1,73 „	50,43 „

Nach den obigen Betrachtungen ist anzunehmen, daß bei stärkeren Kabeln, wo der Nutzstrom gegenüber dem Ladestrom relativ größer gemacht werden kann, die Wirkungen der Kapazität weniger stark hervortreten. Wir wollen an einem Beispiel untersuchen, ob es zulässig werden kann, die Kapazität dabei ganz zu vernachlässigen.

Tabelle XXVII (S. 209) zeigt das Verhalten des stärksten Kabels (8) unter denselben Verhältnissen, wie Tabelle XXV das Verhalten des Kabels 1 zeigte. Die Rechnung ist ausgeführt für vier verschiedene Längen, und die Stromentnahmen sind den Längen umgekehrt proportional gesetzt, so daß der Ohmsche Spannungsabfall bei allen Längen derselbe ist; er hat den Wert 898,8 Volt. Bei 10 000 Volt verketteter Endspannung ergibt sich daraus, da auch hier induktionslose Belastung vorausgesetzt worden ist, unter Berücksichtigung des Ohmschen Spannungsabfalles allein, für alle vier Längen eine Anfangsspannung von 10 899 Volt und unter Berücksichtigung von Widerstand und Selbstinduktion für alle Fälle 11 603 Volt. Die Selbstinduktion erhöht also die Anfangsspannung um etwa 700 Volt, d. h. um 7 %, während sie bei Kabel 1 die Anfangsspannung nur unmerklich vergrößerte. Dies begründet sich durch das größere Verhältnis von Selbstinduktion und Widerstand, welches die dickeren und weiter voneinander entfernt liegenden Leiter des Kabels aufweisen (s. Tabelle IV) und welches auch in dem Ausdruck $\operatorname{arctg} \dfrac{s}{w}$ in Tabelle XXII zum Ausdruck kommt. Die Phasenverschiebung am Anfang, welche von der Selbstinduktion allein hervorgerufen wird, beträgt aber nur $3^0\,20'$, immerhin mehr als bei Kabel 1; der Leistungsfaktor ist dabei 0,996.

Die Betrachtung der Tabelle XXVII lehrt zunächst für Kabel 8, daß wie bei Kabel 1 die Anfangsspannungen, die wir ohne Berücksichtigung der Kapazität einander gleich fanden, in Wirklichkeit bei den verschiedenen Längen sehr verschieden sind. Die Wirkung der Kapazität auf die Anfangsspannung unterscheidet sich aber sehr wesentlich von derjenigen bei Kabel 1. Während die unter Berücksichtigung der Kapazität berechneten Werte bei Kabel 1 sämtlich größer sind als die nur mit Widerstand und Selbstinduktion berechneten, sind sie bei Kabel 8 sämtlich kleiner, und während sie bei Kabel 1 mit zunehmender Länge zunehmen, nehmen sie bei Kabel 8 ab. Die Wirkung der gleichmäßig verteilten Kapazität auf die Spannung ist also bei Kabel 8 gerade umgekehrt wie bei Kabel 1. Dieses Ergebnis zeigt wiederum, wie wenig man nach Durchrechnung eines Beispieles für eine Kabelstärke das Verhalten eines Kabels von gleichem Typ aber anderer Stärke selbst bei gleichartigem Betriebe voraussagen kann; es beweist zwingend, daß jede Kabelstärke in jedem Betriebsfalle individuell behandelt und unter sorgfältiger Berücksichtigung der Kapazität durchgerechnet werden muß. Der Unterschied zwischen Kabel 1 und Kabel 8 erklärt sich, da

$$\mathbf{E}\,\mathbf{p}_l = (\mathbf{E}\,\mathbf{p}_0 + \mathbf{I}_0\,\mathbf{W}^k)\,\mathbf{C} \qquad\qquad (40)$$

ist, im wesentlichen aus dem verschiedenen Verhalten der Faktoren $\mathbf{C}$, welche nach Tabelle XIII bei Kabel 1 von 50 bis 200 km um $48\,\%$ zunehmen, während sie bei Kabel 8 um $12\,\%$ abnehmen. Am nächsten liegt bei beiden Kabeln die Anfangsspannung bei der geringsten Kabellänge dem ohne Kapazität auftretenden Wert; sie kann ohne Berücksichtigung der Kapazität bei Kabel 1 fast absolut genau, bei Kabel 8 noch bis auf $1\,\%$ genau berechnet werden.

Die Stromaufnahme wird auch bei Kabel 8 durch die Kapazität erhöht und zwar in um so erheblicherem Maße je länger das Kabel ist. Der Strom ist bei 200 km 83 Amp. am Anfang gegenüber 30 Amp. am Ende; bei 50 km sind die beiden Werte schon fast völlig gleich (120,79 gegen 120), während auch bei dieser geringen Länge bei Kabel 1 sich noch die Werte 13,4 und 6,9 gegenüber standen. Die oben ausgesprochene Vermutung, daß der dem Nutzstrom gegenüber relativ geringere Wert des Ladestromes diese Folge haben müsse, bestätigt sich also. Ladestrom und Nutzstrom für Kabel 8 sind in Tabelle XXVIII einander gegenüber gestellt.

Tabelle XXVIII.

Länge	Nutzstrom	Ladestrom
50 km	120 Amp.	22,59 Amp.
100 „	60 „	45,00 „
150 „	40 „	67,06 „
200 „	30 „	88,58 „

Die Phasenverschiebung am Anfang ist bei Kabel 8 bei 50 km Länge noch fast 0^0 wie am Ende; bei 200 km beträgt sie aber schon $58^0\,48'$. Der Wirkungsgrad ist ohne Berücksichtigung der Kapazität bei Kabel 8 für alle Längen 0,86530. Bei 50 km stimmt der wahre Wirkungsgrad (0,86455) mit diesem Werte fast völlig überein, wie ja auch zu erwarten ist, da die Kapazität in diesem Falle weder Anfangsspannung, noch Anfangsstrom, noch Phasenverschiebung am Anfang wesentlich beeinflußt. Bei 200 km beträgt der wahre Wirkungsgrad aber nur noch 0,66396, also $20^0/_0$ weniger. Die Kapazität vermindert demnach den Wirkungsgrad des stärksten Kabels lange nicht in dem Maße, wie bei dem schwächsten Kabel, aber sie vermindert ihn bei großer Kabellänge doch sehr erheblich und erzwingt auch hier ihre Berücksichtigung. Während Kabel 1 für die Lieferung der als Beispiel herangezogenen Endströme bei größeren Längen absolut unbrauchbar ist, wäre eine Lieferung der betrachteten Endströme bei Kabel 8 wohl möglich, aber doch wegen der großen Anfangsstromstärke mit so schwerem Nachteil für Generator und Kabel verknüpft und von so geringem Wirkungsgrade begleitet, daß man sie nicht ausführen würde.

Die vorangehenden Betrachtungen, insbesondere die der Tabelle XXVI und XXVIII, könnten aber zu der Schlußfolgerung führen, daß die Wirkung der Kapazität noch mehr herabgedrückt werden könne, wenn man durch noch größere Belastung der Kabel den Ladestrom gegenüber dem Nutzstrom weiter verkleinerte. Um zu erkennen, wie weit sich diese Vermutung für ein sehr langes Kabel erfüllt, hat der Verfasser das Verhalten des Kabels 8, das an sich schon das günstigste Verhältnis von Ladestrom und Nutzstrom bei gleicher Stromdichte im Kupfer hat, bei 200 km Länge für verschiedene Belastungen durchgerechnet. Das Ergebnis ist in Tabelle XXIX (S. 209)

zusammengestellt und in Fig. 54 u. 55 gezeichnet. Die Stromstärke
am Ende ist dabei von 30 bis auf 300 getrieben, in letzterem
Falle entsprechend einer Stromdichte von 2,5 Amp.; ein höherer

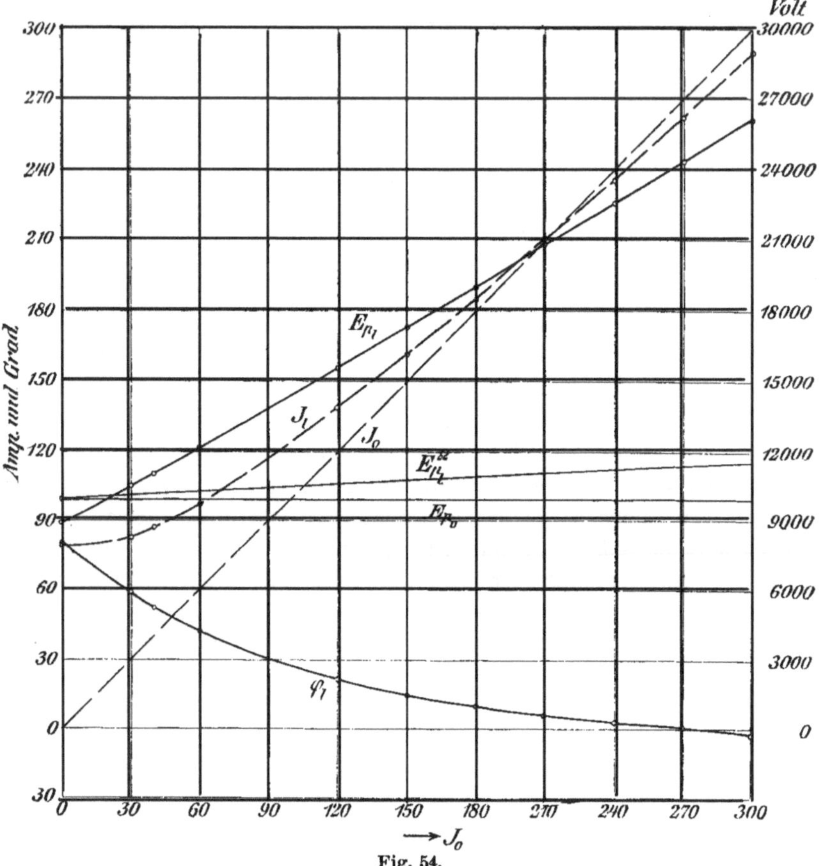

Fig. 54.

Wert dürfte mit Rücksicht auf die Erwärmung bei einem Hochspannungskabel von 120 qmm Kupferquerschnitt kaum zulässig sein.
Man erkennt, daß mit wachsender Nutzstromstärke die außerordent-
liche Vergrößerung des Anfangsstromes gegenüber dem Endstrom
wohl abnimmt, ja daß bei großen Stromstärken der Anfangsstrom
sogar kleiner werden kann, als der Endstrom, und der Wirkungsgrad daher größer wird, als der nach dem Ohmschen Gesetz berechnete.
Solche Werte treten aber erst bei so hohen Beanspruchungen des

Kabels auf (J_0 ist gleich J_l bei ungefähr 210 Amp.), daß der Spannungsabfall schon größer als $100\,^0/_0$ der Endspannung und der Wirkungsgrad kleiner als $^1/_2$ wird. Man kann also durch Erhöhung

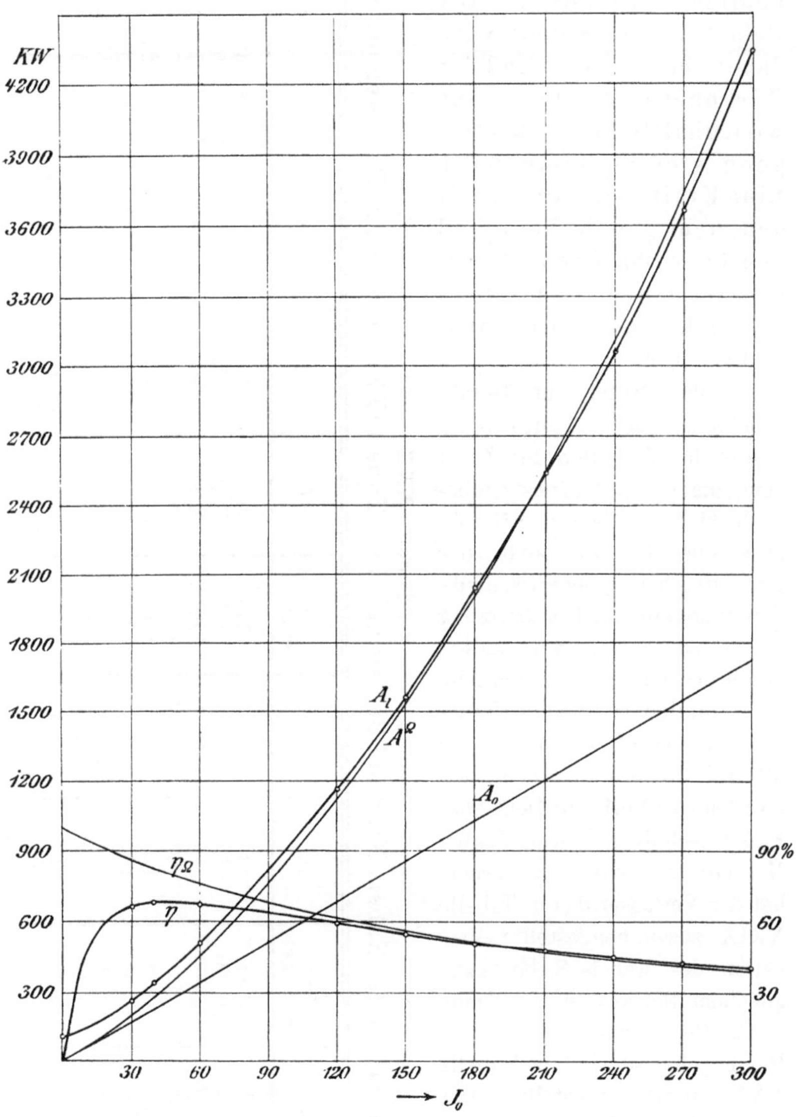

Fig. 55.

des Nutzstromes gegen-
über dem Ladestrom die
Wirkung der Kapazität er-
heblich vermindern. Die
Belastung des Kabels wird
dabei aber so groß, daß der
Wirkungsgrad für eine
wirtschaftliche Übertra-
gung viel zu klein wird.
Eine Kraftübertragung mit
den heutigen Kabeln und
den heutigen Wechselströ-
men ist daher nur bis etwa
50 höchstens 100 km aus-
sichtsreich.

Jedes Mittel zur Herab-
drückung des Ladestromes
würde das Verhalten der Kabel
demjenigen bei Gleichstrombetrieb nähern. Neben einer Herab-
drückung der Kapazität der
Kabel durch geeignete Konstruk-
tionen könnte eine Herabsetzung
der Periodenzahl des verwandten
Wechselstromes von Nutzen sein.

Um den Einfluß der Herab-
setzung der Periodenzahl von
50 auf 25 pro Sekunde, den
zweiten vom Verbande Deutscher
Elektrotechniker festgelegten
Normalwert, kennen zu lernen,
hat der Verfasser das in Tabelle
XXIX zusammengestellte Verhalten des Kabels 8 bei ganz
gleichem Betriebe mit Strömen
von 25 Perioden durchgerechnet.
Die Ergebnisse sind in Tabelle
XXX zusammengestellt. Der
Vergleich der Tabellen XXIX und

Tabelle XXX.

Verhalten des Kabels Nr. 8 bei Belastung wie in Tabelle XXIX aber bei 25 Perioden pro Sekunde.

km	Ep_0 verkettet	J_0	A_0	Ep_l verkettet	J_l	A_l	φ_l	η	$\eta\Omega$
200	10 000	30	173.21	11288	49,976	216,38	48° 22′ 1″	0,80049	0,86530
200	10 000	40	230,94	11816	56,665	295,10	40° 14′ 20″	0,78258	0,82812
200	10 000	60	346,41	12877	72,135	470,18	28° 44′ 47″	0,73676	0,76257
200	10 000	120	692,82	16072	125,32	1136,2	12° 16′ 35″	0,60977	0,61626
200	10 000	150	866,02	17676	153,30	1548,6	8° 9′ 44″	0,55923	0,56226
200	10 000	180	1039,2	19282	181,65	2013,8	5° 12′ 51″	0,51604	0,51707
200	10 000	210	1212,4	20889	210,20	2531,7	2° 59′ 20″	0,47889	0,47853
200	10 000	240	1385,6	22502	238,90	3102,8	1° 14′ 46″	0,44656	0,44535
200	10 000	270	1558,8	24113	267,69	3726,5	−0° 9′ 41″	0,41830	0,41646
200	10 000	300	1732,0	25723	296,55	4403,1	1° 19′ 21″	0,39336	0,39112

XXX lehrt, daß der Spannungsabfall bei 25 Perioden im allgemeinen größer wird, als bei 50 Perioden; nur bei Stromentnahmen von mehr als 180 Amp. wird er kleiner. Bei 30 Amp. beträgt der Spannungsabfall bei 50 Perioden nur 5%, bei 25 dagegen 13%. Bei der größten in den Tabellen verzeichneten Belastung von 300 Amp. ist die Anfangsspannung bei 25 Perioden um knapp 2% geringer, als bei 50. Bei den praktisch vorkommenden Belastungen ist also der Betrieb mit der geringeren Periodenzahl in bezug auf den Spannungsabfall ungünstiger. Umgekehrt verhält es sich mit den übrigen elektrischen Größen; der Strom am Kabelanfang, der bei einem Endstrom von 30 Amp. bei 50 Perioden 83 Amp. betrug, wird jetzt nur 50 Amp.; die Phasenverschiebung wird jetzt nur 48^0 gegenüber 59^0 und der Wirkungsgrad 80% gegenüber 66%. Bei zunehmender Belastung werden die Unterschiede dieser Werte immer geringer, sie kehren, außer bei der Phasenverschiebung, die bei der geringeren Periodenzahl immer kleiner bleibt, ihre Vorzeichen schließlich sämtlich um; von 240 Amp. an bei J_l und von 210 Amp. an bei A_l und η.

Daß der Spannungsabfall in Kabel 8 bei 25 Perioden größer wird als bei 50 widerspricht der Behauptung nicht, daß die Verringerung der Periodenzahl eine Verminderung des Ladestromes und daher eine Herabsetzung der Kapazitätswirkung zur Folge haben muß; denn wir haben auf Seite 208 erkannt, daß bei Kabel 8 durch die Kapazität der Spannungsabfall gegen den Fall vermindert wurde, wo nur Widerstand und Selbstinduktion vorhanden war. Diese Verminderung wird mit der Periodenzahl herabgesetzt, und der Spannungsabfall muß also bei kleiner Periodenzahl größer sein. Bei Kabel 1, wo die Kapazität den Spannungsabfall vergrößerte, würde dieser Abfall durch Verminderung der Periodenzahl verringert werden. Eine Verkleinerung der Periodenzahl bringt also keineswegs in jedem Fall von Kabelbetrieb ausschließlich Vorteile; die Frage, ob überwiegende Vorteile auftreten, muß vielmehr in jedem Fall besonders geprüft werden. Zur Erleichterung weiterer Rechnungen folgt hier eine Gegenüberstellung der elektrischen Daten des Kabels 8 für 200 km bei 50 und 25 Perioden.

$$\nu = 25 \qquad\qquad\qquad \nu = 50$$
$$a = 1{,}3574 \cdot 10^{-3} \qquad\qquad a = 1{,}6584 \cdot 10^{-3}$$
$$b = 1{,}8647 \cdot 10^{-3} \qquad\qquad b = 3{,}0527 \cdot 10^{-3}$$

<table>
<tr><td align="center">

$\nu = 25$

$u = 68{,}293 = \dfrac{1}{\sqrt{m^2 + n^2}}$

$\beta = 35^0\ 56'\ 23''$

$c = 0{,}97098$

$\gamma = 5^0\ 55'\ 10''$

$d = 0{,}45638$

$\delta = 55^0\ 53'\ 20''$

$d \cdot u = 31{,}17$

$\dfrac{d}{u} = 0{,}006683$

$\mathbf{W}^0 = 145{,}3 \cdot e^{-i\,85^0\ 54'\ 33''}$

$\mathbf{W}^k = 32{,}10 \cdot e^{+i\,14^0\ 1'\ 47''}$

$\operatorname{arctg} \dfrac{s}{w} = 18^0\ 0'\ 34''$

$W\sqrt{1 + \dfrac{s^2}{w^2}} = 31{,}504$

</td><td align="center">

$\nu = 50$

$u = 51{,}43$

$\beta = 28^0\ 27'\ 28''$

$c = 0{,}88626$

$\gamma = 12^0\ 37'\ 21''$

$d = 0{,}66546$

$\delta = 65^0\ 25'\ 19''$

$d \cdot u = 34{,}22$

$\dfrac{d}{u} = 0{,}01294$

$\mathbf{W}^0 = 68{,}497 \cdot e^{-i\,81^0\ 15'\ 26''}$

$\mathbf{W}^k = 38{,}618 \cdot e^{+i\,24^0\ 20'\ 30''}$

$\operatorname{arctg} \dfrac{s}{w} = 33^0\ 1'\ 45''$

$W\sqrt{1 + \dfrac{s^2}{w^2}} = 35{,}74$

</td></tr>
</table>

Die Bedeutung von u, β siehe Gl. 8, S. 108, von c, γ, d, δ siehe Tabelle XII.

Als Mittel die Wirkung des Ladestromes wenigstens für den das Kabel speisenden Generator unschädlich zu machen, bleibt schließlich noch die Verwendung von Induktionsspulen, welche parallel zum Kabel an den Generator anzuschließen sind und einen wattlosen Strom aufnehmen müssen, der möglichst gleich dem Ladestrome zu sein hat. Die Benutzung dieses Mittels ist neuerdings versucht worden; es kann aber den Strom im Kabel selbst natürlich nicht beeinflussen. Für das Kabel können Vorteile nur gewonnen werden, wenn diese Spulen, ähnlich den Pupin-Spulen in Telephonleitungen, nicht nur an den Kabelanfang, sondern auch an andere Stellen des Kabels in entsprechenden Abständen angeschlossen werden. Da es sich aber bei der Fernleitung hochgespannter Wechselströme in der Starkstromtechnik stets um die Kompensation größerer Ladeströme bei hohen Spannungen handelt, so wäre diese Anordnung nicht ohne erhebliche Kosten ausführbar.

Der maximale Wirkungsgrad.

Der Wirkungsgrad einer mit Wechselstrom gespeisten Fernleitung findet aber noch eine andere Grenze aus folgendem Grunde:

Bei einem Gleichstromkabel, welches den Widerstand W hat, von der Zentrale mit einer Stromstärke J und einer Spannung Ep_l gespeist wird und am Ende noch eine Spannung Ep_0 aufweist, ist im stationären Betriebe der Wirkungsgrad

$$\eta = \frac{Ep_0\, J}{Ep_l\, J} = \frac{Ep_0}{Ep_l} = \frac{Ep_l - Jw}{Ep_l}. \tag{41}$$

η weicht also um einen prozentischen Betrag von 1 ab, der proportional J ist. Würde man das Kabel kurz schließen, so daß $Ep_l = Jw$ wäre, und dann bei konstantem Ep_l den Kurzschluß durch einen immer steigenden Widerstand ersetzen, um den Strom schließlich ganz zu öffnen, so stiege η von 0 gleichmäßig bis zum Werte 1 an.

Bei einem mit Wechselstrom gespeisten Kabel dagegen ist der Wirkungsgrad nicht nur bei Kurzschluß 0, sondern auch wenn das Kabel offen ist, da auch in diesem Falle elektrische Energie am Anfang aufgenommen, aber am Ende nicht abgegeben wird. Zwischen den beiden Grenzwerten Null beim offenen Zustande und Kurzschluß muß also bei irgend einer Belastung ein Maximalwert des Wirkungsgrades bestehen. Wir wollen festzustellen suchen, unter welchen Umständen dieser Maximalwert auftritt, und wie groß er werden kann.

Die Belastungsart des Kabels, welche η_{max} zur Folge hat, ist eindeutig definiert durch den scheinbaren Widerstand R_0, der an das Kabelende angeschlossen wird, und die Phasenverschiebung φ_0 zwischen Ep_0 und J_0, die dieser Widerstand hervorruft. Wir definieren diesen Belastungswiderstand also durch den komplexen Ausdruck

$$\frac{\mathbf{E}\,\mathbf{p}_0}{\mathbf{I}_0} = \mathbf{R}_0 = R_0\, e^{i\,\varphi_0}, \tag{42}$$

so daß ein positives φ_0 eine Voreilung der Endspannung gegen die Stromstärke bedeutet, und suchen jetzt $\mathbf{R}_0$ zu bestimmen. $\mathbf{R}_0$ kann auch ausgedrückt werden in der Form

$$\mathbf{R}_0 = y_r + i\,z_r, \tag{43}$$

so daß wir zur Feststellung von $\mathbf{R}_0$ auch y_r und z_r berechnen können.

Nach bekannten Gesetzen ist allgemein

$$\eta = \frac{A_0}{A_l} = \frac{Ep_0\, J_0 \cos\varphi_0}{Ep_l\, J_l \cos\varphi_l}. \tag{44}$$

Wir suchen hierin jetzt A_0 und A_l nacheinander auf die Form zu bringen, in der es am leichtesten ist, die Bedingungen für y_r und x_r aufzustellen, die η zu einem Maximum machen.

In
$$A_0 = Ep_0 J_0 \cos\varphi_0$$
drücken wir Ep_0 aus durch die Gleichung
$$\frac{Ep_0}{J_0} = R_0 ,$$
so daß
$$A_0 = J_0^2 R_0 \cos\varphi_0 \tag{45}$$
wird. Gl. 42 bringen wir auf die Form
$$\mathbf{R}_0 = R_0 \cos\varphi_0 + i R_0 \sin\varphi_0 , \tag{46}$$
woraus sich durch Vergleich mit Gl. 43 ergibt
$$R_0 \cos\varphi_0 = y_r$$
und für A_0 nach Gl. 45 die Schlußgleichung
$$A_0 = J_0^2 y_r \quad \text{folgt.} \tag{47}$$
Zur Umwandlung von
$$A_l = Ep_l J_l \cos\varphi_l \tag{48}$$
benutzen wir die bekannten Gleichungen
$$\mathbf{E}\,\mathbf{p}_l = \mathbf{C}\,(\mathbf{E}\,\mathbf{p}_0 + \mathbf{I}_0\,\mathbf{W}^k) \tag{49}$$
und
$$\mathbf{I}_l = \mathbf{C}\left(\mathbf{I}_0 + \frac{\mathbf{E}\,\mathbf{p}_0}{\mathbf{W}^0}\right),$$
wobei wir zur Vereinfachung der Schreibweise setzen wollen
$$\frac{1}{\mathbf{W}^0} = \mathbf{G}^0$$
und daher
$$\mathbf{I}_l = \mathbf{C}\,(\mathbf{I}_0 + \mathbf{E}\,\mathbf{p}_0\,\mathbf{G}^0). \tag{50}$$
Durch Herausziehen von $\mathbf{I}_0$ ergibt sich aus Gl. 49 u. 50 unter Benutzung von Gl. 41
$$\mathbf{E}\,\mathbf{p}_l = \mathbf{C}\mathbf{I}_0\,(\mathbf{R}_0 + \mathbf{W}^k) \tag{51}$$
und
$$\mathbf{I}_l = \mathbf{C}\mathbf{I}_0\,(1 + \mathbf{G}^0\mathbf{R}_0). \tag{52}$$
Als Ausgang der Phasenzählung wollen wir jetzt die Größe $\mathbf{C}\mathbf{I}_0$ wählen und daher setzen
$$\mathbf{C}\mathbf{I}_0 = c J_0 ,$$
so daß
$$\mathbf{E}\,\mathbf{p}_l = c J_0\,(\mathbf{R}_0 + \mathbf{W}^k) \tag{53}$$
und
$$\mathbf{I}_l = c J_0\,(1 + \mathbf{G}^0\mathbf{R}_0) \tag{54}$$
wird. Bringen wir $\mathbf{W}^k$ und $\mathbf{G}^0$ auf die Nebenformen
$$\mathbf{W}^k = y_k + i x_k \tag{55}$$
und
$$\mathbf{G}^0 = y_0 + i x_0 , \tag{56}$$

dann $\mathbf{E}\,\mathbf{p}_l$ und $\mathbf{I}_l$, entsprechend Gl. 14 u. 15, S. 7, auf die Nebenformen

$$\mathbf{E}\,\mathbf{p}_l = p_e + i\,q_e$$

und

$$\mathbf{I}_l = p_i + i\,q_i,$$

so wird nach Gl. 22, S. 8

$$A_l = p_e\,p_i + q_e\,q_i.$$

Wir erhalten dadurch

$$A_l = c^2\,J_0^2\,[y_r + y_0\,y_r^2 + y_0\,y_k\,y_r + y_r\,x_0\,x_k \\ \qquad + y_0\,x_r^2 - y_k\,x_0\,x_r + y_0\,x_k\,x_r + y_k] \\ = c^2\,J_0^2\,N \Bigg\} \qquad (57)$$

und daher schließlich

$$\eta = \frac{A_0}{A_l} = \frac{1}{c^2}\frac{y_r}{N}. \qquad (58)$$

Bilden wir, um x_r und y_r für $\eta_{\max}$ zu bestimmen, zunächst $\dfrac{d\,\eta}{d\,x_r} = 0$, so finden wir

$$x_r = \frac{y_k\,x_0 - y_0\,x_k}{2\,y_0}, \qquad (59)$$

und setzen wir dann $\dfrac{d\,\eta}{d\,y_r} = 0$, so ergibt sich

$$y_k = y_0\,(y_r^2 + x_r^2) = y_0\,R_0^2.$$

Da andererseits nach Gl. 42 u. 46

$$x_r = R_0\,\sin\varphi_0$$

ist, so ist schließlich der zum maximalen Wirkungsgrade führende Belastungswiderstand

$$\mathbf{R}_{0,} = R_0\,e^{i\,\varphi_0}$$

bestimmt durch die Gleichungen

$$R_0^2 = \frac{y_k}{y_0} \qquad (60)$$

und

$$\sin\varphi_0 = \frac{y_k\,x_0 - y_0\,x_k}{2\sqrt{y_0\,y_k}}. \qquad (61)$$

Den Maximalwert von η erhält man in der einfachsten Form, indem man in Gl. 58 x_r nach Gl. 59 und $y_r = R_0\cos\varphi_0$ einsetzt, wobei R_0 aus Gl. 60 entnommen wird. Es wird dann

$$\eta_{\max} = \frac{1}{c^2}\,\frac{1}{1 + y_0\,y_k + x_0\,x_k + 2\sqrt{y_0\,y_k}\cos\varphi_0}, \qquad (62)$$

wobei $\cos\varphi_0$ aus Gl. 61 berechnet werden muß.

Tabelle XXXI gibt die höchsten Wirkungsgrade an, die nach Gl. 62 bei den acht Kabeln und bei der Freileitung bei den Längen 50, 100, 150 und 200 km erreichbar sind. Nach der vorangehenden Betrachtung und nach Gl. 62 sind diese Werte unabhängig von der Betriebsspannung und bilden eine Eigentümlichkeit der Leitung allein. Den Werten der Wirkungsgrade sind in der Tabelle als kleiner gedruckte und eingeklammerte Zahlen noch die Werte der Anfangsstromstärken hinzugefügt, welche die Leitungen bei 10 000 Volt verketteter Anfangsspannung aufnehmen; sie sollen als Maßstab für die Beanspruchung des Kupfers bei maximalem Wirkungsgrade dienen.

Tabelle XXXI.

Der maximale Wirkungsgrad der 10 000-Volt-Kabel und der Freileitung bei verschiedenen Längen und bei $\nu = 50$.

Kabel Nr.	Querschnitt in qmm	50 km	100 km	150 km	200 km
1	3 · 10	0,89402 (6,898)	0,65211 (13,603)	0,39581 (19,845)	0,21332 (24,700)
2	3 · 16	0,92498 (7,627)	0,74506 (15,045)	0,52499 (22,290)	0,33269 (28,769)
3	3 · 25	0,94468 (8,667)	0,80698 (17,092)	0,62416 (25,488)	0,44269 (33,472)
4	3 · 35	0,95638 (9,320)	0,84820 (18,295)	0,70243 (27,353)	0,53334 (36,221)
5	3 · 50	0,96638 (10,037)	0,88340 (19,602)	0,76183 (29,348)	0,62231 (39,068)
6	3 · 70	0,97396 (10,074)	0,90912 (20,930)	0,81238 (31,325)	0,69593 (41,812)
7	3 · 95	0,97875 (11,482)	0,92845 (22,123)	0,85010 (33,134)	0,75333 (44,278)
8	3 · 120	0,98210 (11,984)	0,94044 (22,919)	0,87524 (34,287)	0,79256 (45,851)
Freileitung 3 · 12,57 qmm		0,99513 (0,44733)	0,97834 (0,91405)	0,95273 (1,3729)	0,91782 (1,8332)

Die Betrachtung der Tabelle lehrt, daß nur bei den größeren Kupferquerschnitten die Übertragung auf weitere Entfernungen bei wirtschaftlichem Wirkungsgrade geschehen kann. Bei 50 km Länge hat der Verlust bei allen Kabeln noch zulässige Werte, bei Kabel 1 beträgt er etwa 10%, bei Kabel 8 nur 2%. Bei 100 km aber unterliegt das Kabel 1 schon mindestens einem Energieverlust von 35%, Kabel 8 aber nur einem solchen von 6%; über 10% Verlust haben bei dieser Länge alle Kabel Nr. 1 bis 5. Bei 150 km werden die Verluste auch bei den stärkeren Kabeln schon sehr erheblich, und bei 200 km hat selbst das stärkste Kabel schon einen Verlust von 21%. Bei der Freileitung sind die Verluste wesentlich günstiger; sie betragen bei 200 km nur 8%. Man darf aber nicht vergessen, daß dieser Verlust für die günstigste Belastung gilt, und daß er im allgemeinen bedeutend größer sein wird. In der Tat finden wir in Tabelle XXV schon bei 1,7 Amp. Belastung der Freileitung 17% Verlust; wie ja natürlich überhaupt die in den vorangehenden Tabellen bei anderer Arbeitsweise der Leitungen angegebenen Wirkungsgrade sämtlich geringer sind.

Die in Tabelle XXXI eingeklammert angegebenen Werte der Stromaufnahme zeigen, wie gering die Beanspruchung des Kupfers bei den maximalen Wirkungsgraden ist. Zu der Erkenntnis, daß man günstige Wirkungsgrade bei größeren Längen überhaupt nur bei stärkeren Kabeln erreichen kann, kommt also noch die neue Erkenntnis hinzu, daß die Ausnutzung des Materials dabei nur außerordentlich klein sein darf. Es besteht also für die Übertragung elektrischer Leistungen auf weitere Entfernungen mit den heutigen Kabeln und mit Wechselströmen von 50 Perioden die schlimme Alternative, entweder mit günstigem Wirkungsgrade zu arbeiten und das Material nur in ganz geringem Maße auszunutzen, oder das Material zweckmäßig zu beanspruchen und Energie in den Kabeln zu vergeuden.

Für das Kabel 8 bei 200 km Länge, für welches η_{max} nach der Tabelle 79% ist, hat der Verfasser unter Benutzung der auf Seite 218 gegebenen Daten η_{max} auch für $\nu = 25$ Perioden ausgerechnet. Es ergibt sich dafür ein Wert von $88{,}4\%$. Die mit der Verminderung der Periodenzahl eintretende Verringerung des Ladestromes bringt also den maximalen Wirkungsgrad dem bei Gleichstrom erreichbaren höchsten Wirkungsgrade $\eta = 1$ beträchtlich näher. Von entscheidender Bedeutung für die Wahl der Periodenzahl kann dieses Ergebnis aber nicht sein, da, wie wir oben gesehen haben, bei praktisch vorkommenden Belastungen das Verhalten des Kabels bei 25 Perioden auch ungünstiger sein kann, als bei 50.

Viel Interessantes zeigt ein Vergleich der elektrischen Größen am Anfang und Ende einer mit größtem Wirkungsgrade arbeitenden Leitung. Tabelle XXXII gibt diese Größen für die 8 Kabel unter der Voraussetzung einer verketteten Anfangsspannung von 10 000 Volt bei 50 km und Tabelle XXXIII für die Freileitung bei einer Phasenspannung am Anfang von 10 000 Volt bei 50, 100, 150 und 200 km wieder.

Wir bemerken zunächst, daß die abgegebene Stromstärke J_0 und Leistung A_0 auch bei dem stärksten Kabel nur etwa doppelt so groß ist, wie bei dem schwächsten, obgleich die Querschnitte im Verhältnis von $120 : 10 = 12$ stehen. Der Spannungsabfall ist wegen der größeren Stromdichte bei Kabel 1 größer, als bei Kabel 8; der Wirkungsgrad ist aus demselben Grunde kleiner. Die Stromstärke stellt sich bei allen Kabeln am Anfang nur auf einen ganz unwesentlich höheren Wert ein, als am Ende, um den guten Wirkungsgrad zu ermöglichen. Bei der Freileitung steigen die am Ende abgegebenen Stromstärken und Leistungen J_0 und A_0 fast genau proportional der Länge an. Der Spannungsabfall ist wegen der größeren Länge und Strombelastung bei 200 km erheblich größer, als bei 50 km und der Wirkungsgrad erheblich kleiner. Die Stromstärke stellt sich aber wiederum am Anfang fast auf denselben Wert ein wie am Ende, aber bei den längeren Leitungen wird der Unterschied doch größer.

Das bemerkenswerteste Ergebnis bietet die Phasenverschiebung zwischen Spannung und Strom. Diese ist am Anfang genau so groß, aber von entgegengesetztem Vorzeichen wie am Ende. Die in den Tabellen angegebenen Werte von φ_0 und φ_l sind einzeln berechnet und unterscheiden sich daher ein wenig voneinander; die Unterschiede können zugleich als Maßstab für die Genauigkeit der Rechnung dienen.

Daß $\varphi_l = -\varphi_0$ werden muß, erkennt man, wenn man $\mathbf{R}_l$ als Quotienten von $\mathbf{E}p_l$ und $\mathbf{I}_l$ mittels Gl. 49 und 50 ausdrückt. Man erhält dann

$$\mathbf{R}_l = \frac{\mathbf{R}_0 + \mathbf{W}^k}{1 + \mathbf{G}_0\,\mathbf{R}_0}\,. \tag{63}$$

Drückt man $\mathbf{R}_0$, $\mathbf{W}^k$ und $\mathbf{G}^0$ durch Gl. 43, 55 und 56 aus und benutzt man die durch Gl. 60 und 61 gegebenen Beziehungen, so findet man

$$\mathbf{R}_l = y_r - i\,z_r$$

also

$$\mathbf{R}_l = R_l\,e^{i\varphi i} = R_0 l^{-i\varphi_0}\,.$$

Diese Gleichung enthält außer

$$\varphi_l = -\varphi_0 \tag{64}$$

Tabelle XXXII.

Maximale Wirkungsgrade und die dabei auftretenden Anfangs- und Endzustände der 10000-Volt-Kabel bei 50 km Länge und 10000 Volt Anfangsspannung.

Kabel	R_0	φ_0	$\cos\varphi_0$	Ep_0	J_0	A_0	Ep_i	J_i	A_i	φ_i	η
Nr										
1	836,93	58° 37′ 9″	0,52073	9455,2	6,523	18,541	10 000	6,898	20,739	$-58°\ 37′\ 11″$	0,89402
2	756,90	58° 10′ 8″	0,52741	9617,8	7,336	21,485	10 000	7,627	23,227	$-58°\ 9′\ 47″$	0,92498
3	666,44	57° 56′ 52″	0,53070	9719,4	8,420	25,076	10 000	8,667	26,544	$-57°\ 56′\ 50″$	0,94468
4	619,47	57° 17′ 8″	0,54044	9779,4	9,114	27,812	10 000	9,320	29,080	$-57°\ 17′\ 13″$	0,95638
5	575,24	56° 40′ 8″	0,54946	9830,6	9,867	30,770	10 000	10,037	31,841	$-56°\ 40′\ 8″$	0,96638
6	537,55	56° 14′ 7″	0,55579	9868,8	10,599	33,567	10 000	10,074	34,463	$-56°\ 14′\ 11″$	0,97396
7	502,85	55° 10′ 38″	0,57104	9892,8	11,358	37,047	10 000	11,482	37,850	$-55°\ 10′\ 45″$	0,97875
8	481,76	54° 23′ 20″	0,58228	9909,8	11,876	39,563	10 000	11,984	40,283	$-54°\ 23′\ 25″$	0,98210

Tabelle XXXIII.

Maximale Wirkungsgrade und die dabei auftretenden Anfangs- und Endzustände der Freileitung bei verschiedenen Längen und bei 10000-Volt-Phasenspannung am Anfang.

Länge	R_0	φ_0	$\cos\varphi_0$	Ep_0	J_0	A_0	Ep_i	J_i	A_i	φ_i	η
50	12907,0	62° 7′ 0″	0,4677	9975,6	0,7729	3,6058	10 000	0,7748	3,623	$-62°\ 7′\ 2″$	0,99513
100	6316,7	59° 54′ 15″	0,5015	9893,5	1,5663	7,7702	10 000	1,5831	7,939	$-59°\ 54′\ 13″$	0,97874
150	4205,4	59° 45′ 26″	0,5038	9761,6	2,3212	11,412	10 000	2,3778	11,976	$-59°\ 45′\ 28″$	0,95290
200	3149,5	59° 34′ 26″	0,5064	9580,5	3,0419	14,761	10 000	3,1753	16,080	$-59°\ 34′\ 30″$	0,91784

noch die weitere Beziehung

$$R_l = R_0$$

Spannung und Strom stehen also am Anfang in demselben Verhältnis wie am Ende. Es ist

$$\frac{E\,p_l}{J_l} = \frac{E\,p_0}{J_0}$$

oder auch

$$\frac{E\,p_l}{E\,p_0} = \frac{J_l}{J_0} \tag{65}$$

d. h. Spannung und Strom zeigen vom Anfang nach dem Ende hin einen gleich großen prozentischen Abfall.

Bildet man nach Gleichung 44 den Wirkungsgrad, so findet man unter Berücksichtigung der Gl. 64 und 65

$$\eta_{\max} = \frac{E\,p_0^2}{E\,p_l^2} = \frac{J_0^2}{J_l^2}\,.$$

In Tabelle XXXII und XXXIII bedeuten positive Werte von φ_0 und φ_l eine Verzögerung der Stromstärke gegenüber der Spannung, negative Werte eine Voreilung. Es ist interessant festzustellen, ob bei den praktisch vorkommenden Leitungen der höchste Wirkungsgrad immer, wie in den Tabellen, eine Verzögerung des entnommenen Stromes gegenüber der Endspannung verlangt, oder ob es auch umgekehrt sein kann. Eine Verzögerung, also $\varphi_0 > 0$, finden wir nach Gl. 61 wenn

also

$$y_k\,x_0 - y_0\,x_k > 0$$

$$\frac{x_0}{y_0} > \frac{x_k}{y_k}$$

d. h.

$$\operatorname{tg}(-\varphi^0) > \operatorname{tg}\varphi^k$$

oder

$$\varphi^0 + \varphi^k < 0$$

ist. Da nach Seite 180

$$\varphi^0 + \varphi^k = -2\,\beta$$

so ist die obige Annahme erfüllt, wenn $\beta > 0$ ist. Dies ist aber nach Seite 95 der Fall, wenn

$$\varkappa w > g s$$

ist. Da diese Ungleichung bei guter Isolation stets zutrifft, so muß bei den Fernleitungen der Praxis der maximale Wirkungsgrad stets von einer Verzögerung der Stromstärke am Kabelende gegen die Spannung begleitet sein.

Gl. 60 gibt eine weitere Beziehung. Ersetzt man darin R_0 durch $\dfrac{Ep_l}{J_l}$, so ergibt sich

$$Ep_l^2\, y_0 = J_l^2\, y_k\,.$$

Nach S. 189 ist $Ep_l^2\, y_0$ der Effektverbrauch des leerlaufenden Kabels bei der Anfangsspannung Ep_l, bei welcher der Betrieb mit dem höchsten Wirkungsgrad betrachtet wurde, und $J_l^2\, y_k$ wäre der Effektverbrauch des kurz geschlossenen Kabels, wenn J_l die Kurzschlußstromstärke wäre. J_l hat diese Bedeutung allerdings nicht. Man kann aber J_l durch Wahl einer entsprechenden Anfangsspannung bei Kurzschluß herstellen, so daß $J_l^2\, y_k$ als die Effektaufnahme des Kabels betrachtet werden kann, welche eintritt, wenn dieses, kurz geschlossen, mit einer Anfangsspannung gespeist wird, die einen Anfangsstrom, wie bei dem Betriebe mit maximalem Wirkungsgrade erzeugt.

Die obige Gleichung gilt auch für ein Gleichstromkabel, von welchem wir feststellten, daß der höchste Wirkungsgrad (1) erreicht wird, wenn es offen ist. Der in diesem Falle einfließende Strom ist Null. Die Spannung, die der Leitung am Anfang zugeführt werden muß, damit sie bei Kurzschluß den Strom Null führt, ist aber ebenfalls Null, und der Kurzschlußstrom ist daher auch Null, so daß der auf der rechten Seite angegebene Effekt Null wird. Der auf der linken Seite dieser Gleichung stehende Ausdruck als der von der offenen Leitung bei normaler Betriebsspannung aufgenommene Effekt ist ebenfalls Null.

Daß die Gleichung auch für das Gleichstromkabel gelten muß, ist deshalb selbstverständlich, da dieses als ein Spezialfall des mit Wechselstrom betriebenen, mit Kapazität behafteten Kabels angesehen werden kann. Die Gleichung ist also die Bedingungsgleichung für den allgemeinsten, alle technischen Möglichkeiten einschließenden Fall.

Die oben entwickelten einfachen Beziehungen zwischen dem elektrischen Zustande des Kabels· am Anfang und am Ende regen dazu an, festzustellen, wie die elektrischen Größen sich an den Zwischenpunkten verhalten, wie also ihre Verteilung längs des Kabels sich gestaltet. In Fig. 56 ist diese für Kabel 4 bei 200 km Länge dargestellt. Das Kabelende liegt bei $ax = 0^0$; der Anfang ist durch die Angabe $x = 200$ km besonders gekennzeichnet, φ_0 ist am Ende negativ, am Anfang positiv gezeichnet; in dieser Figur ist also, um eine Übereinstimmung mit früheren Figuren (wie 42 und 52) herbeizuführen, entgegen der Bedeutung von φ_0 in $\mathbf{R} = R_0 e^{i\varphi_0}$, die Voreilung der Stromstärke gegenüber der Spannung positiv gesetzt.

Da φ_l und φ_0 gleich große, aber entgegengesetzte Werte haben, finden wir natürlich an einer Stelle des Kabels die Phasenverschiebung $\varphi_x = 0$; diese Stelle liegt aber nicht in der Mitte des Kabels, sondern dem Anfang näher als dem Ende. Daß ein

15*

Wert $\varphi_x = 0$ in der Nähe der Kabelmitte auftreten muß, begründet sich auch allgemein in folgender Weise: Um einen möglichst hohen Wirkungsgrad zu erzielen, muß der Strom an jeder
Stelle möglichst wenig Phasenverschiebung gegen die Spannung
haben, denn bei geringerer Phasenverschiebung genügt für die
Weiterführung der Leistung ein kleinerer Strom, und der Verlust
im Kupfer wird daher geringer. Da sich aber, wie oben bewiesen
wurde, am Kabelende eine Verzögerung des Stromes gegen die

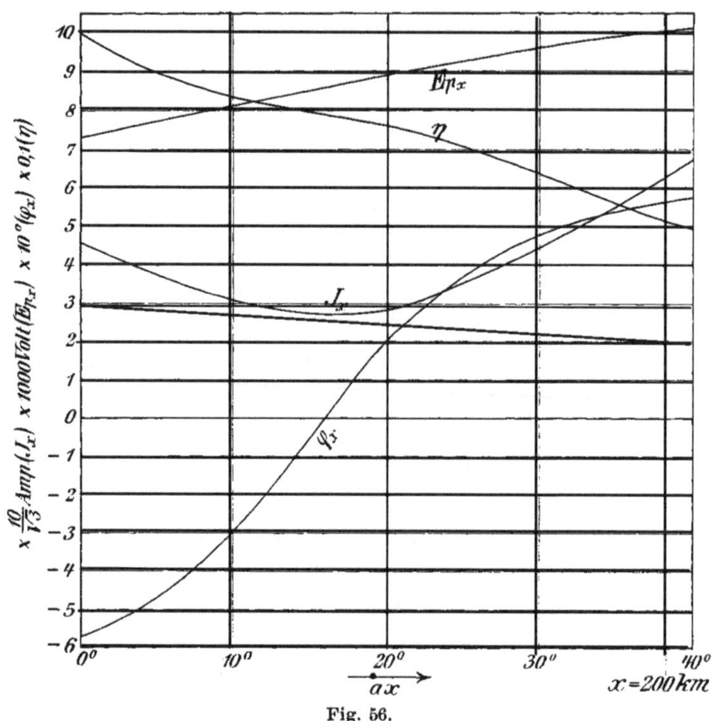

Fig. 56.

Spannung einstellen muß, so muß die Phasenverschiebung nach
dem Anfange hin dem Werte Null zustreben und zwar derart, daß
im Kabel möglichst viele Punkte mit kleiner Phasenverschiebung
vorhanden sind. Dies ist der Fall, wenn die Phasenverschiebung
Null annähernd in der Mitte liegt, denn dann liegen Punkte mit
kleinen Phasenverschiebungen zu beiden Seiten dieser Stelle, und
der Bereich mit geringer Verschiebung wird größer, als wenn die

genannte Stelle nach dem Ende zu läge. Geht man vom Ende über die Mitte hinaus, so muß die Phasenverschiebung entgegengesetztes Zeichen annehmen und am Kabelanfang zu einer Voreilung der Stromstärke gegen die Spannung werden. Trotzdem die Voreilung am Anfang genau so groß wird, wie die Verzögerung am Ende ist, so verteilt sich die Phasenverschiebung doch nicht gleichmäßig um die Kabelmitte, sondern der Punkt, wo $\varphi_x = 0$ ist, liegt nach Fig. 56 in einiger Entfernung davon.

Die durch Gl. 65 ausgedrückte Tatsache, daß Spannung und Strom am Anfang und Ende in dem gleichen Verhältnis stehen, könnte zu der Vermutung führen, daß auch an jedem anderen Kabelpunkte dieses Verhältnis das gleiche sei. Das ist aber keineswegs der Fall, denn Fig. 56 zeigt, daß Ep_x zwar vom Ende nach dem Anfang hin gleichmäßig ansteigt, J_x aber bis zu einem Minimum fällt, und dann wieder zunimmt. Spannungs- und Stromverlauf entsprechen genau der für das künstliche Kabel bei induktiver Belastung gefundenen Fig. 14. Das Minimum der Stromstärke fällt wieder mit der Phasenverschiebung 0 zusammen.

Die maximale Leistung.

Das Bestreben, die Wirkung der Kapazität der Kabel durch möglichste Erhöhung des Nutzstromes gegenüber dem Ladestrom herabzusetzen, findet seine Grenze nicht nur in der Verminderung des Wirkungsgrades, sondern auch darin, daß die Leistung, welche ein Kabel am Ende abgibt, bei gegebener Anfangsspannung über einen gewissen Höchstwert nicht hinauszugehen vermag.

Auch bei einer Gleichstromleitung besteht bekanntlich ein solcher Höchstwert. Wird aus einer Gleichstromleitung, welche einen Widerstand W hat und am Anfang eine Spannung Ep_l, am Ende eine Spannung Ep_0 aufweist, ein Strom J entnommen, so ist die abgegebene Leistung

$$A_0 = Ep_0 J$$

und, da nach dem Ohmschen Gesetz

$$Ep_l - Ep_0 = JW$$

ist, ist auch

$$A_0 = \frac{Ep_0 (Ep_l - Ep_0)}{W}.$$

A_0 hat den Wert Null sowohl bei offener Leitung ($Ep_0 = Ep_l$), wie auch bei kurz geschlossener Leitung ($Ep_0 = 0$), muß also bei irgend einer zwischen Ep_l und Null gelegenen Endspannung Ep_0 einen Maximalwert aufweisen. Dieser ergibt sich aus der Bedingung

$$\frac{dA_0}{dEp_0} = \frac{Ep_l - Ep_0 - Ep_0}{W} = 0 ,$$

tritt also auf bei

$$Ep_0 = \frac{Ep_l}{2} ,$$

und die vom Ende abgegebene Leistung ist dann

$$A_{0,\,\mathrm{max}} = \frac{Ep_l^2}{4W} = \frac{Ep_l J}{2} , \qquad (66)$$

während die am Anfang der Leitung zugeführte Leistung

$$A_l = Ep_l J$$

ist. Der Wirkungsgrad der Leitung ist also bei der maximalen von ihr abgegebenen Leistung

$$\eta = \frac{1}{2} .$$

Dieses Paradoxon ist bekannt.

Auch bei von Wechselströmen durchflossenen Kabeln mit gleichmäßig verteilter Kapazität muß ein Belastungszustand existieren, wo die vom Kabel abgegebene Leistung ein Maximum ist, denn auch hier ist sowohl bei kurz geschlossenem, wie bei offenem Zustand die abgegebene Leistung Null. Wir definieren diese Belastung wie bei der Berechnung des maximalen Wirkungsgrades durch den komplexen Widerstand

$$\mathbf{R}_0 = R_0\, e^{i\varphi_0} = y_r + i\, z_r ,$$

welcher dabei an das Kabelende angeschlossen ist, und suchen seinen Wert jetzt zu bestimmen.

Nach Gl. 47 ist die Leistung am Kabelende

$$A_0 = J_0^2 y_r .$$

Da nach Gl. 53

$$\mathbf{E}\,\mathbf{p}_l = c\, J_0\, (\mathbf{R}_0 + \mathbf{W}^k) = c\, J_0\, [(y_r + y_k) + i\, (x_r + x_k)]$$

ist, so ist

$$Ep_l^2 = c^2\, J_0^2[(y_r + y_k)^2 + (x_r + x_k)^2]$$

und daher

$$A_0 = \frac{E p_l^2}{c^2} \frac{y_r}{(y_r + y_k)^2 + (z_r + z_k)^2}. \qquad (67)$$

Die Differentiation nach z_r führt zu der Bedingung

$$z_r = -z_k \qquad (68)$$

und die Differentiation nach y_r zu der Bedingung

$$y_r = y_k. \qquad (69)$$

Der komplexe Belastungswiderstand ist also

$$\mathbf{R}_0 = y_k - i z_k = W^k e^{-i\varphi^k}. \qquad (70)$$

Setzt man Gl. 68 und Gl. 69 in Gl. 67 ein, so erhält man für die maximale Leistung den Wert

$$A_{0,\,\mathrm{max}} = \frac{E p_l^2}{4\,c^2\,y_k}. \qquad (71)$$

Tabelle XXXIV zeigt die Maximalleistung bei den 10 000-Volt-Kabeln und der Freileitung bei 50, 100, 150 und 200 km und bei 10 000 Volt verketteter Anfangsspannung. Die Tabelle enthält außerdem als kleiner gedruckte Zahlen in runden Klammern die Stromaufnahmen am Leitungsanfang und in eckigen Klammern die Wirkungsgrade. Bei 50 km stimmt die Maximalleistung noch mit derjenigen fast genau überein, welche sich nach Gl. 66 bei Belastung mit Gleichstrom ergäbe; mit wachsender Länge aber werden die Abweichungen größer. Die Maximalleistung, welche nach Gl. 66 bei Gleichstrombelastung umgekehrt proportional der Länge ist, nimmt bei Belastung mit Wechselstrom bei einer Verlängerung von 50 auf 200 km bei dem schwächsten Kabel auf einen weit geringeren Wert ab, als auf den vierten Teil, bei dem stärksten aber bleibt sie erheblich größer. Die Stromaufnahmen erreichen die mit Rücksicht auf die Erwärmung zulässigen Werte höchstens bei der Länge von 50 km. Die Wirkungsgrade liegen in der Nähe des Wertes 0,5, der bei Gleichstrom aufträte und weichen nur bei längeren Kabeln davon merklich ab und zwar umsomehr, je dünner die Kabel sind. Bei den dünneren Kabeln sind die Wirkungsgrade bei größeren Längen sehr erheblich kleiner als 0,5. Infolge des geringen Wirkungsgrades kommt also die maximale Belastung der Leitungen praktisch nicht in Betracht. Die maximale Belastungsfähigkeit bildet also auch bei Wechselstromkabeln nicht die Verwendungsgrenze. Die Grenze liegt vielmehr wie bei den Gleichstromleitungen im Spannungsabfall und im Wirkungsgrad.

Tabelle XXXIV.

Maximalleistung der 10000-Volt-Kabel und der Freileitung in Kilowatt bei 10000 Volt verketteter Anfangsspannung.

Kabel Nr.	50 km	100 km	150 km	200 km
1	92,42 (32,75) [0,49688]	46,113 (20,981) [0,45755]	29,309 (22,291) [0,34223]	19,035 (25,566) [0,20401]
2	149,06 (52,20) [0,49844]	75,076 (30,048) [0,47906]	49,579 (28,141) [0,41153]	35,187 (31,245) [0,29953]
3	233,02 (81,18) [0,49921]	117,820 (44,251) [0,48870]	79,112 (37,428) [0,44915]	58,539 (39,135) [0,37016]
4	326,19 (113,4) [0,49947]	165,280 (60,109) [0,49328]	111,890 (47,207) [0,47264]	84,506 (46,571) [0,41522]
5	466,10 (161,8) [0,49970]	236,480 (84,234) [0,49619]	160,890 (62,989) [0,48204]	123,100 (57,836) [0,44856]
6	652,67 (226,4) [0,49981]	331,390 (116,69) [0,49771]	226,160 (84,372) [0,48940]	174,370 (73,463) [0,46884]
7	885,53 (307,0) [0,49984]	449,940 (157,42) [0,49867]	307,500 (111,56) [0,49347]	238,040 (93,60) [0,48059]
8	1118,37 (387,7) [0,49985]	568,340 (198,21) [0,49903]	388,740 (138,96) [0,49559]	301,540 (114,08) [0,48676]
Frei- lei- tung	123,32 (42,72) [0,50000]	61,820 (21,435) [0,49986]	41,399 (14,407) [0,49940]	31,236 (10,975) [0,49816]

Interessant ist wiederum die Betrachtung des elektrischen Zustandes am Anfang und am Ende, wie er sich bei maximaler Leistung einstellt. In Tabelle XXXV u. XXXVI sind die Werte der elektrischen Größen für einen Betrieb mit maximaler Leistung

Tabelle XXXV.

Maximalleistung und die dabei auftretenden Anfangs- und Endzustände der 10000-Volt-Kabel bei 50 km Länge und 10000 Volt verketteter Anfangsspannung.

Kabel	φ_0	Ep_0	J_0	A_0	Ep_ι	J_ι	A_ι	φ_ι	η
Nr.									
1	$-$ 1° 14′ 59″	5024,9	31,86	92,42	10 000	32,75	186,01	$-$ 10° 21′ 33″	0,49688
2	$-$ 4° 38′ 23″	5048,3	51,31	149,06	10 000	52,20	299,05	$-$ 7° 7′ 51″	0,49844
3	$-$ 8° 2′ 22″	5086,0	80,14	233,02	10 000	81,18	466,80	$-$ 5° 11′ 22″	0,49921
4	$-$ 11° 32′ 31″	5141,8	112,1	326,19	10 000	113,4	653,07	$-$ 3° 57′ 57″	0,49947
5	$-$ 16° 5′ 55″	5244,8	160,2	466,10	10 000	161,8	932,77	$-$ 2° 58′ 20″	0,49970
6	$-$ 21° 35′ 17″	5420,5	224,3	652,67	10 000	226,4	1305,83	$-$ 2° 15′ 38″	0,49981
7	$-$ 27° 23′ 7″	5676,8	304,3	885,53	10 000	307,0	1771,67	$-$ 1° 45′ 33″	0,49984
8	$-$ 32° 32′ 2″	5979,0	348,3	1118,37	10 000	387,7	2237,37	$-$ 1° 26′ 22″	0,49985

Tabelle XXXVI.

Maximalleistungen und die dabei auftretenden Anfangs- und Endzustände der Freileitung bei verschiedenen Längen und bei 10000 Volt-Phasenspannung am Anfang.

Länge	φ_0	Ep_0	J_0	A_0	Ep_ι	J_ι	A_ι	φ_ι	η
50	$-$ 16° 44′ 57″	5228,9	42,66	123,32	10 000	42,72	246,63	$-$ 0° 31′ 51″	0,50000
100	$-$ 16° 12′ 27″	5235,8	21,30	61,82	10 000	21,44	123,67	$-$ 2° 6′ 51″	0,49989
150	$-$ 15° 18′ 22″	5247,1	14,17	41,40	10 000	14,41	82,90	$-$ 4° 43′ 18″	0,49939
200	$-$ 14° 1′ 31″	5262,0	10,60	31,24	10 000	10,97	62,70	$-$ 8° 16′ 54″	0,49816

unter denselben Verhältnissen zusammengestellt, in welchen sie beim Betrieb mit maximalem Wirkungsgrade in Tabelle XXXII u. XXXIII aufgeführt waren: für die Kabel bei 10000 Volt verketteter Anfangsspannung und 50 km Länge, und für die Freileitung bei 10000 Volt Phasenspannung am Anfang und der Länge von 50, 100, 150 und 200 km.

Wir finden in allen Fällen einen Wirkungsgrad von annähernd 50%, also einen fast genau so großen, wie er bei Gleichstrombetrieb zu erwarten wäre. Der große Energieverlust erklärt sich fast ausschließlich durch einen großen Spannungsverlust, während der Strom sich längs des Kabels nur wenig verändert. Die Spannung nimmt vom Anfang nach dem Ende hin um annähernd 50% ab, während der Strom, bei den dünneren Kabeln wenigstens, und bei der Freileitung fast der gleiche bleibt. Bei dem stärksten Kabel vermindert sich auch der Strom um annähernd 10% und die Spannung dabei natürlich um entsprechend weniger als 50%. Sehr viel Bemerkenswertes bietet wieder die Phasenverschiebung.

Der Wert φ_0 der Phasenverschiebung am Ende ist bestimmt durch Gl. 70. Da wir $\mathbf{R}_0 = R_0\,e^{i\varphi_0}$ setzen, so wird

$$R_0 = W^k \quad \text{und} \quad \varphi_0 = -\varphi^k.$$

Die Phasenverschiebung am Ende nimmt also stets den negativen Wert derjenigen an, welche die Leitung, kurz geschlossen, am Anfang aufweist. Da nach Tabelle XXII φ^k bei verschiedenen Stärken und Längen der Kabel und der Freileitung die allerverschiedensten Werte, positiv und negativ, annehmen kann, so sind also bei maximaler Leistung auch die verschiedensten Phasenverschiebungen am Ende möglich. Die Beziehung $\varphi_0 = -\varphi^k$ liefert einen anziehenden Einblick in die Mittel, deren sich die Natur bedient, um dem Kabel die Lieferung einer hohen Leistung möglich zu machen. Bringen wir $\mathbf{E}\mathfrak{p}_l$ wieder auf die Form der Gl. 51 und setzen wir $\mathbf{R}_0$ nach Gl. 70 ein, so erhalten wir

$$\mathbf{E}\mathfrak{p}_l = \mathbf{I}_0\,\mathbf{C}\,2\,y_k\,. \tag{72}$$

Nehmen wir J_0 zur Ausgangsgröße für die Phasenzählung, setzen wir also $\mathbf{I}_0 = J_0$ und setzen wir $\mathbf{C} = c\,e^{i\gamma}$ nach S. 134 ein, so ergibt sich

$$\mathbf{E}\mathfrak{p}_l = 2\,c\,y_k\,J_0\,e^{i\gamma}\,.$$

Die Anfangsspannung $E\mathfrak{p}_l$ ist also gegen den Endstrom J_0 in der Phase nur um den Betrag γ verschoben, um den sie bei der leerlaufenden Leitung gegen die Endspannung verschoben ist. Wenn man sich also das Kabel leerlaufend an $E\mathfrak{p}_l$ angeschlossen denkt, und bei der fest gegebenen Phase der Anfangsspannung die Phase der Endspannung $E\mathfrak{p}_0'$ beobachtet und dann den Widerstand R_0 anschließt. so nimmt der Strom J_0, der in R_0 einfließt, die Phase von $E\mathfrak{p}_0'$ an. $E\mathfrak{p}_0'$ als die Endspannung des noch offenen, aber betriebsbereit an Ep_l angeschlossenen Kabels ist als die für die Erzeugung der Maximalleistung in dem anzuschließenden Widerstande R_0 verfügbare Spannung zu betrachten; der Strom, den diese Spannung Ep_0' in R_0 herstellt, nimmt die Phase von Ep_0' an, während Ep_0' selbst sich infolge des Spannungsabfalles, den der nunmehr entnommene Strom zur Folge hat, in Ep_0 verwandelt und sich dabei in bezug auf Größe und Phase verändert.

In dem Falle, der durch die Tabellen XXXV u. XXXVI dargestellt ist, ist φ_0 negativ, da φ^k nach Tabelle XXII positiv ist. Der zur Maximalleistung gehörige Endstrom hat also eine Voreilung gegen die Endspannung. Auch am Anfang ist eine Verschiebung φ_l im Sinne einer Voreilung vorhanden. Diese ist bei den stärkeren Kabeln und bei der Freileitung kleiner als die Verschiebung am Ende, bei den schwächeren Kabeln aber größer.

Die in Tabelle XXXV u. XXXVI zusammengestellten Größen berechnen sich in folgender Weise: Aus dem gegebenen Ep_l erhalten wir mittels Gl. 72, wenn wir $\mathbf{CI}_0$ als Ausgangsgröße wählen

$$\mathbf{E}\mathbf{p}_l = c\,J_0\,2\,y_k, \tag{73}$$

$$J_0 = \frac{Ep_l}{2\,c\,y_k} \quad \text{und} \quad \sphericalangle Ep_l,\ c\,J_0 = 0.$$

Aus Gl. 42 u. 70 folgt

$$\mathbf{E}\mathbf{p}_0 = J_0\,W^k\,e^{-i\varphi^k} \quad \text{und} \quad \sphericalangle Ep_0,\ J_0 = -\varphi^k.$$

Gl. 52 liefert, wenn man $\mathbf{R}_0$ nach Gl. 70 und $\mathbf{G}_0 = y_0 + i\,z_0$ einsetzt

$$\mathbf{I}_l = \mathbf{CI}_0\,[1 + (y_0 + i\,z_0)\,(y_k - i\,z_k)]$$

und wenn man wieder $c\,J_0$ als Ausgangsgröße wählt,

$$\mathbf{I}_l = c\,J_0\,[(1 + y_0\,y_k + z_0\,z_k) + i\,(y_k\,z_0 - y_0\,z_k)]. \tag{74}$$

Diese Gleichung gibt $\mathbf{I}_l$ in der Nebenform. Wandelt man diese in der bekannten Weise in die Hauptform um, so erhält man J_l und $\sphericalangle J_l,\ c\,J_0$. Dieser Wert und der oben gewonnene $\sphericalangle Ep_l,\ c\,J_0$ ergeben

$$\sphericalangle Ep_l,\ c\,J_0 - \sphericalangle J_l,\ c\,J_0 = \sphericalangle Ep_l,\ J_l = \varphi_l. \tag{75}$$

Die Leistung am Kabelanfang kann jetzt durch Gl. 22, S. 8 ausgedrückt werden, wenn man die Größen p_l, q_l, p_i und q_i, deren Bedeutung durch die Gl. 16 u. 17, S. 7 definiert ist, aus Gl. 73 u. 74 entnimmt. Man erhält dann

$$A_l = \frac{Ep_l^2}{2\,y_k}\,(1 + y_0\,y_k + z_0\,z_k)$$

und unter Benutzung von Gl. 71

$$\eta = \frac{1}{c^2}\,\frac{1}{2\,(1 + y_0\,y_k + z_0\,z_k)}.$$

Durch diese Gleichungen sind sämtliche elektrischen Größen bestimmt. Für den Winkel φ_l, der sich als Differenz aus zwei anderen Winkeln mittels

Gl. 75 ergibt, kann auch ein einheitlicher Ausdruck gefunden werden. Setzt man in Gl. 63 die Werte

$$\mathbf{W}^k = y_k + i z_k = W^k\, e^{i\,\varphi^k},$$

$$\mathbf{G}^0 = y_0 + i z_0 = \frac{1}{W^0}\, e^{-i\varphi^0}$$

$$\mathbf{R}_0 = y_k - i z_k = W^k\, e^{-i\varphi^k}$$

ein und bedenkt man, daß nach S. 180 $\varphi^k + \varphi^0 = -2\,\beta$ ist, so kann man R_l und φ_l auf die Form bringen

$$R_l = \frac{2\,y_k}{\sqrt{1 + \left(\dfrac{W_k}{W^0}\right)^2 + \dfrac{2\,W_k}{W^0}\cos 2\beta}}$$

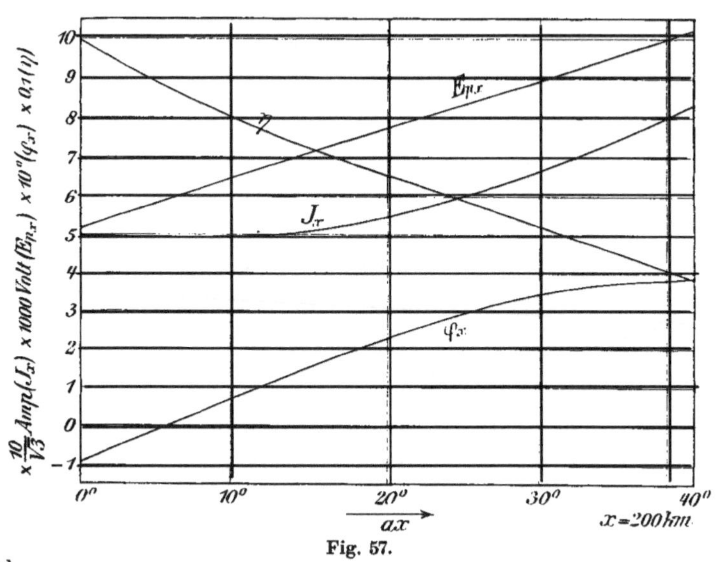

Fig. 57.

und

$$\operatorname{tg} \varphi_l = -\frac{\dfrac{W^k}{W^0}\sin 2\beta}{1 + \dfrac{W^k}{W^0}\cos 2\beta}.$$

Nachdem wir die elektrischen Größen am Kabelanfang und -ende bei maximaler Leistung des Kabels betrachtet haben, finden wir in Fig. 57 für den Fall des Kabels 4 bei 200 km Länge noch die Verteilung dieser Größen längs des Kabels. Fig. 57 stellt das Verhalten desselben Kabels bei maximaler Leistung dar, für welches

Fig. 56 das Verhalten bei maximalem Wirkungsgrade zeigte. Wir sehen die Spannung vom Ende nach dem Anfang gleichmäßig und erheblich zunehmen, die Stromstärke erst ab- und dann wieder zunehmen. Die Phasenverschiebung ergibt sich für den vorliegenden Fall für das Kabelende nach Tabelle XXII zu $\varphi_0 = -\varphi^k = +9^0 9' 49''$. Die Spannung hat also Voreilung. In Fig. 57 ist wie bei Fig. 56 die Voreilung des Stromes als positiv aufgefaßt und daher φ_0 negativ gezeichnet. Wir sehen die kleine Verzögerung der Spannung am Ende in eine erhebliche Voreilung am Anfang übergehen.

Das Verhalten des Kabels bei gegebener Anfangsspannung.

Die Diagramme Fig. 46 u. 48 vermögen auch dann das Verhalten eines Kabels darzustellen, wenn nicht die Endspannung gegeben ist, sondern die Spannung der Zentrale, an die es angeschlossen werden soll, der Strom, den es der Verbrauchsstelle zu liefern hat, und der Leistungsfaktor, mit dem dieser Strom, der Eigenart der Verbrauchsstelle entsprechend, aus dem Kabel austritt. In solchem Falle ist die Frage zu beantworten, welche Spannung für die Verbrauchsstelle übrig bleibt, welcher Strom von der Zentrale in das Kabel hineingeschickt werden muß, damit der von der Verbrauchsstelle verlangte Strom am Ende verfügbar ist, und mit welchem Leistungsfaktor die Zentrale dem Kabel den Strom zuzuführen hat. Gegeben sind also Ep_l, J_0 u. φ_0 und gesucht werden Ep_0, J_l u. φ_l. Statt Ep_l kann auch Ep_l^c als gegeben angenommen und statt J_l kann auch J_l^c gesucht werden.

Wir erhalten die gesuchten Größen aus den Fig. 58 u. 59, welche den Fig. 46 u. 48 entsprechen. Fig. 58 stellt die Gl. 31, und Fig. 59 stellt die Gl. 32 graphisch dar.

In Fig. 58 sind also gegeben Ep_l^c, φ_0 und J_0 und aus den Kabeldaten W^k und φ_l^k. Gesucht werden Ep_0 und δ. Um Ep_0 zu erhalten, zeichnet man zunächst $\overline{OJ_0}$ als Richtlinie, trägt $J_0 W^k = \overline{OA}$ unter dem Neigungswinkel φ_l^k an die Richtlinie an. Darauf schlägt man mit Ep_l^c um O einen Kreisbogen, zieht von A aus eine Gerade um φ_0 gegen die Richtlinie geneigt, und gewinnt den Schnittpunkt B mit dem Kreisbogen. Dann ist $\overline{AB}$ das gesuchte Ep_0 und $\sphericalangle J_0 OB = \delta$.

In Fig. 59 sind gegeben J_0 und φ_0 und das oben berechnete Ep_0; ferner aus den Kabeldaten W^0 und φ_i^0. Gesucht werden J_i^c und ε. Um J_i^c zu erhalten, zeichnet man zunächst $\overline{O'Ep_0}$ als Richtlinie, trägt $\dfrac{Ep_0}{W^0} = \overline{O'A'}$ unter dem Neigungswinkel $(-\varphi_i^0)$ an die Richtlinie an. An A' schließt man $\overline{A'B'} = J_0$ unter dem Neigungswinkel φ_0 gegen die Richtlinie an und gewinnt schließlich $\overline{O'B'} = J_i^c$ und $\sphericalangle\, Ep_0\, O'B' = \varepsilon$.

Rechnerisch erhält man Ep_0 und δ durch Einsetzen der Ausdrücke (35) in Gl. 31. Aus der dadurch entstehenden Gleichung

$$Ep_i^c\, e^{i\delta} = Ep_0\, e^{i\varphi_0} + J_0\, W^k\, e^{i\varphi_i^k}$$

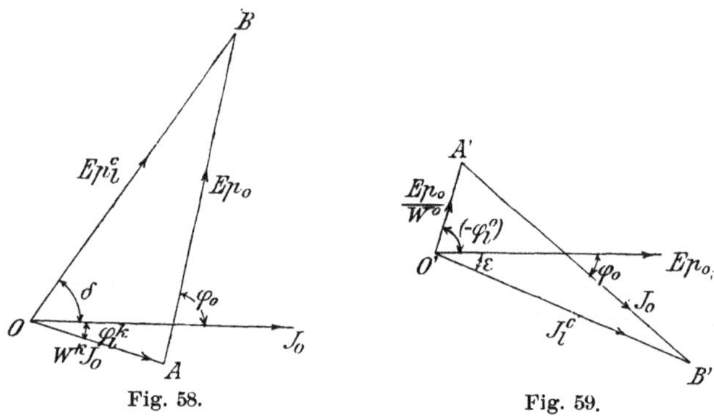

Fig. 58.   Fig. 59.

ergibt sich

$$Ep_i^c \cos\delta = Ep_0 \cos\varphi_0 + J_0\, W^k \cos\varphi_i^k$$

und

$$Ep_i^c \sin\delta = Ep_0 \sin\varphi_0 + J_0\, W^k \sin\varphi_i^k .$$

Durch Quadrierung und Addition der beiden letzten Gleichungen erhält man

$$Ep_i^{c2} = Ep_0^2 + J_0^2 W^{k2} + 2\, Ep_0\, J_0\, W^k \cos(\varphi_0 - \varphi_i^k),$$

eine quadratische Gleichung, aus der sich Ep_0 berechnen läßt. Die Division des obigen Gleichungspaares ergibt dann $\operatorname{tg}\delta$.

J_i^c und ε erhält man rechnerisch durch Einsetzen von Gl. 37 in Gl. 32. Aus der dadurch entstehenden Gleichung

$$J_i^c\, e^{i\varepsilon} = J_0\, e^{-i\varphi_0} + \frac{Ep_0}{W^0}\, e^{-i\varphi_i^0}$$

ergibt sich

$$J_i^c \cos\varepsilon = J_0 \cos\varphi_0 + \frac{Ep_0}{W^0} \cos\varphi_l^0$$

und

$$J_i^c \sin\varepsilon = -J_0 \sin\varphi_0 - \frac{Ep_0}{W^0} \sin\varphi_l^0,$$

woraus, da Ep_0 oben bereits berechnet ist und alle übrigen Größen bekannt sind, J_i^c und ε berechnet werden können.

Die letzte der oben genannten gesuchten Größen, φ_l, erhält man schließlich aus der Gleichung

$$\varphi_l = \delta - \varepsilon - \varphi_0 .$$

Eine andere Aufgabe, die vorkommen kann, ist die Bestimmung der elektrischen Größen am Ende, wenn die Anfangsspannung und der komplexe Widerstand am Ende gegeben sind. Diese Aufgabe bietet sich z. B. bei der Ferntelephonie, wenn ein Empfangstelephon mit gegebenem Ohmschen Widerstand und gegebener Impedanz an ein Kabel angeschlossen werden soll. Auch in vorangehendem trat uns diese Aufgabe bei der Berechnung der Tabellen XXXI bis XXXVI schon entgegen. Wir geben ihre Lösung hier noch einmal in allgemeiner Form:

Gegeben sind Ep_i^c und $\mathbf{R}_0 = R_0\, e^{i\,\varphi_0} = y_r + i\,z_r$. Gesucht werden Ep_0, J_i^c und $\varphi_l = \sphericalangle Ep_l$, J_l.

Wir erhalten die gesuchten Größen graphisch aus Fig. 58 u. 59. Davon sind gegeben Ep_i^c, $\dfrac{Ep_0}{J_0}$ und φ_0 und außerdem die Kabeldaten W^k und φ^k. Wir berechnen zunächst $\sphericalangle OAB = \varphi_0 - \varphi_l^k$, bilden aus dem Verhältnis $\dfrac{Ep_0}{J_0}$ das Verhältnis $\dfrac{Ep_0}{J_0\,W^k}$ und zeichnen einen Winkel OAB mit einem Schenkel $\overline{AB}$ von beliebiger Länge und einem zweiten Schenkel von der Länge $\overline{OA} = \dfrac{J_0\,W^k}{Ep_0}\,\overline{AB}$. Darauf ziehen wir die Verbindungslinie $\overline{OB}$, welche $= Ep_i^c$ sein muß, und bestimmen den Maßstab, mit dem $\overline{OB}$ zu messen ist, um Ep_i^c darzustellen. Mit diesem Maßstabe messen wir $\overline{AB}$ und $\overline{OA}$ und gewinnen dadurch Ep_0 und $J_0\,W^k$, woraus J_0 berechnet werden kann. Will man Ep_i^c in einem besonderen Maßstabe messen, so ist das gewonnene Dreieck proportional zu vergrößern oder zu verkleinern, so daß $\overline{OB}$ die Spannung Ep_i^c in dem gewählten Maßstabe darstellt. J_i^c erhält man schließlich aus Fig. 59 genau wie oben und φ_l aus der Gleichung $\varphi_l = \delta - \varepsilon - \varphi_0$.

Rechnerisch erhalten wir J_0 aus Gl. 53

$$\mathbf{E}\,p_l = c\,J_0\,(\mathbf{R}_0 + \mathbf{W}^k) = c\,J_0\,[\underbrace{y_r + y_k}_{y'} + i\,\underbrace{(z_r + z_k)}_{z'}].$$

woraus sich ergeben

$$J_0 = \frac{Ep_l}{c\sqrt{y'^2 + z'^2}} \quad \text{und} \quad \sphericalangle Ep_l,\, J_0 = \operatorname{arctg}\frac{z'}{y'}.$$

J_l gewinnen wir aus Gl. 52

$$\mathbf{I}_l = c\,J_0\,(1 + \mathbf{G}^0\mathbf{R}_0) = c\,J_0\,[\underbrace{(1 + y_0\,y_r - z_0\,z_r)}_{y''} + i\,\underbrace{(y_r\,z_0 + y_0\,z_r)}_{z''}],$$

woraus wir folgern

$$J_l = c\,J_0\,\sqrt{y''^2 + z''^2} \quad \text{und} \quad \sphericalangle J_l,\, J_0 = \operatorname{arctg}\frac{z''}{y''},$$

und Ep_0 und φ_l erhalten wir schließlich durch die Gleichungen

$$Ep_0 = J_0\,R_0 \quad \text{und} \quad \varphi_l = \sphericalangle Ep_l,\, J_l = \sphericalangle Ep_l\,J_0 - \sphericalangle J_l,\, J_0.$$

Wahl des Kabelquerschnittes bei Projektierungen.

Wir haben bisher nur das Verhalten gegebener Kabel berechnet, wenn sie unter bestimmten Betriebsbedingungen arbeiten. In der Technik liegt indes gewöhnlich nicht die Aufgabe vor, die Eigenschaften verlegter Kabel rechnerisch vorauszubestimmen, sondern umgekehrt für ein verlangtes Verhalten in einer zu projektierenden Anlage den richtigen Kabelquerschnitt zu wählen. Die Frage, die der projektierende Ingenieur lösen muß, wird gewöhnlich in folgender Form gestellt: Gegeben sind die Spannung und Stromstärke, welche ein Kabel einer Verbrauchsstelle zu liefern hat, und durch die Eigenart des Betriebes der letzteren auch die Phasenverschiebung, welche zwischen Spannung und Stromstärke bestehen wird. Unter den für die genannte Spannung vorhandenen Kabelquerschnitten soll derjenige gewählt werden, welcher den Strom über die Entfernung zwischen Zentrale und Verbrauchstelle hinweg ohne Überschreitung eines bestimmten Spannungsabfalles zu führen vermag.

Bei der Benutzung von Gleichstrom wäre die Lösung dieser Frage sehr einfach, da sich aus der Stromstärke und dem Spannungsabfall sogleich der Widerstand des Kabels ergibt, und aus der Länge dann sogleich auch als einzige noch unbestimmte Größe, der Querschnitt folgt. Während also bei Gleichstrom die Angabe der fabrizierten

Kupferquerschnitte eines Kabeltyps für die Wahl des richtigen Kabels genügt, verlangt, wie wir wissen, die Fernleitung hochgespannter Wechselströme außer der Kenntnis des Kupferquerschnittes auch noch die der Selbstinduktion, der Kapazität und der Ableitung. Für Projektierungen ist es natürlich sehr wichtig, festzustellen, in welcher Form alle diese Angaben gegeben werden müssen, damit sie in möglichst einfacher Weise verwertet werden können. Nach allen vorausgegangenen Betrachtungen ergibt sich diese Form aber von selbst: Es genügt, für die gegebene Kabellänge W^0 und W^k für die in Frage kommenden Kabeltypen zu kennen, um den richtigen Typus wählen und dann das Verhalten in der zu errichtenden Anlage in allen Einzelheiten vorausberechnen zu können.

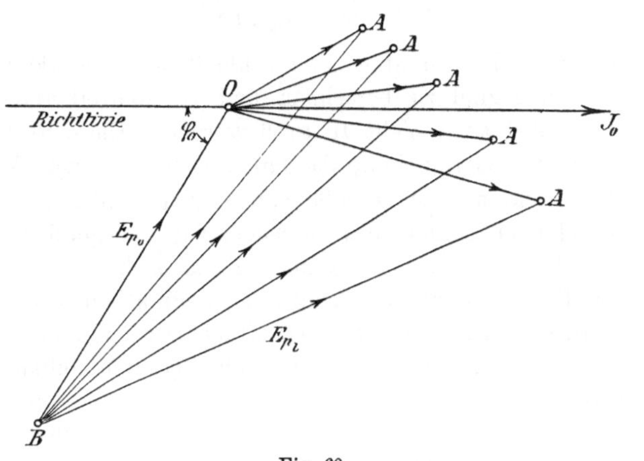

Fig. 60.

Über W^0, W^k und C hat das Kabelwerk Tabellen zu liefern, welche diese Werte für die fabrizierten Hochspannungstypen für eine Reihe von Längen angeben. Wir entnehmen daraus zunächst diejenigen Werte von W^k, welche der zu projektierenden Kabellänge angehören, multiplizieren diese Werte mit der vom Kabelende zu liefernden Stromstärke J_0 und verwenden für das Weitere zunächst die Gleichung

$$\mathbf{E}\,\mathbf{p}_l = (\mathbf{E}\,\mathbf{p}_0 + \mathbf{I}_0\,\mathbf{W}^k)\,\mathbf{C}.$$

Wir wählen, wie in Fig. 58, J_0 als Ausgangsgröße der Phasenzählung, zeichnen also J_0 als Richtlinie horizontal. An diese Richtlinie tragen wir (Fig. 60) die Größen $J_0\,W^k$ in gewohnter Weise an $\overline{(OA)}$, ferner, unter der für das Kabelende verlangten Phasenverschiebung φ_0 gegen die Richtlinie geneigt, die verlangte Endspannung $\overline{OB} = Ep_0$; dann sind die Verbindungslinien $\overline{BA}$ die für die einzelnen Kabel nötigen Anfangs- oder Zentralspannungen Ep_l. Wir rechnen die dem zugelassenen Spannungsabfall entsprechende aus, schlagen mit ihrer Größe als Radius um B einen Kreisbogen und wählen dasjenige Kabel, für welches der Punkt A, in der Richtung $\overline{BA}$ gemessen, dem Kreisbogen am nächsten liegt. Nötigenfalls ist dabei das aus der Tabelle zu entnehmende Korrekturglied $\mathbf{C}$ zu berücksichtigen.

Selbstverständlich ist nach Ausführung dieser Wahl mit Hilfe der Gleichung

$$\mathbf{I}_l = \left(\mathbf{I}_0 + \frac{\mathbf{E}\,\mathbf{p}_0}{\mathbf{W}^0}\right)\mathbf{C}$$

der Anfangsstrom $\mathbf{I}_l$, darauf φ_l und schließlich die Effektaufnahme und der Wirkungsgrad zu berechnen und zu kontrollieren, ob die Verluste im Kabel auch nicht zu groß werden. Diese Rechnungen machen keine Schwierigkeiten, da dafür, nach erfolgter Wahl des Kabels, $\mathbf{W}^0$ direkt aus der Tabelle entnommen werden kann. Alle diese Ermittelungen sollten aber in jedem Falle ausgeführt werden, gleichgültig ob rechnerisch oder graphisch, da nach den oben durchgerechneten Beispielen unter scheinbar sehr einfachen Verhältnissen unter Umständen ganz unerwartete Ergebnisse gefunden werden können. Selbstverständlich hat sich auch eine Rentabilitätsberechnung anzuschließen, welche festzustellen hat, ob es nicht wirtschaftlicher ist, größere Verluste zuzulassen und billigere Kabel von kleineren Querschnitten zu benutzen.

Alle diese Feststellungen sind sehr einfach, wenn nur das Kabelwerk die nötigen Tabellen über $\mathbf{W}^0$, $\mathbf{W}^k$ und $\mathbf{C}$ zur Verfügung stellt. Wir werden sogleich zeigen, daß zu diesem Zwecke $\mathbf{W}^k$ und $\mathbf{W}^0$ bei jedem Querschnitt nur für eine Kabellänge, etwa für die übliche Fabrikationslänge, durch Messung bestimmt werden müssen. Für alle übrigen Kabellängen kann man dann $\mathbf{W}^0$ und $\mathbf{W}^k$ nach der folgenden Methode berechnen:

Es seien $\mathbf{W}^0$ und $\mathbf{W}^k$ für eine Kabellänge l bekannt und mit $\mathbf{W}_l^0$ und $\mathbf{W}_l^k$ bezeichnet, und es sollen hieraus $\mathbf{W}_x^0$ und $\mathbf{W}_x^k$ für die Länge x berechnet werden. Nach Gl. 19 ist dann

$$\mathbf{W}_l^0 = \mathbf{u}\,\frac{e^{\mathbf{v}\,l} + e^{-\mathbf{v}\,l}}{e^{\mathbf{v}\,l} - e^{-\mathbf{v}\,l}},$$

und

$$\mathbf{W}_x^0 = \mathbf{u}\,\frac{e^{\mathbf{v}x} + e^{-\mathbf{v}x}}{e^{\mathbf{v}x} - e^{-\mathbf{v}x}}.$$

Um $\mathbf{W}_x^0$ durch $\mathbf{W}_l^0$ auszudrücken, bedenken wir, daß nach Gl. 22 u. 23

$$\mathbf{u} = \sqrt{\mathbf{W}_l^0\,\mathbf{W}_l^k}$$

und

$$\mathbf{v} = \frac{1}{2\,l}\ln\frac{\sqrt{\mathbf{W}_l^0} + \sqrt{\mathbf{W}_l^k}}{\sqrt{\mathbf{W}_l^0} - \sqrt{\mathbf{W}_l^k}}$$

ist. Wir setzen der Kürze halber

$$\frac{\sqrt{\mathbf{W}_l^0} + \sqrt{\mathbf{W}_l^k}}{\sqrt{\mathbf{W}_l^0} - \sqrt{\mathbf{W}_l^k}} = \mathbf{q}, \tag{76}$$

also

$$\mathbf{v} = \frac{1}{2\,l}\ln\mathbf{q}\,.$$

Dann ist

$$e^{\mathbf{v}x} = \mathbf{q}^{\frac{x}{2\,l}},$$

$$\mathbf{W}_x^0 = \sqrt{\mathbf{W}_l^0\,\mathbf{W}_l^k}\,\frac{\mathbf{q}^{\frac{x}{2\,l}} + \mathbf{q}^{\frac{-x}{2\,l}}}{\mathbf{q}^{\frac{x}{2\,l}} - \mathbf{q}^{\frac{-x}{2\,l}}} = \sqrt{\mathbf{W}_l^0\,\mathbf{W}_l^k}\,\frac{\mathbf{q}^{\frac{x}{l}} + 1}{\mathbf{q}^{\frac{x}{l}} - 1} \tag{77}$$

und nach Gl. 20 entsprechend

$$\mathbf{W}_x^k = \sqrt{\mathbf{W}_l^0\,\mathbf{W}_l^k}\,\frac{\mathbf{q}^{\frac{x}{l}} - 1}{\mathbf{q}^{\frac{x}{l}} + 1}. \tag{78}$$

Bei gegebenem $\mathbf{W}_l^0$ und $\mathbf{W}_l^k$ reichen die Gl. 77 u. 78 zusammen mit Gl. 76 für die Berechnung von $\mathbf{W}_x^0$ und $\mathbf{W}_x^k$ aus, so daß das Kabelwerk in der Tat nur bei einer Kabellänge die Messung von $\mathbf{W}^0$ und $\mathbf{W}^k$ auszuführen hat und mit der Angabe dieser beiden Werte für jeden Kabeltyp dem Projektierungsbureau sämtliche Daten mitteilt, die für die Berechnung von Fernleitungen und die Vorausbestimmung von deren Verhalten in der auszuführenden Anlage überhaupt in Frage kommen. Es wäre als eine Frage der Organisation nur noch zu überlegen, ob es richtiger ist, diese Rechnungen im Projektierungsbureau oder im Bureau des Kabelwerkes ausführen zu lassen. Letzteres dürfte mehr zu empfehlen sein, da diese Arbeit als bezüglich auf die Produktion des Kabelwerkes auch sachlich zu den Aufgaben dieses Werkes gehört, und geeignete geübte Kräfte dort leichter dauernd beschäftigt werden können.

—————

16*

Additional information of this book

(Die Fernleitung von Wechselströmen; 978-3-642-98293-4)

is provided:

http://Extras.Springer.com